JN431303

세계의 거북

Turtle and Tortoise of the World

오타니 쓰토무 지음
가와조에 노부히로 편집 · 사진
박성준 · 문대승 옮김

박영story

TURTLE AND TORTOISE OF THE WORLD

목차 CONTENTS

004 시작하면서

005 곡경아목과 잠경아목

006 거북의 분포와 기후 구역

008 거북의 신체

010 서식 환경

012 먹이

014 번식 시의 구애 행동과 교미

016 산란과 알

018 부화와 새끼 거북

020 세계의 거북

022 땅거북류

060 곡경아목 (가로목거북과 , 뱀목거북과)

124 잠경아목 (강거북과·진흙거북과·늑대거북과·큰머리거북과·자라과 , 돼지코거북과)

181 잠경아목 바다거북과

186 잠경아목 늪거북과

237 잠경아목 돌거북과 (북부강거북과)

307 거북류의 사육

칼 럼

043 도망간 거북처럼 바깥에서 처음 보는 거북을 발견한다면…

059 거북 입수 방법

119 거북 고르는 법

123 지금까지 이루어진 거북의 교잡 개체와 번식 실험

160 아시아산 거북류에 대한 생각

318 거북에 관한 법률

시작하면서

일반적으로 두려워하거나 꺼려하기 쉬운 파충류 중에서 거북은 우리에게 가장 친숙한 존재인 듯하다. 아마도 그 독특한 외모 때문일 것이다. 거북은 대개 몸 전체가 단단한 등갑에 덮여 있고, 등갑의 종류에 따라 돔 형태나 편평한 모양새를 하고 있으며, 1~3개의 크고 작은 용골(갑에 솟은 주름)이 들어가거나 혹은 등갑 가장자리에 돌기를 가진 것도 있다. 복갑이 앞뒤로 나뉘어 움직일 수 있고, 등갑과 맞물려 상자 형태를 이루는 거북도 알려져 있다. 색채나 모양도 여러 가지이며 머리, 네발, 등갑에 들어가는 색과 모양은 종과 개체에 따라 다양해서 외형만 따져도 매우 종류가 많다. 그래서 거북은 많은 사랑을 받고, 반려동물로서 혹은 수집 대상으로서 여타 파충류와 달리 취급을 받으며 널리 인기를 얻고 있다. 또한 새끼 거북은 그 작은 몸집과 귀여운 행동, 성체 이상으로 색과 모양이 아름다워 더 인기가 높다. 특히 일본에서 거북은 '학은 천년, 거북은 만년'이라고 하여 장수 신앙의 대상으로, 혹은 「토끼와 거북이」 같은 동화의 영향으로 잘 알려진 대상이기도 하여 더욱 친숙하게 다가와 그 인기가 높다. 동양에서 거북은 신성시 여기거나 행운의 상징, 귀한 약재로 다뤄지기도 하고 식용으로 삼는 민족도 많아서, 거북은 동양과 서양, 옛날부터 지금까지 인류에게 있어 매우 가까운 존재다.

거북류의 출현은 파충류 중에서는 가장 오래되어 트라이아스기에는 기본적인 현생 거북류와 큰 차이가 없는 형태가 갖춰졌고, 진화 과정에서 단단한 등갑으로 몸을 지키는 식의 다른 동물에게서는 찾아볼 수 없는 특수한 방어법을 찾아내 이는 현생 거북류로 이어지고 있다. 무겁고 단단한 등갑은 걸

으로 보기에 불편해 보이지만, 물속에서 그 무게는 큰 문제가 되지 않고 오히려 몸을 지키는 것을 우선시한 진화 결과로 보인다. 현재 종으로서는 다른 동물군에 비해 그룹은 작지만, 극한지를 제외한 세계 곳곳에 널리 분포하고 있으며 다양한 형태 및 생태에서 번성해 왔다. 한편 특수한 등갑을 가진 덕분에 많은 거북이 이동 능력이 부족하고, 더 나아가 급격한 환경 변화에 약해 인류의 환경 파괴나 남획으로 최근 급격히 그 수가 감소하고 있는 현실이다.

곡경아목과 잠경아목

현생 거북목은 곡경아목과 잠경아목으로 이루어져 있다.

곡경아목이란 목을 옆으로 굽혀 등갑과 복갑 사이에 넣을 수 있는 그룹이고, 잠경아목은 고개를 세로로 굽혀 S자 형태로 등갑 내에 집어넣는 그룹을 의미한다. 곡경아목은 원시적인 그룹(가로목거북과, 뱀목거북과)으로, 주로 남반구에 분포한다. 잠경아목은 더욱 진화한 그룹으로 세계 곳곳에 널리 분포하며, 종류도 많고 번성하고 있다. 단, 그중에는 목을 안으로 집어넣지 못하는 종(악어거북, 큰머리거북, 바다거북류)도 포함된다. 일본에서 잠경아목 종은(남생이, 일본연못거북, 류큐잎거북, 류큐노란연못거북, 노란연못거북, 류큐상자거북, 중국자라, 미시시피붉은귀거북) 밖에 서식하지 않으므로, 곡경아목에 익숙하지 않아 동물원이나 파충류 전문점에서밖에 찾아볼 수 없다(※ 노란연못거북과 미시시피붉은귀거북은 외래종이다).

곡경아목의 얼굴(검은가시목늪거북 Black spine-neck swamp turtle)

잠경아목의 얼굴(레이저백사향거북 Razor-backed musk turtle)

뱀목거북
Chelodina의 동류
(곡경아목)

큰머리거북
Big-headed turtle
(잠경아목)

일본연못거북
Japanese pond turtle
(잠경아목)

거북의 분포와 기후 구역

현생 거북은 세계에 300여 종으로 알려져 있으며, 툰드라나 북극 및 남극을 제외한 세계 곳곳에 분포하고 있다. 거북도 파충류의 일원이며 변온 동물이기에 그 행동은 외부 기온에 의해 좌우된다. 따라서 대부분 열대에서 온대 지역에 집중적으로 서식하고 있다.

잠경아목보다 더 오래된 곡경아목(가로목거북과, 뱀목거북과 두 개의 과만 있다)은 주로 남반구

에 분포하며, 가로목거북과는 열대 아프리카·남아메리카 중북부에, 뱀목거북과는 남아메리카(남단부는 제외)·오스트레일리아나 뉴기니, 그 주변 섬들에 분포한다.

반면에 잠경아목은 세계 곳곳에 분포하며 유라시아 대륙의 아시아·미국에서부터 중앙아메리카까지 걸쳐 다양한 종이 번성하고 있다. 바다거북류는 태평양, 대서양, 인도양의 열대부터 온대 지역에 주로 분포한다.

거북의 신체

거북류의 신체 외부 구조는 등갑(등딱지)과 복갑(배딱지), 네발, 머리, 꼬리로 이루어져 있다.

일반적으로 많은 종에서 등갑이 몸의 대부분을 차지하며, 네 다리를 접고, 머리는 옆으로 굽히거나 세로 S자형으로 집어넣고, 꼬리는 좌우 어느 한 쪽으로 굽혀서 등갑 안에 숨기는 구조를 가지고 있다. 악어거북이나 큰머리거북 등은 목을 등갑 안에 집어넣고 크고 튼튼한 머리를 뚜껑 삼아 닫는다. 노형태의 네 다리를 가진 바다거북류나 돼지코거북 등은 머리를 완전히 등갑 내에 넣지 못하며, 네발은 몸을 따라 두고, 꼬리는 쭉 뻗은(육상에서는 다소 좌우로 굽힐 수 있는 정도) 모양새를 취한다. 등갑은 늑골이 판형으로 변화한 골상갑라 骨状甲羅 바깥쪽에 피부가 각질화한 얇은 등갑의 이중 구조로 되어 있으며, 양쪽 등갑 모두 몇 개의 작은 갑판으로 형성되어 있지만, 위아래 갑판의 접합부는 꼭 맞

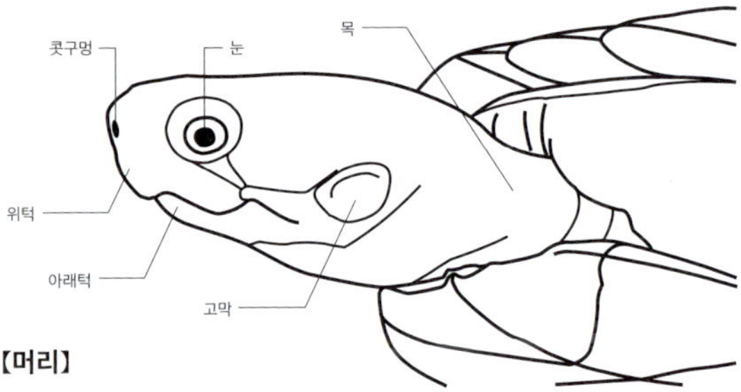

【머리】

【등갑】
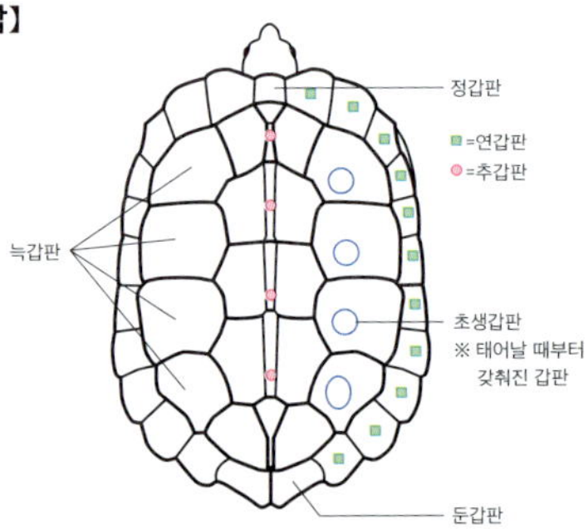

【복갑】
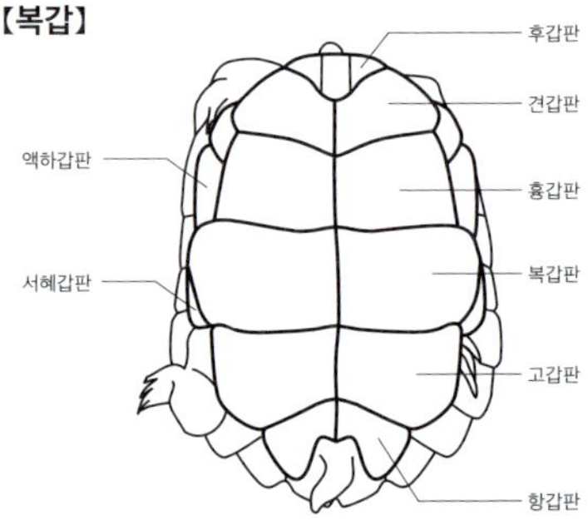

【신체 각부】
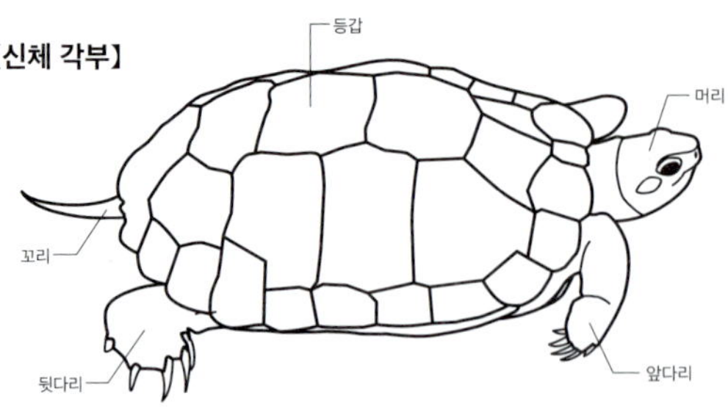

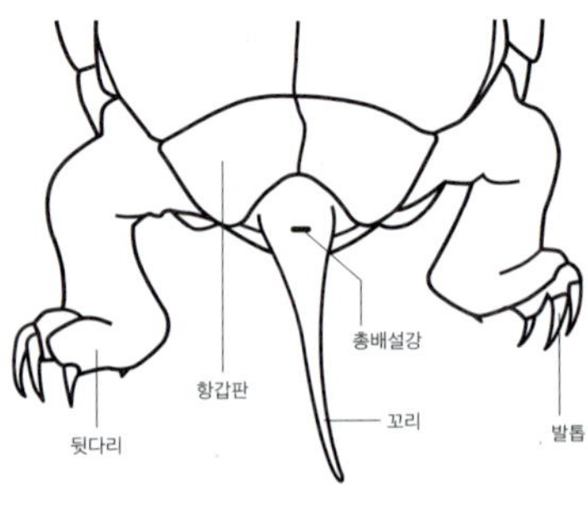

【복갑 아래 부분】

아떨어지지 않는다. 거북의 딱딱한 갑은 등갑(등딱지)과 복갑(배딱지)으로 크게 나뉘는데, 등갑과 복갑은 몇 개의 갑판으로 이루어지는 교갑판 橋甲板(연결된 갑판)에 의해 이어진다. 또한 각 골상갑라의 접합부는 매우 복잡한 형상으로 조합되어 있어서, 한 번 떼어놓으면 원래 상태로 짜 맞추기 매우 어렵다. 반면에 자라류는 피부가 각질화된 등갑을 갖고 있지 않고, 주둥이는 길고 그 끝에 콧구멍이 있다.

네발은 서식 환경에 따라 발가락 사이에 물갈퀴가 발달한 것(자라류, 늪거북류 등 대다수 거북류)이나 비교적 작은 물갈퀴(잎거북류 등 육지 서식 경향이 강한 늪거북류나 땅거북류), 노 형태(바다거북류, 돼지코거북 등), 코끼리처럼 두툼한 네발을 가진 것(땅거북류) 등으로 나뉜다.

◎ 여러 가지 형태의 네 다리
① 노 형태(바다거북) ② 발달한 물갈퀴(자라) ③ 두꺼운 막대형(땅거북) ④ 작은 물갈퀴(늪거북류)

TIP 거북의 갑을 이르는 말

- 등갑: 배갑을 의미하기도 하고, 딱지(껍데기) 전체를 통칭하는 의미로 사용되기도 한다.
- 등갑(한글 등 + 한자 甲): 딱지 전체를 의미하기도 하고, 등 쪽의 둥근 부분(배갑)을 말하기도 한다.
- 갑: 딱지 전체를 의미한다.
- 등껍데기: 보통은 딱지 전체를 통칭하는 의미로 사용된다.
- 배갑(한글 배 + 한자 甲): 배딱지, 배 쪽에 보이는 편평한 부분의 딱지
- 배갑(한자 背 + 한자 甲): 등 쪽에 보이는 둥근 부분의 딱지
- 복갑(한자 腹 + 한자 甲): 배 쪽에 보이는 편평한 부분의 딱지

본서에서는 거북의 딱지 전체는 '갑', 등 쪽에 보이는 둥근 부분의 딱지는 '등갑'으로, 배 쪽에 보이는 편평한 부분의 딱지는 '복갑'이라는 명칭을 사용하도록 하겠다. 이는 가장 일반적으로 사용되는 용어를 선택한 것이다.

서식 환경

거북은 동물 전체에서 보자면 매우 작은 그룹의 동물군이다. 특수한 신체 구조를 가졌으면서도 진출한 서식 환경에 자기 몸 형태를 바꿔 다양한 형상과 모양을 만들어내어, 세계의 극한지를 제외하고 한랭지부터 열대까지 널리 진출했다.

변온 동물이어서 거북류의 분포 지역은 열대부터 온대 지역에 집중되어 있고, 더 나아가 물에 대한 의존도가 높은 종이 많으며, 유속이 빠른 수역이나 폭이 넓은 강어귀 지역보다 하천의 중류 지역 이상에 있으면서 유속이 느린 수역이나 연못, 늪, 습지 등의 물가에 주로 산다. 그 일부는 습윤한 숲속이나 그 주변부에 진출하여 물의 흐름이 가는 계곡이나 좁은 습지에서 서식할 수 있어서, 삼림 내부의 평지나 급경사면을 활동의 장으로 삼고 있기도 하다. 땅거북의 일부는 건조한 땅의 관목지나 암석 지대가 있는 황무지에 진출해서, 기온이 내려가는 밤에는 풀숲이나 바위 틈새, 다른 동물이 파놓은 굴 등에 숨어 있고, 때로는 직접 굴을 파기도 한다(지하 1m 이상에 달할 수도 있다). 온대 지역의 거북류는 겨울 같은 저온기에 물 속이나 물가에 굴을 파 그곳에서 동면하는 것으로 잘 알려져 있으나, 열대 지역 등의 건기처럼 비의 양이 적은 시기나 고온기에는 저

【거북류가 사는 여러 가지 환경】

사막

건조지의 물가 주변

늪지대

건조한 숲

온기와 마찬가지로 굴에 숨어 여름잠을 자는 종도 드물지 않다. 바다거북류도 열대 지역에서 온대 지역의 바다에 널리 분포하고, 유체는 육지에 가까운 해역을 서식지로 삼으나 성체가 되면 매우 넓은 해양을 돌아다니는데 그 실태는 아직 알려지지 않은 점이 많다. 장수거북이 베링해협 같은 냉수역에서 목격되는 사례도 있다.

거북의 서식 환경은 앞서 제시한 기후 구역 내부에서도 그 지역에 따라 다양한 환경이 나타난다. 예를 들어서 해발고도, 온습도, 강우량, 자연 식생, 지형, 토양 등이 그곳에 서식하는 동물들에게 적지 않은 영향을 준다. 지금까지 그러한 정보는 여러 자료집을 모으거나 전문 기관에 문의하는 등의 어려움이 많았지만(지도책이 가장 좋은 참고서가 됐지만), 최근에는 인터넷 덕분에 큰 노력과 시간을 들이지 않고도 비교적 간단한 검색만으로 목적하는 동물의 기후 환경이나 지형, 지질, 식물군, 동물군 등을 찾아보기 쉽다. 또한 그런 자료를 응용함으로써 사육 환경을 갖추기도 편하고, 사육 기술의 질도 훨씬 좋아졌다.

하천 주변

연못이나 호수

습윤한 숲

논밭 주변

먹이

거북의 식성에는 초식성, 잡식성, 육식성이 있으며, 그중에 잡식성은 특히 초식 경향이 강한 것과 육식 경향이 강한 것으로 나뉜다. 또한 건조지 등 먹이가 적은 지역의 거북이 포유류나 초식 동물의 변을 먹는 것으로 알려져 있지만, 건조지 이외의 육지종이나 혹은 육지 서식 경향이 강한 종 등에서도 변을 섭취할 때가 있다. 초식성 종이라고 해도 식물과 함께 연체동물이나 달팽이, 곤충의 유충도 먹으며, 사육 시 육류를 먹는 것(좋고 나쁨은 별개로 치고)도 많다.

거북은 낮에 활동하며 먹이를 찾아 먹고 삼키기 좋은 크기로 찢어 먹는 종류가 많은데, 육식성인 자라류나 뱀목거북류, 늑대거북류 등은 잠복을 하며 먹잇감이 사정거리에 들어오면 단번에 목을 쭉 뻗어 물과 함께 빨아들인 후 물만 토해낸다. 잡식성이나 육식성의 종은 빠르게 움직이는 먹이(수중에서는 물고기나 갑각류 등, 육상에서는 메뚜기류나 개구리류, 도마뱀류 등)를 쉽게 포식하지 못해서, 물속에서는 조개류나 수중에 사는 곤충, 그 알과 유충 혹은 수면을 떠도는 과일이나 곤충 사체 등을 먹는다. 또한 육상에서는 움직임이 둔한 지표 동물이나 연체동물, 곤충류의 유충이 거북의 먹이 대부분을 차지한다. 동물 사체 등에 많은 개체가 몰려들어 앞다리로 사체를 눌러 살점을 뜯어 그대로 삼킨다. 초식 거북류도 풀잎이나 줄기, 꽃만 먹는 게 아니며, 특히 물거북 종류는 물가에서 물에 씻긴 풀뿌리나 땅속의 줄기까지 뜯어먹고 대형 종일수록 단단한 뿌리나 땅속줄기도 먹는다. 땅거북류는 마른 낙엽 등도 잘 먹고, 과일이 열리는 시기에는 나무 아래에 모여 떨어진 과일을 먹고, 숲처럼 낮은 낮은 풀 종류가 잘 나지 않는 장소에서는 버섯류도 자주 섭취한다. 바다거북류는 위장 내용물을 통해 확인해 본 결과, 오징어나 갑각류, 해초류를 먹는 것으로 알려져 있으나 움직임이 빠른 오징어 등을 어떻게 포식하는지는 알려지지 않고 있다.

◎ 거북에게 먹이로 줄 수 있는 야생 식물
① 뽕나무 ② 방가지똥 ③ 질경이 ④ 칡 ⑤ 거지덩굴

번식 시의 구애 행동과 교미

동물의 교미 그 자체는 비교적 간단하며, 교미에 이르기까지 구애 행동은 종에 따라 천차만별이며 매우 흥미로운 부분이 아닐 수 없다.

거북류 수컷의 구애 행동도 수생종에는 '댄스형(수컷이 암컷 앞에서 춤추는 듯한 시늉을 한다)'이나 암컷 뒤에서 몰래 다가가는 '잠입형' 같은 부드러운 구애 방식부터 암컷의 등갑 위에 올라가 목을 깨무는 난폭한 구애 행동도 있고, 육지종에는 암컷 앞에서 '고개 흔들기형', 암컷의 등갑판 전부를 물고 흔드는 '흔들기형', 암컷의 머리를 포함한 앞쪽에 콧물을 튀기는 '튀기기형'이나 이들의 복합형 등, 같은 방식이라도 종에 따라 다소 차이가 난다. 어떤 방법이든 최종적으로는 수컷이 암컷 몸 위에 올라가기 위해 암컷을 가만히 있게 하는 게 목적이 된다. 이 구애 행동은 한 번이나 두 번 가지고 암컷에게 받아들여지지 않아서, 수컷도 상대를 바꾸면서 몇 번이나 반복해서 시도하는 게 대부분이다.

암컷이 수컷을 받아들이는 경우, 육상이나 물속에서 암컷이 뒷다리를 조금 뻗디디면서 몸 뒷부분을 올리면 수컷은 암컷의 뒤에서 올라타(이미 올라타 있는 수컷이 있다면 뒷걸음질 친다) 꼬리를 암컷

◎ 교미 행동
① 콜롬비안 슬라이더 Colombian slider ② 말레이상자거북 Malayan box turtle
③ 레이저백사향거북 Razor-backed musk turtle ④ 알다브라코끼리거북 Aldabra giant tortoise

의 복부 아래로 집어넣어 교미를 시작한다. 교미 중에 암컷은 움직이지 않고 정지해 있는데, 어떤 계기로 움직이면 수컷은 뒤집혀 물속이나 땅 위를 질질 끌려가며 재미있는 자세를 취하게 된다. 일반적으로 거북의 등은 산 모양이라서 안정적이지 않지만, 늪거북류의 일부나 땅거북류의 일부는 수컷의 복갑이 쑥 들어가 있어 안정을 취하기 좋은 구조로 되어 있다(이 수컷의 쑥 들어간 복갑은 암수 구분의 기준이 된다). 수컷의 헤미페니스 hemipenis에는 홈이 파여 있어서 그 홈을 따라 정자가 암컷의 체내로 들어가는데, 수컷의 헤미페니스 끝부분은 암컷의 생식기 안에서 크게 팽창하여 설령 암컷이 움직여 수컷이 끌려가더라도 쉽게 빠지지 않는다.

교미 시간은 암컷의 생식 기관 안에 정자를 확실히 들여보내기 때문에 비교적 길다. 바다거북류는 넓은 바닷속에서 암수가 만날 확률이 낮아, 번식 행위는 산란하는 해안에 모인 후에 교미 행동 및 교미를 하고 이후 암컷만 육지에 올라가 산란한다.

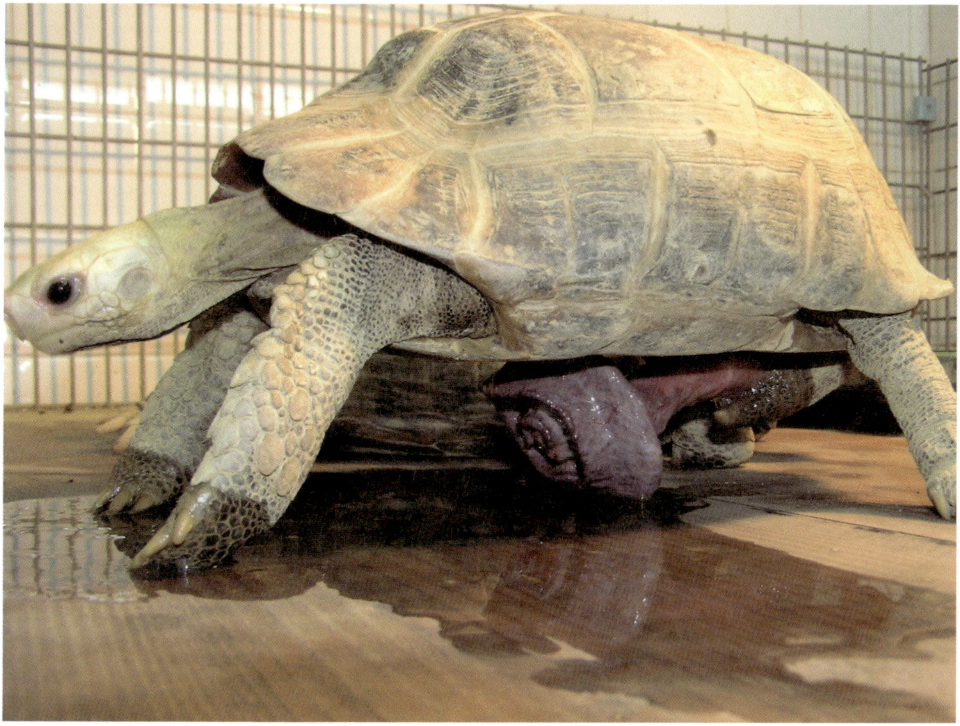

헤미페니스를 꺼낸 엘롱가타육지거북 Elongated tortoise

산란과 알

산란은 열대 지역이라면 우기에 집중되고, 늦어도 건기 초반에는 종료한다. 아열대 지역에서는 산란이 빨라 4월 하순부터 시작하여 5~6월에 절정을 맞이해 8월 초순까지 이어진다. 온대 지역에서는 장마가 끝난 7~8월에 걸쳐 절정에 이른다. 아한대나 온대 지역에서도 지대가 높은 지역에서는 여름에 산란한다.

한편 남반구에서는 이 시기가 역전된다. 산란은 모두 육상에서 이루어지며 그 대다수는 물가에 산란하지만, 비 등에 의해 하천이나 늪지 수위가 높아지는 곳보다 더 높은 위치에 알을 낳으며, 육지 거주 경향이 강한 종이나 완전 육지종은 배수가 잘 되는 장소 등에 주로 산란한다.

암컷은 교미 종료 후부터 약 1~2개월 전후(빨라도 15일 정도)로 산란할 때가 많으며, 물에서 상륙한 암컷은 땅바닥에 코를 대고 냄새를 맡는 행동을 반복하면서 배회하다가 때로 앞다리로 땅 표면을 긁어 괜찮은 장소를 찾아내면 뒷다리로 구멍을 판다. 그러다 중간에 마음에 들지 않은 경우나 돌이나 나무뿌리가 막고 있어 땅을 파지 못하면 바로 중지하고 다른 장소를 찾는다. 산란 장소의 선택에는 며칠이 걸릴 때도 있고, 개중에는 물가에서 상당히 떨어진 곳에 알을 낳을 때도 있다. 이 시기에 물가 근처 도로에 보이는, 차에 치인 개체는 거의 암컷이어서 사람 눈에도 잘 띄어 사람 손에 들려가는 개체도 많다.

산란용 구멍은 대부분 항아리 형태로, 깊이는 암컷 개체의 뒷다리보다 좀 더 깊은 정도인데 일부의

◎ 산란하는 모습
① 말레이상자거북 Malayan box turtle ②, ③ 악어거북 Alligator snapping turtle ④ 중국줄무늬목거북 Chinese stripe-necked turtle

육지 서식 경향이 강한 늪거북류(말레이상자거북이나 옐로마진드상자거북, 류큐잎거북 등) 중에는 깊이 땅을 팔 수 없는 종도 있어서, 그런 종은 삼림 내의 부드럽고 물 빠짐이 좋은 부엽토 속이나 낙엽 속으로 깊이 파고 들어가 산란한다. 바다거북류나 강거북류 등 모래땅에 산란하는 종은 부드럽게 무너지기 쉬운 표층의 모래를 앞다리나 뒷다리를 이용하여 모래를 치워내고 오줌을 싸서 땅을 다진 다음 그 아래에 산란용 구멍을 판다. 그래서 표층에서 60㎝ 전후 깊이의 위치에 알을 낳는다. 대다수의 산란한 종이 낳은 알껍데기는 단단하고 주로 기다란 타원형의 알인데, 자라류나 늑대거북류, 바다거북류 등은 원형에 가까운 타원형이다. 늑대거북류, 바다거북류의 알껍데기는 비교적 부드러운 탄력성이 있다.

알의 개수는 종에 따라 다르며, 한 번 산란하는 알의 수는 적은 종이라면 1~3개, 많은 종이라면 100개가 넘는다. 또한 한 시즌당 산란 횟수는 1~4번 정도다. 거북의 알은 쥐나 족제비, 아메리카너구리, 왕도마뱀 등의 좋은 먹잇감이어서, 산란용 구멍이 파헤쳐지고 대다수가 포식될 때도 있다. 그러나 필자가 과거에 수없이 미시시피붉은귀거북의 산란을 관찰해도 몇 번밖에 경험하지 못했듯, 산란 후의 개체들 모두가 하는 건 아니지만 산란용 구멍 근처에 얕은 구멍을 파서 거기에 작은 무정란 1, 2개를 낳을 때가 있다.

◎ 알
① 아시아숲땅거북 Asian forest tortoise
② 악어거북 Alligator snapping turtle
③ 엘롱가타육지거북 Elongated tortoise

◎ 아시아숲땅거북의 번식
① 둥지 만들기(5/17~21)
② 알(5/22 확인)
③ 부화(7/28)

부화와 새끼 거북

통상적으로 알은 2~3개월 정도면 부화하는 종이 많다. 그러나 땅거북류는 100~150일 전후, 사향거북류라면 약 200~250일이나 시일이 소요된다.

아한대나 지대가 높은 지역에서는 여름에 산란하여 알 상태로 겨울을 보내기도 하고, 아열대부터 온대 지역이라면 산란 시기가 늦은 개체나 지대가 높은 장소 등에서는 땅속에 부화한 새끼 거북이 구멍 안에서 그대로 월동하여, 이듬해 봄 이후에 지표 바깥으로 나올 때도 있다. 알은 부화가 가까워지는 시점에 알 내부에서 단백질 분해 효소가 분비되어

◎ 부화
① 류큐잎거북 Ryukyu black-breasted leaf turtle
② 말레이상자거북 Malayan box turtle
③ 엘롱가타육지거북 Elongated tortoise
④ 미시시피붉은귀거북 Red-eared slider
⑤ 푸른바다거북 Green sea turtle

단단한 알껍데기가 약해진다. 알 안의 새끼 거북은 주둥이 아래에 난치 卵齒를 갖고 있어, 그 난치와 네 다리를 움직임으로써 난막이나 난각을 깨고 부화한다.

부화한 시점에 등갑은 비교적 부드럽고, 등갑의 폭은 안쪽으로 살짝 말려 들어가 있다. 땅거북류일 때는 몸이 중앙에서 구부러진 상태에서, 부화 후나 부화 도중부터 등갑이 뻗기 시작한다. 난황도 부화 시점에서는 완전히 체내에 흡수되지 않을 때도 많다. 새끼 거북은 부화하고 나서 바로 움직이지 않고 정지한 채로 등갑의 성장이나 난황 흡수를 기다린다. 산란 구멍 속에서 1~2일 정도 지나면 모든 알(썩은 알이나 무정란 등은 제외)은 부화하고, 새끼들은 지표면을 향해 흙과 모래를 무너뜨리면서 기어 나오지만, 지표가 단단해서 파내지 못할 때는 비 등으로 땅이 부드러워지는 걸 기다렸다가 밖으로 나온다.

지표면으로 나온 새끼 거북에게는 천적(각종 육식 및 잡식성 소형 포유류, 왜가리류, 소형 맹금류, 일부 뱀류, 중형 왕도마뱀류, 육식 및 잡식성의 물거북류, 게류 등)이 많다. 수생종의 새끼 거북은 근처 물가로 서둘러 가고, 육지종은 그늘이나 낙엽 밑 혹은 수풀 안으로 몸을 숨긴다. 특히 수생종은 동종이라도 적이 될 수 있어, 수초가 무성한 물가를 주요 생활의 장으로 삼는다.

성체(암컷)와 유체(생후 1년)의 비교(노란연못거북 Yellow pond turtle)

세계의 **거북**

알다브라코끼리거북 Aldabra giant tortoise

- **학 명 :** *Dipsochelys dussumieri*
- **분 포 :** 알다브라제도
- **등갑 길이** : 120㎝ 전후 (최대 등갑 길이 123㎝)

크기에 있어 갈라파고스코끼리거북의 뒤를 잇는 땅거북이다. 등갑은 돔 형태로 높게 솟아 있고, 작은 정갑판을 가지고 있어서 갈라파고스코끼리거북과 구별이 가능하며, 대체로 암갈색이나 검은색에 가깝다. 암컷은 수컷보다 덩치가 작으며, 등갑 길이는 80㎝ 전후다.

잠경아목(Cryptodira) 땅거북과(Testudinidae)

알다브라코끼리거북속 (*Dipsochelys*)

알다브라코끼리거북(*Dipsochelys dussumieri*), 세이셸안장코끼리거북(*D. arnoldi*), 세이셸돔코끼리거북(*D. hololissa*)의 3종으로 분류된 그룹이다.

수컷의 복갑 중앙 부분이 크게 움푹 들어간 것과는 달리, 암컷은 거의 편평하다. 주로 해안 근처 내륙의 작은 나무 수풀이나 풀밭, 물웅덩이나 습지가 있는 장소에 산다. 비교적 서늘한 아침저녁으로 활동하며, 낮에는 더위를 피해 풀숲이나 물에서 몸을 씻으며 체온 조절을 한다. 교미 행위는 대개 우기에 이루어지며, 건기에 산란한다. 한 계절에 산란하는 알은 13개 전후지만, 알을 낳는 암컷의 영양 상태에 따라 산란하는 해나 횟수, 알의 개수가 달라진다.

인도별거북 Indian star tortoise

- **학 명 :** *Geochelone elegans*
- **분 포 :** 인도 남동부 · 북서부, 스리랑카
- **등갑 길이 :** 최대 등갑 길이 38㎝(통상적으로는 훨씬 소형이고, 수컷은 최대 20㎝ 정도)

등갑은 높고 볼록한 돔 형태로, 정갑판과 늑갑판의 각 등갑 판은 볼록하고 둥글게 솟았지만 그 정상부는 편평하다. 복갑에는 방사형 무늬가 많고(7~12줄), 검은색 부분은 작게 분단되어 있다. 주로 200m 이하의 저지대의 관목림 속이나 그 주변 및 농지에 산다. 우기에는 활동이 활발해지며, 번식 활동도 한다. 산란은 1년에 2~4회 정도 하며, 1회 산란하는 알의 개수는 1~10개다. 알의 형태는 기다란 타원형이 많고, 100~150일 전후로 부화한다. 풀 종류, 나뭇잎, 다육식물 외에도 과일, 꽃도 먹는다.

복갑

◆사육 포인트

인도별거북도 원래는 비교적 튼튼한 종이지만, 수입되는 상태가 나쁠 때가 많아서 인공 번식된 개체를 고르는 게 무난하다. 온도 관리를 잘해야 한다.

버마별거북 Burmese star tortoise

- **학 명 :** *Geochelone platynota*
- **분 포 :** 미얀마 서부 · 중부
- **등갑 길이 :** 32㎝ 이상

등갑은 높게 솟은 돔 형태지만, 정갑판 및 늑갑판의 각 등갑 판은 인도별거북보다 덜 둥그스름하고 돌출되어 솟은 경향이 보인다. 복갑의 방사형 무늬는 1~2줄 정도로, 검은 부분이 크다. 열대 몬순 기후의 낙엽림 내에 주로 서식한다. 번식 행위는 아직 불명인 점이 많고, 6~7월의 우기에 부화한 유체가 많이 보인다. 야생에서는 버섯류를 즐겨 먹고, 사육 환경에서는 채소, 과일이나 인공 사료도 먹는다.

복갑

잠경아목(Cryptodira) 땅거북과(Testudinidae)

붉은다리육지거북속 (Chelonoidis)

붉은다리육지거북속 - 갈라파고스땅거북속(*Chelonoidis*)
이 속에 갈라파고스코끼리거북 집단(무리)이 속해 있으며, 14종(멸종 종 2종을 포함)이 알려져 있다.

산타크루즈코끼리거북

Galápagos tortoise

- **학 명 :** *Chelonoidis nigrita*
- **별 명 :** 갈라파고스코끼리거북
- **분 포 :** 갈라파고스제도의 산타크루즈섬
- **등갑 길이 :** 130㎝ 전후 (최대 등갑 길이 135㎝)

갈라파고스코끼리거북(12종) 중 육지종으로는 세계 최대. 다윈 연구소가 있는 섬에서 서식하며, 일본을 포함한 세계에서 갈라파고스코끼리거북이라고 불리는 사육 중인 코끼리거북은 이 종이 가장 많다. 등갑에는 정갑판이 없고, 유체는 등갑이 모두 돔 형태를 취하고 있지만 수컷 성체는 안장 형태에 가깝다. 등갑은 암수 모두 회색이나 암갈색 및 검은색에 가까우며, 수컷의 복갑 중앙은 크게 움푹 파여 있다. 건조한 황무지나 초지, 저목림 내부에 서식하며 물가를 좋아한다. 6~12월에 1~4회 산란하며, 구형에 가까운 알을 1회에 3~26개 낳는다. 알은 100~200일 전후로 부화한다. 주로 다육식물이나 저목, 풀 종류의 잎을 먹고, 그 꽃과 과일도 좋아한다.

바베이도스 Barbados(카리브해 동쪽의 섬) 産

붉은다리거북 Red-footed tortoise

- **학 명 :** *Chelonoidis carbonaria*
- **분 포 :** 파나마 남부, 콜롬비아, 베네수엘라에서 브라질 북서부, 볼리비아, 파라과이, 아르헨티나 북부
- **등갑 길이 :** 35㎝ 전후 (최대 등갑 길이 51㎝)

중형부터 다소 대형인 종. 등갑은 담흑색이며 각 갑판의 중앙부는 흑갈색이다. 머리와 네발에 있는 큰 비늘은 적갈색 및 붉은색을 띤다. 수컷 성체에서는 등갑의 측면이 잘록한 개체가 많다. 이 종은 분포 지역이 넓고, 지리적 변이를 보여서 현재 4종 정도로 나뉜다. 열대우림 등에서는 비교적 습도가 높은 숲 가장자리에 주로 살며, 노란다리거북과 분포가 겹치는 지역에서는 다습한 사바나에 생식한다. 산란은 6~9월에 이루어지며 1회에 2~7개의 알을 낳고, 산란은 여러 번 이루어진다. 알 형태는 구형에 가까운 타원형, 150일 전후로 부화한다. 잡식 경향이 강하며 풀이나 과일, 꽃, 버섯류 등을 주로 먹지만 죽은 동물의 살점이나 육지에 사는 조개류 등도 먹는다.

◆사육 포인트
먹이 급여 시에 매번 줄 필요는 없지만, 보름에 한 번 정도는 동물성 먹이를 주는 게 좋다. 특히 체력이 떨어지는 겨울철에는 간 등 혈액을 많이 함유한 먹이를 준다.

조금 성장한 유체

노란다리거북 Yellow-footed tortoise

- **학 명 :** *Chelonoidis denticulata*
- **분 포 :** 콜롬비아, 베네수엘라에서 기아나, 브라질, 에콰도르, 페루 북서부, 볼리비아 중북부, 파라과이 북부
- **등갑 길이 :** 60㎝ 전후 (최대 등갑 길이 82㎝)

신대륙에서는 최대 크기를 자랑하는 땅거북. 붉은다리거북과 비슷하지만, 등갑은 살짝 갈색에 가깝고 각 갑판의 이음매와 그 주변은 암갈색을 띤다. 머리나 네발에 난 큰 비늘은 황갈색이다. 수컷 성체는 붉은다리거북처럼 허리 부분의 잘록함이 없는 것으로 구분할 수 있고, 암컷은 수컷보다 대형이다. 열대우림 내의 다습한 곳에 많고, 오리노코강이나 아마존강에서는 상류 지역의 내륙 깊은 곳까지 서식한다. 번식은 1년 내내 하는 것으로 보이며, 1회에 4~6개의 알을 낳고 1년에 여러 번 산란한다. 알 형태는 구형에 가까운 타원형, 130일 전후로 부화한다. 풀 종류나 과일, 꽃, 버섯류 등의 식물성 먹이를 주로 섭취하지만, 죽은 동물의 살점이나 육지에 사는 조개류 등의 동물성 먹이도 먹는 잡식 경향이 있다.

◆ 사육 포인트

먹이 급여 시에 매번 줄 필요는 없지만, 보름에 한 번 정도는 동물성 먹이를 주는 게 좋다. 특히 체력이 떨어지는 겨울철에는 간 등 혈액을 많이 함유한 먹이를 준다.

차코육지거북 Chaco tortoise

- **학 명 :** *Chelonoidis petersi*
- **분 포 :** 볼리비아 남동부, 파라과이 서부, 아르헨티나 북부
- **등갑 길이 :** 25㎝ 전후

남미 종의 땅거북류에서는 제일 작다. 등갑은 살짝 높은 돔 형으로 갈색이지만, 각 갑판의 접합부는 어두운색을 띤다. 꼬리 끝이 한 장의 커다란 비늘로 되어 있어 다른 거북과 구분할 수 있다. 저지대에서 해발고도 1,500미터 이하의 낮은 산지에 분포. 사막이나 반사막 주변의 키 작은 나무 및 덤불이 곳곳에 있는 환경 혹은 평원, 차코 습원 주변 등 서식 환경이 넓다. 지표면에 깊은 땅(2미터 전후)을 파서 열기나 냉기를 피하고, 남부에서는 동면한다. 산란은 여름부터 초가을까지 1년에 1~3회 산란하고, 1회 산란 수는 1~8개다. 알은 기다란 타원형이고, 부화한 새끼는 땅속에서 겨울을 보내다가 이듬해 지표면 밖으로 나온다. 선인장이나 다육식물을 주로 먹는다.

◆ 사육 포인트
구멍을 파는 습성이 있으므로, 목재를 두껍게 까는 것이 좋다.

잠경아목(Cryptodira) 땅거북과(Testudinidae)

레오파드거북속
(*Stigmochelys*)

1속 1종으로 분포 지역이 넓고, 서레오파드육지거북(*S. p. pardalis*), 동레오파드육지거북(*S. p. babcocki*)의 두 아종으로 나뉜다는 설도 있다.

서레오파드육지거북 Western leopard tortoise

레오파드거북 Leopard tortoise

- **학 명 :** *Stigmochelys pardalis*
- **분 포 :** 에티오피아 · 수단 남부 이남의 아프리카 대륙 동부 · 남부
- **등갑 길이 :** 60㎝ 전후 (최대 등갑 길이 72㎝)

1속 1종인 땅거북. 등갑의 색은 황갈색 및 갈색이며, 초생갑판 이외에 검은색이나 암갈색의 크고 작은 부정형 반점 무늬가 산재해 있다. 해안선에서 해발고도 3,000미터 미만의 완만한 고지까지 서식한다. 비교적 확 트이고 건조한 사바나나 평원 등에 흩어져 있는 저목림이나 수풀 등에 주로 서식한다. 산란은 1회에 5~30개 정도고, 한 시즌에 2~7회 정도 알을 낳는다. 알은 긴 타원형(구형에 가까울 때도 있음)으로, 부화 일수는 서식지나 기상 조건에 좌우되어 4개월~1년 이상 걸릴 때도 있고 새끼가 지표면에 나오는 데 반년 이상 걸릴 때도 있다. 볏과 식물이나 키가 작은 풀 종류를 주로 먹는다.

동레오파드육지거북 Eastern Leopard tortoise

◆사육 포인트

더위나 다습한 기후에 약한 경향이 있어, 장마 시기에는 주의해야 한다. 비교적 대형으로 크며, 실내 사육에 맞지 않는다.

잠경아목(Cryptodira) 땅거북과(Testudinidae)

방사거북속(*Astrochelys*)

방사거북(*A. radiata*)과 쟁기거북(*A. yniphora*) 2종으로 분류된다. 이 2종이 다른 속에 속한다는 설도 있지만, 오늘날에는 같은 속에 있다는 설이 주류를 이룬다.

쟁기거북 Ploughshare tortoise

- **학 명 :** *Astrochelys yniphora*
- **분 포 :** 마다가스카르 북서부(발리만 연안 일부)
- **등갑 길이 :** 40㎝ 전후 (최대 등갑 길이 44.6㎝)

중형 땅거북으로, 등갑은 현저한 돔 형태로 높다. 등갑은 갈색이지만, 각 갑판의 접합부는 암갈색이며, 각 갑판에는 황갈색의 삼각형 무늬가 있다. 복갑은 대형이고, 좌우 후갑판은 융합되어 성장과 함께 전방으로 뱃머리처럼 길게 돌출한다. 과거에는 건조지에 비교적 널리 분포해 있었지만, 현재는 남획으로 인해 해안에 접한 숲 가장자리 지역이나 인접한 수풀 및 초지에 산재해 있을 뿐이고, 엄중히 보호된다.

우기에 활발히 활동하고, 관목 잎이나 풀 종류를 주로 먹는다.

방사거북 Radiated tortoise

- **학 명 :** *Astrochelys radiata*
- **분 포 :** 마다가스카르 남부, 마스카렌제도(이입)
- **등갑 길이 :** 최대 등갑 길이 40㎝

등갑에는 정갑판이 없고, 높은 돔 형이다. 등갑은 검은색이고 각 갑판의 초생갑판에서 담황색의 방사형 무늬가 아름답게 나오고 있지만, 성장함에 따라 색이 옅어져 성체가 되면 완전히 어두운색이 되어 무늬가 불명료해진다. 반사막지대의 건조한 삼림이나 그 주변 암석 지대가 많은 황무지에 서식한다. 비가 온 후에 활발하게 활동하며, 건조 상태가 오래 이어지면 바위나 쓰러진 나무 아래에 굴을 파서 활동을 멈춘다.

번식은 영양 상태에 따라 다르지만, 사육 환경에서는 1회에 산란하는 알의 개수는 1~9개의 구형에 가까운 알을 낳고, 연간 5~6회 산란한다.

잠경아목(Cryptodira) 땅거북과(Testudinidae)

앙굴라타육지거북속
(*Chersina*)

1속 1종으로 케이프육지거북속(*Homopus*)이나 덤불거북속(*Psammobates*)과 근연한다고 본다.

앙굴라타육지거북 Angulate tortoise

- **학 명 :** *Chersina angulata*
- **분 포 :** 남아프리카공화국 남서부에서 남부
- **등갑 길이 :** 최대 등갑 길이 27.2㎝(수컷)
  최대 등갑 길이 21.6㎝(암컷)

1속 1종의 중형 땅거북. 복갑판의 후갑판은 좌우 융합하여 쟁기거북과 비슷하게 한 장의 갑판을 이루며 앞쪽으로 튀어나와 있으나, 쟁기거북의 것과는 형태와 색이 다르다. 등갑은 돔 형태로 솟아 있고, 통상적으로 정갑판은 없으나 개체에 따라 작은 정갑판이 있을 때도 있다. 각 추갑판이나 늑갑판은 폭이 넓고 가장자리에 검은 테가 둘러 있으며, 중앙부는 황갈색이나 오렌지색이지만 초생갑판과 그 주변은 어두운색을 띤다. 전체적으로 가늘고 길지만, 등갑의 연갑판 전부와 후부의 좌우는 다소 넓다. 해안 근처의 저지대에서 습한 저목림 안에 주로 서식하지만, 건조지에서도 찾아볼 수 있다. 교미는 연중 내내 하고 1회에 1~2개의 알을 낳으며, 산란은 여러 번 이루어지는데, 알은 타원형으로 부화 일수는 통상 180일 이상이다. 주로 키가 작은 풀을 먹지만, 과일이나 죽은 생물의 고기류도 먹는다.

◆사육 포인트
고온다습한 기후에서는 습도가 너무 과도하지 않게 사육을 권장한다.

잠경아목(Cryptodira) 땅거북과(Testudinidae)

케이프육지거북속
(Homopus)

케이프육지거북속은 앵무부리육지거북(*H. areolatus*), 버저케이프육지거북(*H. solus*), 불랑제케이프육지거북(*H. boulengeri*), 그레이터드워프거북(*H. femoralis*), 스펙클드케이프육지거북(*H. signatus*)의 5종으로 분류된다.

스펙클드케이프육지거북
Speckled cape tortoise

- **학 명 :** *Homopus signatus*
- **아 종 :** 북스펙클드케이프육지거북(*H. s. signatus*) 남스펙클드케이프육지거북(*H. s. cafer*)
- **분 포 :** 남아프리카공화국 서부의 작은 나마콸란드 주변
- **등갑 길이 :** 8~9㎝

케이프육지거북속에는 여기서 소개하는 종 외에 4종이 있으며, 이 종은 2개의 아종으로 분류된다. 등갑은 비교적 낮은 돔 형태이며, 꼭대기 갑판은 편평하다. 각 갑판은 담갈색이고, 크고 작은 부정형의 반점 무늬가 서리가 내린 형태로 들어가 있다. 주로 해발고도 1,000미터 이하의 사막이나 황무지 등에 서식하며, 비가 내릴 때 작은 흐름이 생기는 물가나 바위가 많은 경사면 등에서 활동한다. 비가 많은 겨울이 되면 더욱 활동적이 되지만, 고온에 건조한 시기에는 활동량이 저하한다. 산란은 1년에 1~4회, 1회 산란은 1~2개이며 알은 기다란 타원형이고, 부화는 인공적 환경에서는 110일 전후로 이루어지는 사례가 있다. 주로 풀 종류나 다육식물 등을 먹는다.

잠경아목(Cryptodira) 땅거북과(Testudinidae)

덤불거북속(*Psammobates*)

지도거북(*P. geometricus*), 톱니거북(*P. oculifer*), 텐트육지거북(*P. tentorius*)의 3종이 있고, 톱니거북의 CB 개체가 가끔 수입되곤 한다.

톱니거북 Serrated tortoise

- **학 명 :** *Psammobates oculifer*
- **분 포 :** 칼라하리 사막과 그 주변의 남아프리카 공화국 북부, 나미비아, 보츠와나
- **등갑 길이 :** 최대 등갑 길이 14.7㎝

덤불거북속은 이 종 이외에도 다른 2종이 더 있는 것으로 알려져 있으나, 일본으로 수입은 극히 드물다. 등갑은 높은 돔 형으로, 각 갑판은 어두운색에 담갈색 방사형 무늬가 들어가 있다. 연갑판의 전후부는 톱니 모양이다. 사막이나 건조한 사바나에 드문드문 있는 풀숲 등에서 서식한다. 번식은 12월 전후에 타원형의 알을 1회에 1~2개, 1년에 1~2번 산란한다. 주로 키 작은 풀 종류를 먹고, 야생동물의 변도 섭취한다.

텐트육지거북 Tent tortoise

- **학 명 :** *Psammobates tentorius*
- **아 종 :** 남텐트육지거북(*P. t. tentorius*)
  나마콸란드텐트육지거북(*P. t. trimeni*)
  북텐트육지거북(*P. t. verroxii*)
- **분 포 :** 남아프리카공화국, 나미비아 남부
- **등갑 길이 :** 최대 등갑 길이 14.5㎝

3개 아종으로 분류된다. 등갑은 높은 돔 형태로 솟아 있고, 각각의 추갑판과 늑갑판은 초생갑판을 정점으로 삼아 원뿔형으로 돌출되어 있고, 거기서 황갈색 방사형 무늬가 몇 개 뻗어 나온다. 그 방사형 무늬의 형태, 줄의 개수 등은 아종이나 개체에 따라 차이가 있다. 해발고도 900미터 이하의 평지나 경사면, 저산지의 모래질 사막, 저목이 빽빽이 자라는 지역, 건조한 사바나 주변부에 서식한다. 개체군에 따라서는 저목의 뿌리 근처나 모래밭에 퇴적된 마른 식물 속, 포유류의 오래된 둥지 등에서 겨울잠이나 여름잠을 잔다. 산란은 9~11월에 이루어지며, 산란 횟수는 1년에 1번이다. 1회 산란 수는 1~3개. 알은 다소 구형에 가까운 타원형이며, 딱딱하지만 깨지기 쉬운 흰색 난각을 갖고 있다. 부화는 4~5월. 다육식물이나 풀 종류 등의 식물을 주식으로 삼는다.

잠경아목(Cryptodira) 땅거북과(Testudinidae)

팬케이크육지거북속 (*Malacochersus*)

1속 1종. 지중해육지거북속에 근연하며, 탄력이 있는 등갑을 이용하여 바위 틈새에 숨어드는 특수한 진화를 이뤄낸 거북이다.

팬케이크육지거북 Pancake tortoise

- **학 명 :** *Malacochersus tornieri*
- **분 포 :** 케냐 북 · 남서부에서 탄자니아 북 · 중부
- **등갑 길이 :** 최대 등갑 길이 17.8㎝

1속 1종의 소형 땅거북. 등갑은 매우 편평하고 탄력이 있어서 천적 등을 만나면 재빨리 바위 틈새로 들어가 몸을 부풀릴 뿐만 아니라 자세를 쭉 뻗기 때문에, 꺼내기 매우 어려운 형태 및 생태의 특수화가 이루어진 땅거북이다. 등갑 및 복갑의 각 갑판에는 방사형 무늬가 있고, 색채는 어두운색에서 밝은색까지 개체 변이가 많다. 해발고도 1,800미터 전후의 내륙부에 암석이 많은 구릉지, 저산지, 사바나 등의 건조한 덤불이나 관목이 드문드문 난 환경에서 서식한다. 산란은 7~8월이며 1회에 1~2개의 타원형 알을 낳는데, 1년에 여러 번 산란한다고 알려져 있고, 부화 일수는 토양 온도에 의해 크게 좌우된다. 주로 아침저녁에 활동하고, 풀 종류나 낙엽 및 다육식물을 주로 섭취한다.

등갑

복갑

◆ 사육 포인트

편평한 돌을 여러 개 쌓은 피난처를 설치해 주면 좋다.

잠경아목(Cryptodira)
땅거북과(Testudinidae)

경첩거북속
(*Kinixys*)

벨스경첩육지거북(*K. belliana*), 로바체경첩육지거북(*Kinixys lobatsiana*), 스피키경첩육지거북(*K. spekii*), 나탈경첩육지거북(*K. natalensis*), 숲경첩육지거북(*K. erosa*), 홈즈경첩육지거북(*K. homeana*)의 6종으로 분류된다. 이 종들 모두 등갑 후부에 경첩이 있어 가동성을 갖춘 특수한 그룹이다.

벨스경첩육지거북 Bell's hinge-back tortoise

- **학 명 :** *Kinixys belliana*
- **아 종 :** 동벨스경첩육지거북(*K. b. belliana*), 서벨스경첩육지거북(*K. b. nogueyi*)
- **분 포 :** 사하라 사막 이남의 아프리카 동부(동벨스경첩육지거북), 사하라사막 이남의 아프리카 중서부(서벨스경첩육지거북)
- **등갑 길이 :** 최대 등갑 길이 22㎝

경첩거북속 중에서도 가장 널리 분포되어 있으며, 현 시점에서 2개 아종으로 분류된다. 등갑은 가느다란 돔형이고, 후부는 급하게 쑥 떨어지는 모양새를 취하면서 후부 연갑판을 움직일 수 있다. 분포가 넓어 색채나 모양의 변화가 다양하다. 서식 환경은 다양해서 건조한 곳이나 고습한 저목림, 관목림, 초지, 열대우림 등에 서식하고, 서식지 환경에 따라 여름잠이나 겨울잠을 잔다. 산란은 우기부터 건기 초로, 1회에 2~4개의 타원형 알을 낳는다. 폭넓은 식성을 가지며 풀 종류나 다육식물, 과일, 버섯류, 곤충류, 육지 서식의 조개류, 죽은 동물의 고기 등을 섭취하는 잡식성이다.

서벨스경첩육지거북 Western hinge-back tortoise

◆ 사육 포인트
잡식성 경향이 강해서 다양한 먹이를 급여한다.

홈즈경첩육지거북

Home's hinge-back tortoise

- **학 명 :** *Kinixys homeana*
- **분 포 :** 시에라리온 남부에서 기니만에 있는 여러 나라 남부, 카메룬 남부, 콩고민주공화국 북서부
- **등갑 길이 :** 최대 등갑 길이 22.3㎝

등갑의 폭은 살짝 가늘고 비교적 높은 돔 형으로, 후부는 급하게 쑥 떨어지는 모양새다. 등갑 후부의 경첩 판이 잘 발달하여 움직일 수 있다. 제1 추갑판 중앙에는 용골이 있고, 제2~4 추갑판의 용골은 두드러지지 않고 거의 편평하다. 전부 연갑판은 바깥쪽으로 퍼져 있고, 후부 연갑판의 퍼진 정도는 작고 뒤집혀 있으며 가장자리는 톱니 형태다. 열대우림이나 사바나의 저지대 상록수림 같은 비교적 습도가 높은 환경에 서식한다. 번식은 1년 내내 이루어지며, 1회에 2~4개의 긴 타원형 알을 1년에 1~2회 산란한다. 잡식성이고 다양한 식물이나 과일, 지표 동물, 죽은 동물의 고기 등을 먹는다.

◆사육 포인트
더위에 취약. 통기성이 좋은 사육 환경을 준비해야 한다.

숲경첩육지거북 Forest hinge-back tortoise

- **학 명 :** *Kinixys erosa*
- **분 포 :** 세네갈 남부부터 기니만에 있는 여러 나라, 콩고민주공화국과 그 주변 국가 일부
- **등갑 길이 :** 최대 등갑 길이 37.5㎝

경첩거북속 중 최대 크기를 가진 종. 등갑의 폭은 다소 넓은 돔 형이며, 후부는 급하게 쑥 떨어지는 모양새다. 전부 연갑판의 가장자리는 바깥쪽으로 퍼져 있고, 그 중앙부 끝부분은 뒤집혀 있다. 후부 연갑판의 퍼진 정도는 작지만 뒤집혀 있고, 그 가장자리는 톱니 모양이다. 후갑판은 앞쪽으로 돌출해 있다. 열대다우림 내부나 사바나 같은 고온다습한 환경을 좋아하며, 삼림 내부의 습지 및 늪지 같은 환경에서 생활한다. 알은 긴 타원형으로, 1회 산란 수는 1~4개. 수컷은 암컷보다 커서 번식기에 암컷의 부담이 크다. 잡식성이어서 다양한 식물부터 과일, 버섯류, 지표 동물, 죽은 생물의 고기 등도 먹는다.

◆ 사육 포인트
감염병이나 기생충병 치료를 확실히 해야 한다.

잠경아목(Cryptodira) 땅거북과(Testudinidae)

거미거북속(*Pyxis*)

마다가스카르거미거북 Madagascar spider tortoise

거미거북 Spider tortoise

- **학 명 :** *Pyxis arachnoides*
- **아 종 :** 마다가스카르거미거북(*P. a. arachnoides*), 남거미거북(*P. a. oblonga*), 북거미거북(*P. a. brygooi*)
- **분 포 :** 마다가스카르 남부 및 남서부
- **등갑 길이 :** 최대 등갑 길이 15㎝

북거미거북
Northern spider tortoise

남거미거북
Southern spider tortoise

마다가스카르 고유종으로, 3개 아종이 발견된 소형 땅거북. 등갑은 높은 돔 형이며, 후부는 급하게 쑥 떨어지는 모양새다. 복갑의 견갑판과 흉갑판 사이에 경첩 판(경첩 판을 갖지 않는 것도 있음)이 있으며, 전부만 가동성이 있다. 저지대의 건조한 숲이나 다육식물 등이 자라는 숲, 덤불, 황무지 같은 곳에 서식한다. 주로 아침저녁에 활동하지만, 비가 올 때나 그 직후에도 자주 행동한다. 저온이나 건조가 이어지면 쌓여 있는 낙엽 밑이나 바위 및 쓰러진 나무 아래에 숨어 활동을 멈춘다. 번식에 대해서는 알려지지 않은 점이 많다. 주로 식물을 섭취하나 가축의 변을 먹을 때도 있다. 건조기에는 먹이를 통해 얻은 수분을 방광에 모아둘 수도 있다.

도망간 거북처럼 바깥에서 처음 보는 거북을 발견한다면…

오치타지도거북 Ouachita map turtle(왼쪽)과
미시시피붉은귀거북 Red-eared slider(오른쪽)

늑대거북
Common snapping turtle

어떤 동물이든 도망가게 하면 안 되는 게 원칙이지만, 대개 거북은 사람이나 다른 동물에게도 무해한 것이 많다. 그러나 특정 동물로 지정된 늑대거북과의 늑대거북이나 악어거북은 거친 성미를 가지고 있어서, 탁한 물속 등에서 실수로 밟거나 거북 머리를 향해 손이나 발을 갑자기 내밀면 물릴 경우도 있다. 법적으로 지정되어 있기도 하니, 근처 파출소나 동물 보호 센터 등 관련 부서에 전달하는 것이 좋다. 그 외에도 일본연못거북이나 남생이, 자라, 미시시피붉은귀거북 같은 널리 볼 수 있는 종 이외의 거북을 야외에서 발견한 경우, 예를 들어서 쿠터류, 흙탕거북류, 사향거북류 등은 소형 개체지만 거친 성미를 가진 것이 많다. 머리 위나 주위로 손을 내밀지 말고, 보호를 위해 붙잡을 때는 거북이의 뒷부분을 잡아 용기에 넣어 관련 기관에 전해주면 된다.

일본연못거북 Japanese pond turtle(일본 고유종)

잠경아목(Cryptodira) 땅거북과(Testudinidae)

납작등거미거북속
(*Acinxyss*)

납작등거미거북 Flat-backed spider tortoise

- **학 명 :** *Pyxis planicauda*
- **분 포 :** 마다가스카르 중서부
- **등갑 길이 :** 최대 등갑 길이 13.7㎝

마다가스카르 중서부 연안 열대우림 내부의 고온이며 건조한, 숲속 땅바닥의 낙엽 등이 잔뜩 쌓인 환경을 주로 좋아하며, 우기에 활발히 활동한다. 등갑은 다소 낮은 돔 형이다. 추갑판이나 늑갑판은 검은색 바탕이고, 초생갑판 주변이나 각 갑판 주변은 옅은 노란색이나 갈색으로 테두리가 둘려 있어, 초생갑판에서부터 몇 줄의 방사형 무늬가 들어가 있다. 꼬리는 이름대로 약간 편평하다. 우기에 교미해서 1년에 몇 회 정도 산란하지만 1회에 낳는 알의 개수는 1~2개로, 알은 구형에 가까운 기다란 타원형이다. 식물을 먹으며, 낙엽이나 낮은 풀 종류의 잎, 과일 등을 주로 먹는다.

잠경아목(Cryptodira) 땅거북과(Testudinidae)

지중해육지거북속 (*Testudo*)

그리스마지네이트육지거북
Greek marginated tortoise

펠로폰네소스마지네이트육지거북 Weissingeri's tortoise

마지네이트육지거북 Marginated tortoise

- **학 명 :** *Testudo marginata*
- **아 종 :** 그리스마지네이트육지거북(*T. m. marginata*), 펠로폰네소스마지네이트육지거북(*T. m. weissingeri*)
- **별 명 :** 마지나타육지거북
- **분 포 :** 그리스, 알바니아 최남단(그리스마지네이트육지거북), 그리스(펠로폰네소스반도 일부/펠로폰네소스마지네이트육지거북)
- **등갑 길이 :** 최대 등갑 길이 39㎝

2개의 아종으로 분류된다. 일반적으로 기본 아종인 그리스마지네이트육지거북을 마지네이트육지거북으로 보고 있다. 등갑은 높은 돔 형이며, 수컷 성체의 후부 연갑판은 바깥쪽으로 펼쳐진다. 등갑은 전체적으로 어두운색이며, 추갑판과 늑갑판의 초생갑판과 그 주변은 갈색이지만, 노령 개체는 검은색이 된다. 확 트여 건조하고 빽빽하지 않은 관목림 등에서 주로 서식한다. 비가 많은 겨울철(지중해성 기후의 특징)에는 활발한 먹이 활동을 한다. 식성은 그리스육지거북과 비슷하다.

◆ 사육 포인트

유통되는 것은 CB 개체가 많고 비교적 사육하기 쉬운 거북이지만, 다소 건조한 환경으로 만들고 물그릇은 온몸이 들어갈 수 있을 정도로만 준비한다.

서헤르만육지거북 Western Hermann's tortoise

동헤르만육지거북 Eastern Hermann's tortoise

헤르만육지거북 Hermann's tortoise

- **학 명 :** *Testudo hermanni*
- **아 종 :** 서헤르만육지거북(*T. h. hermanni*), 동헤르만육지거북(*T. h. boettgeri*), 달마티안육지거북(*T. h. hercegovinensis*)
- **분 포 :** 스페인 동부에서부터 유럽 쪽 지중해 연안 나라들의 튀르키예 서부까지, 그리고 루마니아 남부 이남
- **등갑 길이 :** 20㎝ (최대 등갑 길이 35㎝)

3개 아종으로 분류된다. 비슷해 보이는 그리스육지거북과의 차이로는 좌우 견갑판이 융합되지 않은 점, 앞다리에 큰 비늘이 없다는 점, 대퇴부에 사마귀 형태의 비늘이 없다는 점, 꼬리 끝에 갈고리발톱 모양의 큰 비늘 하나가 있다는 점이 있다. 해발고도 1,500m 전후까지 확트인 숲 내부를 좋아하는데, 건조하고 드문드문 있는 초지나 관목이 있는 구릉지 등에서도 발견된다. 산란은 한 해에 2~3회 하며, 총합 약 20개의 알을 낳고, 알의 모양은 타원형이다. 60일 전후로 부화한다. 풀 종류를 주로 먹지만, 과일이나 소량의 동물성 먹이도 먹는다.

◆사육 포인트
마지네이트육지거북과 거의 동일하다.

무어그리스육지거북 Moorish tortoise

그리스육지거북 Greek tortoise

- **학 명 :** *Testudo graeca*
- **아 종 :** 무어(*알제리아*)그리스육지거북(*T. g. graeca*), 안타키아그리스육지거북(*T. g. antakyensis*), 카스피그리스육지거북(*T. g. boxtoni*), 레판토그리스육지거북(*T. g. floweri*), 램버트그리스육지거북(*T. g. lamberti*), 튀니지그리스육지거북(*T. g. nabeulensis*), 다게스탄그리스육지거북(*T. g. pallasi*), 수스그리스육지거북(*T. g. soussensis*), 이란그리스육지거북(*T. g. zarudnyi*) 아나무르육지거북(*T. g. anamurensis*), 아르메니아그리스육지거북(*T. g. armeniaca*), 키레나이카그리스육지거북(*T. g. cyrenaica*), 이베라그리스육지거북(*T. g. ibera*), 모로코그리스육지거북(*T. g. marokkensis*), 니콜스키그리스육지거북(*T. g. nikolskii*), 자그로스그리스육지거북(*T. g. perses*), 아랍그리스육지거북(*T. g. sterrestris*),
- **분 포 :** 북아프리카 리비아 이서 以西, 스페인 남부, 그리스부터 이란, 시리아 북부에서 이스라엘까지 등
- **등갑 길이 :** 최대 등갑 길이 16~38㎝

분포가 넓고 현재 17개의 아종으로 분류되는데, 앞으로 재편의 여지가 있다. 등갑은 비교적 높은 돔 형이고 갑판에는 용골이 없고 매끄럽지만, 아종보다 색채나 무늬가 다양하다. 저지대에서부터 해발고도 2,700m 전후의 산지까지, 주로 황무지의 드문드문 있는 관목림, 덤불, 건조 초지 등에 서식한다. 환경에 따라 겨울잠과 여름잠을 자는 개체군도 있다. 1회 산란 수나 산란 횟수, 알의 크기는 아종에 따라 크게 다르다. 주로 풀 종류나 나뭇잎, 과일, 꽃 등을 먹는다.

◆사육 포인트
분포가 넓고, 아종에 따라 사육 난도가 다르다. WC 개체보다 CB 개체를 추천한다.

아나무르육지거북 Anamur tortoise

안타키아그리스육지거북 Antakya tortoise

키레나이카그리스육지거북 Cyrenaican spur-thighed tortoise

이베라그리스육지거북 Eastern spur-thighed tortoise

레판토그리스육지거북 Flower's dwarf tortoise

모로코그리스육지거북 Moroccan tortoises

램버트그리스육지거북 Lambert's tortoise

자그로스그리스육지거북 Zagros mountain tortoise

튀니지그리스육지거북 Tunisian tortoise

아랍그리스육지거북 Mesopotamian tortoise

수스그리스육지거북 Souss valley tortoise

이집트육지거북 Egyptian tortoise

이집트육지거북 Egyptian tortoise

- **학 명 :** *Testudo kleimanni*
- **분 포 :** 리비아, 이집트, 이스라엘 남부
- **등갑 길이 :** 최대 등갑 길이 4.4㎝

지중해육지거북속 중에서 가장 작은 종이다. 그리스 육지거북과 비슷하지만 앞다리의 대형 비늘이 더 크게 세 줄 있다는 점, 또한 뒷다리의 대퇴부에 큰 원뿔형의 비늘이 없다는 점, 꼬리 끝에 큰 갈고리발톱 형태의 비늘이 있다는 점 등의 형질로 구분할 수 있다. 사막이나 스텝, 관목림 등의 건조한 환경에 서식하고, 건기에는 굴을 파서 여름잠을 잔다. 조금씩 돋은 풀 종류나 다육식물을 주로 먹고, 우기 등에 풀이 싹 트는시기에는 겨울철이라 도 활발히 활동한다.

아프가니스탄네발톱땅거북 Central Asian tortoise

카자흐스탄네발톱땅거북 Kazakhstan steppe tortoise

네발톱땅거북 Four-clawed tortoise

- **학 명 :** *Testudo horsfieldii*
- **아 종 :** 아프가니스탄네발톱땅거북(*T. h. horsfieldii*), 파키스탄네발톱땅거북(*T. h. baluchiorum*), 카자흐스탄네발톱땅거북(*T. h. kazachstanica*), 투르크메니스탄네발톱땅거북(*T. h. rustamovi*)
- **별 명 :** 호스필드육지거북, 러시아육지거북
- **분 포 :** 이란, 파키스탄, 아프가니스탄, 투르크메니스탄, 우즈베키스탄, 타지키스탄 등
- **등갑 길이 :** 최대 등갑 길이 28㎝

한랭지까지 분포하는 소형 땅거북이다. 등갑은 비교적 편평하고 폭이 넓으며, 네발의 발톱은 4개다. 일반적으로 등갑은 갈색 및 암갈색인데, 초생갑판과 그 주변은 어두운색이지만 그 어두운색 얼룩무늬의 크기나 짙기는 개체나 아종에 따라 다르다. 해발고도 4,000m의 한랭지부터 저지대의 건조한 암석이 많은 황무지, 스텝 등이 주요 서식지인데, 경작지나 목초지 등에도 먹이를 찾아 침입하기도 한다. 서식 환경에 따라 굴을 팔 수 있는 장소에서는 깊은 구멍을 파 여름잠이나 겨울잠을 잔다. 주로 풀 종류나 과일, 꽃을 먹는다. 번식 생태는 아종 간이나 서식 환경에 따라 크게 다른 것으로 보인다.

◆ 사육 포인트

최근 유통되는 대부분은 CB 개체여서 사육하기도 쉽지만, 생후 약 3년 동안은 겨울철에 실내 사육을 하고, 따듯한 오키나와라고 해도 시트 히터 등을 사용한다.

잠경아목(Cryptodira) 땅거북과(Testudinidae)

인도육지거북속
(*Indotestudo*)

엘롱가타육지거북(*I. elongata*), 셀레베스육지거북(*I. forsteni*), 트래방코르육지거북(*I. travancoria*)의 3종이 있다. 트래방코르육지거북의 유통은 거의 이루어지지 않는다.

엘롱가타육지거북 Elongated tortoise

- **학 명 :** *Indotestudo elongata*
- **분 포 :** 네팔 남부, 인도 북부에서 미얀마까지, 중국 남부에서 말레이시아 북부의 동부 아시아 일대까지 등
- **등갑 길이 :** 최대 등갑 길이 36㎝

인도육지거북속 중에서 가장 분포가 넓은 중형 땅거북이다. 등갑은 다소 가늘고 길며 높은 돔 형으로, 정갑판을 갖고 있다. 전부 연갑판은 앞쪽으로 뻗어 있고(다소 위쪽으로 뒤집혀 있는 경우도 있다), 후부 연갑판은 약간 바깥쪽으로 퍼져 있는 경향을 보이며, 가장자리는 작은 톱니 형태다. 견갑판은 좌우로 융합되어 한 장으로 되어 있다. 갑판의 색채는 회갈색 및 갈색이고, 중앙에 어두운 색 무늬가 들어가 있지만 크기나 무늬의 차이가 크다. 저산지나 구릉지 숲의 비교적 건조한 지역에 많다. 산란 횟수는 1년에 1, 2회다. 1회 산란 수는 1~7개로, 구형에 가까운 알을 낳는다. 부화까지는 120일 전후. 풀 종류나 낙엽, 꽃, 과일 등을 주로 먹고, 죽은 동물의 고기나 민달팽이 등도 먹는다.

◆사육 포인트

사육에 익숙해지면 비교적 저온에도 강한 경향을 보이지만, 장기간 저온에 노출하지 않는 편이 좋다. 저온이 계속되면 혈액순환 장애를 일으켜, 머리 쪽 피부가 거뭇해진다. 난방 혹은 보온 기구를 사용하여 적어도 20°C 이상을 유지한다.

셀레베스육지거북 Forsten's tortoise

- **학 명 :** *Indotestudo forsteni*
- **분 포 :** 슬라웨시섬 북부(인도네시아)
- **등갑 길이 :** 최대 등갑 길이 27.2㎝

엘롱가타육지거북과 비슷한 중형 땅거북이다. 정갑판은 있는 것도 있고, 없는 것도 있다. 갑판 색채는 황백색이나 옅은 노란색 및 담황갈색으로, 검은색 얼룩무늬는 크게 갑판 전체가 검은 개체도 있다. 등갑은 가늘고 긴 돔 형이지만, 정상부는 다소 편평하다는 점에서 다른 종과 구별할 수 있다. 둔갑판은 좌우 융합해서 한 장이다. 저산지나 구릉지의 배수가 잘되는 경사면의 삼림 바닥에 많이 서식하며, 고온일 때는 바위의 갈라진 틈이나 낙엽 밑으로 숨어든다. 사육할 때 산란은 1년에 1, 2회이며 1회 산란 개수는 1~4개의 기다란 타원형 알을 낳는다. 부화 일수는 101일의 예가 있다. 식성은 잘 알려지지 않았으며, 사육할 때 엘롱가타육지거북과 비슷한 잡식성 경향을 보인다.

◆ 사육 포인트
유통하는 개체 대부분이 WC이며, 구입할 때 헤르페스바이러스 감염에 유의한다.

트래방코르육지거북 Travancore tortoise

- **학 명 :** *Indotestudo travancoria*
- **분 포 :** 인도 남서부
- **등갑 길이 :** 약 30㎝(최대 등갑 길이 35.5㎝)

인도 남서부의 서고츠산맥 주변의 고유종으로, 450m 이하의 저산지 열대수림 내의 암석 지대가 주요 서식지다. 등갑은 앞서 본 2종보다 가늘고 길며, 등갑의 제2 추갑판에서 가장 높이 올라가고, 후부는 점점 아래로 내려가는 돔 형이다. 각 갑판의 초생갑판 주변에는 모양이 서로 다른 검은색 얼룩무늬가 보이는데, 성장과 함께 옅어지는 경향이 있다. 등갑 전체의 바탕색은 갈색이다. 산란은 1년에 여러 번 이루어지며, 1회 산란은 1~7개다. 알은 타원형이고 단단하며, 부화 일수는 불명이지만 사육 시에 147일 전후였던 예가 있다. 식물을 먹는 경향이 강하지만, 작은 곤충이나 작은 동물의 죽은 고기도 먹는다.

잠경아목(Cryptodira) 땅거북과(Testudinidae)

아시아숲땅거북속

(*Manouria emys*)

아시아숲땅거북(*M. emys*), 임프레스거북(*M. impressa*)의 2종이 있다. 뒷다리와 꼬리 사이에는 몇 개의 뾰족한 대형 비늘을 가진다.

아시아숲땅거북 Asian forest tortoise

- **학 명 :** *Manouria emys*
- **아 종 :** 아시아갈색거북(*M. e. emys*), 버마숲거북(*M. e. phayrei*)
- **분 포 :** 인도 북동부, 방글라데시 동부, 미얀마 남서부, 타이 중서부(버마숲거북), 말레이시아 남부, 수마트라섬, 보르네오섬(말레이시아령, 인도네시아령 서부) (아시아갈색거북)
- **등갑 길이 :** 최대 등갑 길이 60㎝

아시아의 땅거북과에서는 최대 대형종으로, 2개의 아종이 있다. 등갑 폭은 비교적 넓고, 다소 편평한 돔 형으로 명료한 정갑판을 갖고 있다. 등갑을 포함한 몸통 앞은 어두운색(아시아갈색거북은 갈색)이며, 네발에는 모두 큰 비늘이 기와형으로 나 있고, 뒷다리와 꼬리 사이에는 몇 개의 뾰족한 대형 비늘을 가지고 있어서 경사면을 이동할 때 미끄럼 방지 역할을 한다. 주로 해발고도 1,000m 이하 산지의 삼림 내에 서식하고, 고온을 싫어하여 비교적 습도가 높은 환경을 좋아하며, 1년 내내 활동한다. 산란은 1년에 1회이며, 1회 산란 개수는 40개 전후이다. 알은 구형에 가까운 타원형으로, 70일 전후로 부화한다. 주로 식물을 먹는데, 죽순을 좋아하여 죽순이 돋아나는 시기에는 대나무숲에 많이 모여든다. 또한 육지에 사는 무척추동물 등의 동물류도 먹는다.

◆ 사육 포인트

고온에 약하고, 30°C를 넘으면 시원한 곳으로 옮겨야 한다. 비교적 대형으로 커지며, 실내 사육에는 맞지 않는다.

임프레스거북 Impressed tortoise

- **학 명 :** *Manouria impressa*
- **별 명 :** 대모여섯발거북
- **분 포 :** 미얀마 남동부, 타이, 말레이시아, 라오스, 베트남
- **등갑 길이 :** 최대 등갑 길이 31㎝

주로 버섯류를 먹는 중형 땅거북. 등갑은 다소 편평한 돔 형으로, 각 갑판은 거의 평면에 가까우며, 갑판의 접합부는 살짝 솟아 있어서 전체가 각이 져 있는 것처럼 보인다. 전후부 연갑판의 가장자리는 톱니형이고, 후부 연갑판은 다소 뒤집혀 있다. 등갑판은 황갈색 혹은 갈색 바탕이고, 각 갑판의 테두리는 어두운색이다. 해발고도 600~2,000m의 산지에 서식하는데, 아시아숲땅거북보다 건조한 땅을 좋아하고, 산의 경사면이나 산줄기에 많다. 버섯류를 주로 먹는데, 일부 과일이나 죽순 등도 먹는다. 번식에 대해서는 알려지지 않은 점이 많다.

유체

잠경아목(Cryptodira)
땅거북과(Testudinidae)

고퍼거북속
(*Gopherus*)

고퍼거북(*G. polyphemus*), 사막거북(*G. agassizii*), 텍사스거북(*G. berlandieri*), 멕시코큰거북(*G. flavomarginatus*)의 4종이 있고, 미국이나 멕시코 북부의 건조 기후 지대에 분포한다.

텍사스거북 Texas tortoise

- **학 명 :** *Gopherus berlandieri*
- **분 포 :** 미국 텍사스주 남부, 멕시코 북서부
- **등갑 길이 :** 최대 등갑 길이 24㎝

고퍼거북종군은 텍사스거북 이외에 3종이 알려져 있는데, 모두 미국과 멕시코의 건조 기후 지역에 서식한다. 등갑은 비교적 높은 돔 형으로, 어두운색을 띠지만 추갑판 및 늑갑판의 초생갑판과 그 주위는 밝은 갈색이다. 건조한 황무지에 서식하며, 여기저기 흩어져 있는 저목이나 수풀 등의 아래에 얕은 구멍을 파고 숨는다. 산란은 5~6월에 집중되며 1년에 1~2회 정도 알을 낳는데, 1회 산란 개수는 1~5개다. 알은 긴 타원형으로, 약 100일 전후로 부화한다. 주로 풀 종류나 선인장류 등의 식물을 먹지만, 곤충이나 변, 뼈 등도 먹는다.

◆사육 포인트
먹이는 채소나 과일 등을 포함하여 다양하게 준다.

고퍼거북 Gopher tortoise

- **학 명 :** *Gopherus polyphemus*
- **분 포 :** 플로리다반도를 포함한 미국 남동부
- **등갑 길이 :** 23~30㎝(최대 등갑 길이 38㎝)

고퍼거북속의 4종 중에서 미국의 고유종에 해당한다. 등갑은 긴 타원형이면서 돔 형으로 솟아 있는데 이는 고퍼거북속 중에서 가장 낮다. 바탕색은 황갈색 및 암갈색이며 각 갑판의 이음매는 어두운색으로 테두리가 둘려 있다. 머리는 중형이고, 무늬는 없이 전체적으로 암갈색이며 주둥이는 둥그스름하다. 앞다리는 납작한 삽 모양으로 땅 파기에 적합한 모양새이며, 10m 이상 깊이의 구멍을 판다. 구멍은 거의 일직선으로 갈라져 있지 않으며, 가장 깊은 곳은 다소 넓은 방의 형태를 취한다. 구멍 내부는 일정 온도를 유지하여 고온일 때는 보금자리인 구멍 안에 틀어박혀 활동을 멈춘다. 이 구멍은 다른 쥐 종류나 부엉이, 뱀류, 두꺼비 등에 의해 2차로 이용될 때도 있다. 숲 가장자리나 초원의 모래 환경에 서식하고, 번식은 구멍 안에서 5~7월에 산란한다. 1회 산란 개수는 2~7개, 알은 구형에 가까운 타원형으로 딱딱하지만 약한 흰색 난각을 가진다. 식성은 풀 종류나 낙엽, 과일류 등 식물을 주로 먹는다.

◆사육 포인트
진정시키기 위해 피난처를 만들어주거나 혹은 바닥재를 깊게 해서 숨도록 해준다.

거북 입수 방법

현재 어떤 종류의 거북류가 유통되고 있는지, 내가 가지고 싶은 거북이 유통되고 있는지 등이 궁금하면 파충류 전문점에 문의하거나 직접 가게를 찾아 직원에게 물어봐서 파악하면 좋다. 물론 인터넷을 검색하면 여러 정보가 나오긴 하지만, 온라인 판매로는 현재 파충류나 포유류, 조류는 기본적으로 대면 판매 이외는 법률로 금지되어 있어서, 이를 기르고자 할 때는 근처 판매점 등을 통해 입수해야 한다. 그러나 판매점에 따라 여러 조건이 제시되어 이를 통과하지 못하면 구매하지 못할 수도 있어서 제법 어려움이 있다.

그럼 근처에 전문점이 없다면 어떻게 해야 할까.

최근 일본에서는 가축 이외의 동물이나 파충류 및 양서류를 중심으로 한 행사가 매월 각지에서 열리고 있다. 다만 개최지는 주요 도시일 때가 많은 게 현실이라, 예를 들어서 매년 봄에 규슈 렙타일 페스타(후쿠오카), 초여름에는 오사카 렙타일 피버, 8월에는 재팬 렙타일즈 쇼(시즈오카), 9월에는 나고야 렙타일즈 월드, 10월부터 11월에 걸쳐서는 브리더즈 이벤트(국내 사육 환영 번식 개체의 전시 및 즉석 판매회)로서 부리쿠라시(고베)나 돈부리시, HBM(도쿄)이 열린다. 겨울에는 렙타일즈 월드(도쿄)나 일명 '겨울렙' 이라고 불리는 재팬 렙타일즈 쇼(시즈오카) 등이 있고, 최근에는 상기에 언급한 이외의 관련 행사도 다양하게 개최된다. 2017년 기준으로 거의 매월 어느 도시(도쿄, 오사카, 고베, 교토, 나고야, 시즈오카, 사이타마, 후쿠오마 등)에서 행사가 열리며, 그 자리에서 구입이나 사육 방법 등도 배울 수 있다. 또한 행사에 나오는 동물도 주최측 홈페이지를 통해 확인할 수도 있다. 연간 행사 예정 등은 파충류 및 양서류 전문 잡지인 「클리퍼」 나 「비바리움 가이드」 등에서도 수시로 소개되고 있으므로 꼭 살펴보길 바란다.

아프리카늪가로목거북 Common African helmeted turtle

늪가로목거북 African helmeted turtle

- **학 명 :** *Pelomedusa subrufa*
- **아 종 :** 아프리카늪가로목거북(*P. s. subrufa*),
  검은늪가로목거북(*P. s. nigra*),
  올리브 늪가로목거북(*P. s. olivacea*)
- **분 포 :** 사하라 사막 이남의 아프리카 대륙 전역과 마다가스카르, 아라비아반도 남단
- **등갑 길이 :** 20㎝ 전후(최대 등갑 길이 32.5㎝)

아프리카 대륙에 널리 분포하고, 1종뿐이지만 3개 아종으로 나뉠 때가 많다. 머리나 등갑은 편평하고, 복갑에는 경첩을 갖고 있지 않아 진흙거북속의 다른 종과 구별할 수 있다. 비교적 활짝 트인 여러 수역에 서식하고, 건기에 마르게 되는 물가에서는 진흙 속에서 휴면하고, 비교적 저온에도 강하다.

곡경아목(Pleurodira) 가로목거북과(Podocnemididae)
아프리카늪가로목거북 아과(Pelomedusinae)

늪가로목거북속
(*Dipsochelys*)

1종이 있다. 복갑에 진흙거북속 같은 경첩을 갖고 있지 않다.

검은늪가로목거북 Black helmeted turtle

아프리카늪가로목거북 Common African helmeted turtle

올리브늪가로목거북 North African helmeted turtle

육식 경향이 강하고 양서류, 어류, 갑각류, 조개류 등이나 죽은 고기도 먹고 식물성 먹이도 먹는다. 봄부터 여름에 걸쳐 교미하고, 산란은 1년에 1회. 한 번에 10~30개의 백색이며 탄력이 있는 거의 구형의 알을 낳는다. 알은 80일 전후로 부화한다. 소형의 물속 생물이나 육지곤충만이 아니라 죽은 고기도 먹는다. 또한 물에 떨어진 과일을 먹을 때도 있다.

◆사육 포인트
환경 적응도 잘하고 먹이도 잘 먹는 종이어서 초보자에게 적합하나, 공격성이 다소 있어서 다른 종과 합사하는 것을 피한다.

곡경아목(Pleurodira) 가로목거북과(Podocnemididae)
아프리카늪가로목거북 아과(Pelomedusinae)

진흙거북속(*Pelusios*)

소형부터 중형까지의 진흙거북으로는 18종이 있으며, 앞쪽 복갑 경첩은 움직이지만, 뒤쪽은 움직이지 않는다.

동아프리카검은진흙거북

East African black mud turtle

- **학 명 :** *Pelusios subniger*
- **아 종 :** 동아프리카검은진흙거북(*P. s. subniger*), 세이셀검은진흙거북(*P. s. parietalis*)
- **분 포 :** 브라질, 콩고민주공화국 남동부, 탄자니아, 모잠비크, 잠비아, 짐바브웨, 보츠와나 북동부, 남아프리카공화국, 마다가스카르 동부, 세이셸제도
- **등갑 길이 :** 18㎝(최대 20㎝)

진흙거북속 중에서는 중형종. 등갑은 약간 달걀 모양의 돔 형으로, 유체는 중앙에 희미한 용골이 들어가 있지만, 성장하면서 서서히 없어지다가 성체가 되면 거의 드러나지 않게 된다. 등갑의 색채는 회색이나 올리브색 및 암갈색 등 다양한 변이를 보인다. 수컷은 암컷보다 다소 작고, 등갑 폭도 좁다. 사바나의 하천이나 습지 등의 수역에 주로 서식하지만, 서식 환경이 다른 지역에서는 그 환경에 맞는 물에 서식하고, 지역에 따라 여름잠을 자는 개체군도 있다. 번식은 알려지지 않은 점이 많고, 남아프리카공화국에서는 2~3월에 산란하여 1회에 8~12개의 알을 낳는데, 알은 탄력이 있는 가죽 상태 같다. 야행성 경향이 높다. 물에 사는 곤충이나 갑각류, 어류, 양서류, 죽은 고기, 과일, 수초 등 육식 경향이 강한 잡식성이다. 먹이는 볏과의 식물이나 다육식물을 주로 먹는다.

아단손진흙거북 Adanson's mud turtle

- **학 명 :** *Pelusios adansonii*
- **분 포 :** 사하라사막 남부의 세네갈에서부터 수단 중남부의 중앙아프리카
- **등갑 길이 :** 15~18㎝(최대 18.5㎝)

진흙거북속 중에서 비교적 소형종. 등갑 중앙부의 용골은 유체에서는 현저히 보이지만, 성장과 함께 서서히 희미해지면서 제1~4 추갑판 이외에서는 거의 드러나지 않게 된다. 등갑판의 각 갑판에는 초생갑판에서 나온 어두운색의 가느다란 방사 무늬가 연속으로 혹은 불연속으로 들어가 있는데, 노령 개체에서는 거의 드러나지 않게 된다. 머리는 폭이 넓고 회갈색이며, 벌레 먹은 듯한 노란색 무늬가 있다. 사바나를 흐르는 하천이나 못과 늪에 주로 서식하며, 수서 경향이 강하지만 얕은 여울을 좋아한다. 번식에 대해서는 정보가 부족하다. 육식 경향이 강한 잡식성이다.

◆ 사육 포인트
헤엄은 잘 치지 못하므로 사육장에 얕은 물을 설치한다.

투르카나진흙거북 Turkana mud turtle

- **학 명 :** *Pelusios broadleyi*
- **별 명 :** 브로드레이진흙거북
- **분 포 :** 케냐 북서부의 투르카나호수 남동쪽 연안부
- **등갑 길이 :** 14~15㎝(최대 등갑 길이 15.5㎝)

진흙거북속 중에서는 소형종. 아단손진흙거북과 비슷하게 생겼으나, 등갑은 가늘고 긴 달걀형이면서 다소 편평하다. 각 추갑판의 중앙부에 용골이 들어가 있고, 특히 제2~4 추갑판 후부의 용골은 성체가 되어서도 현저하게 남는다. 복갑의 경첩 가동성은 낮고, 거의 복갑 뚜껑을 여닫지 못하는 것으로 구별할 수 있다. 머리의 이마판은 크고 특징적이다. 투르카나호수 연안이나 그 주변의 물에만 서식한다. 번식에 대해서는 정보가 부족하다. 육식 경향이 강한 잡식성이다.

아프리카숲거북 African forest turtle

- **학 명 :** *Pelusios gabonensis*
- **분 포 :** 가봉에서부터 콩고 공화국에 걸친 아프리카 대륙 중서부
- **등갑 길이 :** 약 20㎝

진흙거북속에서는 중형종. 유체의 등갑은 비교적 둥글고, 추갑판 중앙에 용골이 들어가 어두운색으로 이어져 있으나, 성장하면서 등갑의 형태는 비교적 길고 가늘어지면서 용골이 보이지 않게 되고, 색상도 어둡게 변해서 어두운색의 세로 선이 눈에 띄지 않게 된다. 머리 중앙에는 'Y'나 'V'자 형태, 혹은 그 중간 정도 되는 암갈색 무늬가 들어가는데, 그 무늬는 성체가 되어서도 남는다.

열대우림의 하천이나 그 주변에 서식하지만, 생태에 대해서는 거의 알려진 바가 없다. 육식 경향이 강한 잡식성이다.

아프리카드워프진흙거북

African dwarf mud turtle

- **학 명 :** *Pelusios nanus*
- **분 포 :** 앙골라 중앙부, 콩고민주공화국 중남부, 잠비아 북부
- **등갑 길이 :** 최대 등갑 길이 12㎝

현생 곡경아목 중에서 최소종이다. 등갑은 가늘고 길며 약간 편평한데, 중앙부의 용골은 거의 드러나지 않는다. 등갑은 갈색이고, 개체에 따라서는 암갈색의 줄 형태 무늬가 있다. 복갑의 경첩 가동성은 약하며, 거의 복갑 뚜껑을 여닫을 수 없다. 머리에는 암갈색으로 벌레 먹은 듯한 무늬 혹은 가느다란 점무늬가 들어간다. 습윤한 사바나가 여기저기 흩어져 있는 작은 못이나 늪, 그 주변 물 등에 서식하는데 생태에 대해서는 불명인 점이 많다. 잡식성으로 보인다.

서아프리카진흙거북

West African mud turtle

- **학 명 :** *Pelusios castaneus*
- **분 포 :** 세네갈에서 앙고라 북부의 아프리카 대륙 중서부
- **등갑 길이 :** 20㎝(최대 등갑 길이 28.5㎝)

진흙거북속 중에서는 중형종이다. 등갑은 약간 달걀형으로 두께가 있고, 색은 황갈색에서 어두운색까지 다양하다. 머리의 배면은 갈색 및 회갈색 등의 바탕색에, 어두운색으로 가느다란 벌레 먹은 무늬나 검은 반점, 그런 유형의 무늬가 불분명한 것, 혹은 머리 전체가 어두운색을 띠는 것 등으로 변이가 있다. 서식지는 넓게 열대다우림부터 확 트인 사바나의 하천, 못이나 늪 및 습지 등의 수역으로, 건기에 물이 마르는 지역에서는 진흙 속으로 숨어들어 여름잠을 잔다. 육식 경향이 다소 강한 잡식성으로, 물속 생물이나 과일, 수초류, 그리고 다른 죽은 동물의 고기를 먹는다.

◆사육 포인트

수입 초기에는 진정시키기 위해 닭고기를 중심으로 먹이를 줄 수 있고, 먹이에 적응하게 되면 다양한 먹이를 먹게 된다. 좁은 장소에서 합사는 피한다. 사육하기 쉬운 거북이다.

동아프리카노란배진흙거북 East African yellow-bellied mud turtle

노란배진흙거북 Yellow-bellied mud turtle

- **학 명 :** *Pelusios castanoides*
- **아 종 :** 동아프리카노란배진흙거북(*P. c. castanoides*), 세이셀노란배진흙거북(*P. c. intergularis*)
- **분 포 :** 케냐 남부부터 남아프리카 북동부의 아프리카 대륙 남동부, 마다가스카르, 세이셀
- **등갑 길이 :** 20㎝ 전후(최대 23㎝)

진흙거북속 중에서는 중형종. 등갑의 색채도 개체에 따라 변이가 다양하다. 머리는 대형이고 두께가 있는 등, 서아프리카진흙거북과 닮았지만 복갑은 대형이고 폭이 넓으며, 전엽은 상당히 짧아 경첩은 제5 연갑판 뒤쪽 끝 부근에 접하는 것으로 구분할 수 있다. 바닥이 진흙인 못이나 늪, 습지, 완만하게 흐르는 작은 하천 등의 수역에 서식하고, 건기로 물이 마르는 장소에서는 진흙 속으로 숨어들어 여름잠을 잔다. 야행성 경향이 강하고, 갑각류나 조개류, 과일, 수초 등을 먹는 잡식성이다.

세이셀노란배진흙거북 Seychelles yellow-bellied mud turtle

코트디부아르진흙거북

Ivory Coast mud turtle

- **학 명 :** *Pelusios cupulatta*
- **분 포 :** 코트디부아르 남서부
- **등갑 길이 :** 20㎝ 전후(최대 21.4㎝)

다소 소형종. 등갑은 가늘고 길며 편평하고, 등갑 중앙에 희미한 용골이 추갑판 갑 가장자리 부분에만 남아 있는데, 그중에서도 제4 추갑판의 용골은 명료하다. 등갑은 회갈색 혹은 갈색으로, 각 갑판의 가장자리는 암갈색이다. 일반적으로 머리는 턱이나 목 부위가 하얗지만, 개체에 따라 그 흰 부위도 다양한 변이를 보인다. 삼림 내의 작은 시냇물이나 수로, 하천에 주로 서식하며, 우기

에는 침수한 숲 내부에서도 찾아볼 수 있다. 생태나 습성에 대해서는 불명인 점이 많다.

중앙아프리카진흙거북

Central African mud turtle

- **학 명 :** *Pelusios chapini*
- **분 포 :** 우간다, 중앙아프리카공화국, 콩고민주공화국, 콩고 공화국
- **등갑 길이 :** 최대 38㎝

진흙거북속 중에서는 대형종이다. 등갑은 다소 가늘고 길며 약간 낮은 돔 형으로, 제2~4 추갑판 후부 중앙에 약한 용골이 들어가 있다. 머리는 대형이고 두께가 있으며, 머리의 뒷부분은 갈색이나 암갈색인데 어두운색의 불규칙한 얼룩무늬가 들어가지만 전체가 암갈색인 개체도 있다. 이 종의 생태나 습성은 불분명한 점이 많고, 자이르강 수역 물가나 앨버트 호수 연안 부근에 서식하는 것으로 보인다. 사육 시에 식성은 육식 경향이 강하며, 갑각류나 조개류 이외에도 인공 사료도 먹는다.

◆ 사육 포인트

수입 초기에는 진정시키기 위해 닭고기를 중심으로 먹이를 줄 수 있고, 먹이에 적응하게 되면 다양한 먹이를 먹게 된다. 좁은 장소에서의 합사는 피한다. 사육하기 쉬운 거북이다.

우펨바진흙거북 Upemba mud turtle

- **학 명 :** *Pelusios upembae*
- **분 포 :** 콩고민주공화국 남동부의 푼그웨강 및 루알라바강 수계
- **등갑 길이 :** 최대 등갑 길이 23㎝

중형 크기의 진흙거북. 다소 가늘고 기다란 등갑은 편평하며, 꼭대기도 거의 편평하다. 등갑 전체가 암갈색 혹은 검은색에 가깝다. 복갑은 크고, 경첩은 잘 발달해 있다. 우펨바 국립공원의 푼그웨강과 루알라바강의 일부에 서식하며, 주로 깊은 수심 지역에서 볼 수 있다. 생태나 습성은 불명이지만, 근연하는 오카방고진흙거북이나 베리어블진흙거북과 비슷하지만 식성은 육식 경향에 가까운 것으로 보인다.

베리어블진흙거북 Variable mud turtle

- **학 명 :** *Pelusios rhodesianus*
- **분 포 :** 아프리카 대륙 중남부(앙고라, 콩고민주공화국, 잠비아, 짐바브웨 등)
- **등갑 길이 :** 22~24㎝(최대 25.5㎝)

진흙거북속 중에서는 중형종. 등갑은 약간 가늘고 긴 달걀 형태면서 매끄러운 돔 형이다. 등갑의 색채는 검은색이나 갈색 및 어두운색으로, 중앙의 용골은 성체가 되면 불분명해진다. 머리는 다소 소형이고, 지역에 따라 색채의 변이가 있다. 주로 하천, 연못이나 늪, 습지에 서식하지만 다양한 환경의 수역에서도 찾아볼 수 있다. 오카방고 델타에 서식하는 진흙거북류는 이 종과 오카방고진흙거북뿐이다. 산란하는 알의 개수는 1회에 11~14개. 산란기는 9~10월로, 12~1월에 부화한다. 육식 경향이 강한 종이지만, 과일이나 수생 식물도 먹는 잡식성이다.

◆사육 포인트
수입 초기에는 진정시키기 위해 닭고기를 중심으로 먹이를 줄 수 있고, 먹이에 적응하게 되면 다양한 먹이를 먹게 된다. 좁은 장소에서의 합사는 피한다. 사육하기 쉬운 거북이다.

아프리카용골진흙거북

African keeled mud turtle

- **학 명 :** *Pelusios carinatus*
- **분 포 :** 가봉, 콩고 공화국, 콩고민주공화국 서부
- **등갑 길이 :** 20㎝ 전후(최대 26.3㎝)

진흙거북속 중에서는 중형종이다. 등갑은 비교적 높은 돔 형이고, 제2~4 추갑판의 용골은 성체가 되어서도 현저하게 남는다. 색채는 검은색. 머리는 다소 대형이다. 머리의 배면은 갈색 혹은 어두운색으로, 측면에는 회색이나 노란색의 가느다란 줄 형태나 얼룩무늬가 들어간다. 열대우림이나 열대 몬순 숲속을 흐르는 비교적 큰 하천이나 숲속의 흐르지 않는 물에 서식하는 것 외에도, 사바나 지대의 하천 등에서도 볼 수 있는데 그곳에서는 아프리카숲거북과 서식 영역이 겹친다. 번식에 관해서는 정보가 부족하며, 1회의 산란 수는 6~12개다. 육식 경향이 강하고, 물에 사는 곤충이나 조개류, 무척추동물, 어류, 개구리류 등 외에도 과일이나 수생 식물 등도 먹는 잡식성이다.

◆사육 포인트

수입 초기에는 진정시키기 위해 닭고기를 중심으로 먹이를 줄 수 있고, 먹이에 적응하게 되면 다양한 먹이를 먹게 된다. 좁은 장소에서의 합사는 피한다. 사육하기 쉬운 거북이다.

톱니힌지테라핀 Serrated hinged terrapin

- **학 명 :** *Pelusios sinuatus*
- **분 포 :** 아프리카 대륙 남동부(소말리아에서 남아프리카공화국 북동부)
- **등갑 길이 :** 35~40㎝(최대 45㎝)

진흙거북속 중에서는 최대종. 등갑은 가늘고 긴 달걀 모양이고, 돔 형의 상부는 편평한 형태를 취하고 있으며 검은색이나 암회색이다. 머리는 대형이고 다소 두께가 있으며, 색채는 지역에 따라 변이하는데 황회색, 올리브색, 암갈색 등이 있고, 회색이나 노란색의 가느다란 얼룩무늬가 들어간다. 연갑판 후부는 유체일 때 톱니형이지만, 성체가 되면 눈에 띄지 않게 된다. 물이 마르지 않는 큰 하천이나 호수에 서식한다. 1회 산란 개수는 7~25개, 알은 긴 타원형이다. 부화 일수는 50일 전후. 육식 경향이 강하고, 무척추동물이나 어류, 양서류, 죽은 동물의 고기 등 외에도 과일이나 수생 식물 등도 먹는 잡식성이다.

◆사육 포인트
서아프리카진흙거북 사육과 같은 방식이어도 되지만, 다소 대형이므로 사육장은 이에 맞춰 큰 것이 필요하다. 저온에서는 건강이 나빠지기 쉽다.

서아프리카검은거북

West African black turtle

- **학 명 :** *Pelusios niger*
- **분 포 :** 아프리카 대륙 기니만에서 대서양 연안 (코트디부아르 남동부에서 앙고라 북서부)
- **등갑 길이 :** 25~30㎝(최대 34.7㎝)

진흙거북속에서는 다소 대형종. 등갑은 가늘고 긴 돔형인데 상부가 편평한 형태로, 제2~4 추갑판 후부 중앙에는 비교적 선명한 용골이 있지만 노령 개체에서는 거의 눈에 띄지 않게 된다. 등갑의 색채는 일반적으로 검은색이나 어두운색이지만 담갈색이나 황갈색 개체도 알려져 있고, 후자의 경우에는 가운데 선으로 어두운색의 세로줄이 들어간다. 머리는 다소 작고, 벌레 먹은 무늬가 크고 작게 박혀 있는 것부터 불분명한 것까지 변이가 다양하다. 1년 내내 강우량이 많은 사바나 수역에 주로 서식하고, 물 바닥이 진흙인 고인 물이나 완만한 흐름의 하천을 좋아한다. 산란 횟수는 알려진 게 없지만, 1회 산란 개수는 10~13개일 때가 많다. 알은 긴 타원형으로, 백색의 탄력 있는 가죽 상태의 난각을 가진다. 육식 경향이 강하고 갑각류나 조개류, 어류 등 외에 수초류도 먹는 잡식성이다.

◆사육 포인트

수입 초기에는 진정시키기 위해 닭고기를 중심으로 먹이를 줄 수 있고, 먹이에 적응하게 되면 다양한 먹이를 먹게 된다. 좁은 장소에서의 합사는 피한다. 사육하기 쉬운 거북이다.

윌리엄스진흙거북 Williams' mud turtle

- **학 명 :** *Pelusios williamsi*
- **아 종 :** 빅토리아호수진흙거북(*P. w. williamsi*), 우케레웨섬진흙거북(*P. w. laurenti*), 앨버트나일진흙거북(*P. w. lutescens*)
- **분 포 :** 아프리카 대륙 빅토리아 호수, 앨버트 호수, 에드워드 호수 주변
- **등갑 길이 :** 20~25㎝(최대 25㎝)

진흙거북속 중에서는 중형종. 등갑은 가늘고 길며 비교적 낮은 돔 형의 상부는 편평한 형태로, 제2~4 추갑판은 약간 움푹 들어가 있고, 후부 중앙에 희미한 용골이 있다. 머리의 배면은 짙은 올리브색이나 암갈색 바탕이고 회색, 담갈색, 황갈색 등 반점이나 짧은 줄 형태, 벌레 먹은 듯한 무늬가 일부 혹은 전체로 들어가 있다. 생태나 습성은 잘 알려지지 않은 점이 많으며, 수서 경향이 강하고 수심이 깊은 호수, 하천, 못이나 늪과 그 주변의 늪지대 등에 서식한다. 육식성이 강한 잡식으로 보인다.

오카방고진흙거북 Okavango mud turtle

- **학 명 :** *Pelusios bechuanicus*
- **분 포 :** 앙고라 남동부, 잠비아, 짐바브웨, 보츠와나 북부, 나미비아 북서부
- **등갑 길이 :** 25~30㎝(최대 33㎝)

진흙거북속 중에서는 다소 큰 대형종이다. 등갑은 달걀 모양으로 돔 형이고, 색채는 어두운색이나 검은색. 머리는 대형이면서 폭이 넓고, 머리의 배면이나 측면에는 크고 작은 불규칙한 노란색 반점이 있다. 비교적 물의 양이 많은 하천, 못이나 늪 등에 주로 서식하는데 오카방고 델타 같은 곳에서 건기로 물의 양이 적은 시기에는 습원에 남은 얕은 물로 이동한다. 번식에 관해서는 알려진 바가 거의 없고, 1회 산란 수는 21~48개로 알은 긴 타원형이다. 난각은 얇은 가죽질 같다. 육식 경향이 강하고 물에 사는 곤충이나 조개류, 어류, 개구리류, 죽은 동물의 고기 등을 먹는다.

◆ 사육 포인트
수입 초기에는 진정시키기 위해 닭고기를 중심으로 먹이를 줄 수 있고, 먹이에 적응하게 되면 다양한 먹이를 먹게 된다. 좁은 장소에서의 합사는 피한다. 사육하기 쉬운 거북이다.

곡경아목(Pleurodira) 가로목거북과(Podocnemididae)
아프리카늪가로목거북 아과(Pelomedusinae)

큰가로목거북속 (*Podocnemis*)

아라우거북(*P. expansa*), 빨간머리아마존강거북(*P. erythrocephala*), 여섯혹아마존강거북(*P. sextuberculata*), 아마존노랑점거북(*P. unifilis*), 사바나가로목거북(*P. vogli*), 막달레나강거북(*P. lewyana*)까지 6종이 있으며 남미 대륙의 열대 지역에 서식한다. 중형부터 대형까지의 종이 포함된다.

아라우거북 Arrau turtle

- **학 명 :** *Podocnemis expansa*
- **분 포 :** 볼리비아 이북부터 베네수엘라의 카리브해 쪽
- **등갑 길이 :** 75~90㎝(최대 107㎝)

큰가로목거북속 중에서는 최대종. 등갑은 폭이 넓고 편평하며, 색채는 갈색이나 암갈색 및 올리브색이다. 머리의 비공 후부에서부터 눈 뒤를 둘러싸듯 노란색이나 갈색의 줄무늬가 들어가는 것 외에도, 머리 꼭대기와 그 좌우로 노란 얼룩무늬가 들어가는데 그 얼룩무늬 중앙에는 작고 검은색 반점이 들어가지만 성장과 함께 옅어져 사라진다. 수영을 잘하고 수서 경향이 강하며, 육지에 올라가는 일은 드물고, 비교적 큰 하천에 서식한다. 번식 생태에 대해 정보가 부족하다.

수생 식물이나 과일을 주로 먹는 잡식성으로, 수면에 모이는 플랑크톤을 여과하여 먹는 행동도 보이는 것으로 알려져 있다.

빨간머리아마존강거북

Red-headed Amazon River turtle

- **학 명 :** *Podocnemis erythrocephala*
- **분 포 :** 브라질 북부, 콜롬비아, 베네수엘라
- **등갑 길이 :** 25~30㎝(최대 32㎝)

큰가로목거북속 중에서는 소형이다. 등갑은 다소 폭이 넓은 달걀 모양으로 비교적 낮은 돔 형이면서, 등갑은 작고 가늘며 길다. 주둥이에서 눈 위, 눈 뒤, 고막 주변에 오렌지색 및 붉은색의 얼룩무늬가 있는 것이 특징이다. 얼룩무늬는 새끼 때는 선명하지만, 암컷은 성장과 함께 흐려져 갈색에 가깝게 변한다. 열대다우림의 블랙 워터(부엽토나 토탄이 녹아내린 산성 경향의 수질)가 있는 수역을 좋아하며, 흐름이 완만한 하천이나 연못, 늪에 서식한다. 번식 생태는 정보가 부족한 상황이다.

초식 경향이 강하고 과일이나 수생 식물을 주로 먹는데, 수면에 모이는 플랑크톤을 여과하여 먹는 행동을 하는 것으로 알려져 있고, 어릴 때는 동물성 먹이도 자주 먹는다.

◆ 사육 포인트

수중 히터로 수온을 올리는 동시에, 공기 중에 냉기가 들어가지 않도록 신경 써서 폐와 기관을 다치지 않도록 한다.

복갑

여섯혹아마존강거북

Six-tubercled Amazon River turtle

- **학 명 :** *Podocnemis sextuberculata*
- **분 포 :** 브라질, 페루, 콜롬비아
- **등갑 길이 :** 25~30㎝(최대 31.7㎝)

큰가로목거북속 중에서는 최소종이다. 등갑은 폭이 넓고 약간 편평한 돔 형이다. 머리는 폭이 넓고 두께가 있으며, 색채는 암갈색이나 회색인데 어릴 때는 머리 부분이나 주둥이 부분에 흰색 얼룩무늬가 들어간다. 새끼 때는 기다란 복갑의 흉갑판, 복갑판, 고갑판에 이 거북 이름의 유래가 되는 세 쌍의 유상돌기가 현저하게 보이지만, 아성체가 될 즈음에는 거의 사라진다. 아래턱 전방 중앙에는 1개의 수염 모양의 돌기가 나 있다. 열대다우림에서 약간 산성 경향이 높은 하천에 서식하며, 헤엄을 잘 치고 수초류가 비교적 많은 장소를 좋아한다. 번식 생태는 거의 알려진 바가 없고, 산란은 7~22개를 1년에 2회에 걸쳐 산란하는 것으로 보인다. 식성은 주로 식물성 먹이를 먹는데 과일이나 물에 사는 동물을 포식하는 잡식성으로, 수면에 모이는 플랑크톤을 여과하여 먹는 행동도 한다.

◆ 사육 포인트

내산성 수질에서는 성격이 신경질적으로 변하므로 수중에 피난처나 유목을 설치한다. 피부가 약해서 등갑을 말릴 수 있는 환경도 갖춘다.

아마존노랑점거북

Yellow-spotted Amazon river turtle

- **학 명 :** *Podocnemis unifilis*
- **별 명 :** 노란머리가로목거북
- **분 포 :** 볼리비아 북부, 페루에서 프랑스령 기아나까지
- **등갑 길이 :** 40~45㎝(최대 68㎝)

큰가로목거북속 중에서는 대형종. 등갑은 돔 형태로 다소 솟아 있고, 유체일 때는 중앙부의 용골이 현저하게 보이지만, 성장과 함께 드러나지 않게 된다. 등갑 색채는 흑갈색 및 암회색. 머리는 약간 가늘고 길며, 유체일 때 주둥이 후부나 측면, 눈 아래, 정수리 부분, 고막 후부 등에 선명한 노란색 반점이 들어가지만 성장하면서 색이 흐려지고 성체 암컷은 이것이 사라진다. 아래턱 앞부분에는 수염 형태의 돌기가 있는데 이 돌기는 오리노코강 수역에서 발견되는 종은 1개, 아마존 수역에서 발견되는 종은 2개가 있다. 10월~2월의 밤에는 강가 모래땅에 1회에 14~49개의 알을 낳는다. 산란 횟수는 1년에 1~2회. 열대우림 하천이나 늪지, 습지 등에 서식하고, 수서 경향이 강하지만 일광욕도 자주 한다. 주로 식물성 먹이를 섭취하며, 수생 식물이나 과일을 먹는데 수면 위로 입을 벌려 떠다니는 부유물이나 수면에 모이는 플랑크톤을 여과하여 잡아먹는 것으로 알려져 있다.

◆사육 포인트

수중 히터를 사용하므로 불필요하게 남은 먹이는 빠르게 제거한다.

사바나가로목거북

Savanna side-necked turtle

- **학 명 :** *Podocnemis vogli*
- **별 명 :** 야노스가로목거북
- **분 포 :** 콜롬비아, 베네수엘라
- **등갑 길이 :** 28~32㎝(최대 36㎝)

큰가로목거북속 중에서는 소형종이다. 등갑은 달걀 모양이고, 유체는 돔 형으로 솟아 올라가 있지만 성장하면서 점차 편평해진다. 등갑의 색채는 올리브색 및 갈색이고, 유체는 이음매에 검은 테두리가 둘려 있으며, 연갑판 가장자리는 노란색이다. 머리는 비교적 폭이 넓고, 고막은 크다. 머리의 색채는 회색 및 올리브색이고, 유체는 주둥이 후부나 고막 전후로 노란색 얼룩무늬가 들어가지만, 성장하면서 갈색이나 회갈색으로 변색한다. 오리노코강 수계나 사바나의 초원을 흐르는 하천, 계류 등에 서식하면서 일광욕을 즐긴다. 우기 후반부터 건기에 산란하고, 1회 산란 개수는 5~20개. 연간 산란 횟수는 2~3회. 알은 긴 타원형으로, 흰색의 단단하면서도 약한 알껍데기를 가진다. 식성은 초식 경향이 강하지만, 어류나 갑각류도 먹는 잡식성으로, 카피바라의 변에 몰려들어 먹는 행동이나, 수면에 모이는 플랑크톤을 여과하여 잡아먹는 행동이 알려져 있다.

◆사육 포인트
등갑을 말릴 수 있는 장소를 설치한다.

곡경아목(Pleurodira) 가로목거북과(Podocnemididae)
큰가로목거북 아과(Podocneminae)

마다가스카르가로목거북속(*Pelusios*)

한때는 큰가로목거북속(*Podocnemis*)으로 취급했으나, 현재는 간인후갑판이 견갑판에 닿지 않고 좌우의 인후갑판 후부가 서로 접하는 것으로 보아 마다가스카르큰머리거북(*E. madagascariensis*) 1종으로 본다. 마다가스카르 고유종이며, 다소 큰 대형 거북이다.

마다가스카르큰머리거북

Madagascan big-headed turtle

- **학 명 :** *Erymnochelys madagascariensis*
- **분 포 :** 마다가스카르 서부
- **등갑 길이 :** 40~45㎝ (최대 46.3㎝)

1속 1종의 가로목거북으로, 큰가로목거북속이나 큰머리가로목거북속에 가까운 종이다. 등갑은 타원형이면서 낮은 돔 형으로, 각 갑판에는 방사형의 주름이 세세하게 들어가 있다. 등갑의 색채는 올리브색이나 회갈색 혹은 암갈색으로, 유체일 때는 등갑 중앙에 용골이 들어가 있지만 성장과 함께 소실한다. 머리는 폭이 넓고 대형이다. 색채는 적갈색이나 갈색이며, 옆머리 면이나 턱 주변은 노란색 혹은 황갈색에 황갈색과 암갈색의 가느다란 얼룩무늬가 들어가 있고, 유체의 머리에서는 벌레 먹은 무늬가 촘촘하게 나 있다. 열대 기후의 낙엽광엽관목림 내의 비교적 큰 하천이나 못과 늪 등에 서식하고, 수서 경향이 강하다. 번식 생태는 정보 부족이며, 산란은 여러 회에 나뉘어 산란하는 것으로 알려져 있다. 식성은 육식 경향이 강한 잡식성이다.

◆사육 포인트
헤엄을 잘 치므로 수심은 깊게 하는 것이 좋지만, 일광욕을 좋아하는 편이어서 육지도 설치한다.

곡경아목(Pleurodira) 가로목거북과(Podocnemididae)
큰가로목거북 아과(Podocneminae)

큰머리가로목거북속
(*Peltocephalus*)

한때는 큰가로목거북속으로 취급될 때도 있었다. 큰머리아마존강거북(*P. dumerilianus*) 1종이 있다.

큰머리아마존강거북

Big-headed Amazon River turtle

- **학 명 :** *Peltocephalus dumerilianus*
- **분 포 :** 아마존강 수계, 오리노코강 수계, 기아나(프랑스령)
- **등갑 길이 :** 38~44㎝ (최대 44㎝)

1속 1종의 대형종. 등갑은 달걀 모양으로 비교적 높은 돔 형이며, 유체일 때는 등갑 중앙부에 용골이 있지만 성장과 함께 흐려진다. 색채는 회색이나 갈색, 검은색이며 무늬는 없고, 후부 연갑판은 차양 모양으로 퍼져 있다. 머리는 폭이 넓고 두툼하며, 큰 비늘로 덮여서 등갑 안으로 넣을 수가 없다. 위턱 끝부분은 갈고리 형태로 크게 구부러져 있고, 주둥이는 쑥 나와 있다. 앞다리의 갈고리발톱은 5개다. 열대다우림의 상록광엽수림 내를 흐르는 블랙워터 하천에 주로 서식하고, 수서 경향이 강하다. 번식 생태는 정보가 부족하다. 건기 초기에 산란하며, 1회 산란 개수는 7~25개. 연간 여러 회 산란하는 것으로 보이며, 알은 긴 타원형이고 부화 일수는 100일 이상이지만 우기가 최고조일 때는 부화 유체가 지상에 나타난다. 잡식성이고 수서 동물 이외에 수생 식물이나 과일류도 잘 먹는다.

곡경아목(Pleurodira) 가로목거북과(Podocnemididae)

가시뱀목거북속
(*Acanthochelys*)

남미 동부에서 중부에 분포하는 뱀목거북류로, 4종이 알려져 있다. 목 부분 배면에 여기저기 흩어져 있는 가시 형태 돌기의 비늘, 그리고 뒷다리와 꼬리 사이에 가시 형태의 큰 비늘이 있는 그룹이다.

큰머리판타나우늪거북

Big-headed pantanal swamp turtle

- **학 명 :** *Acanthochelys macrocephala*
- **분 포 :** 브라질 남서부, 파라과이, 볼리비아 중부, 아르헨티나
- **등갑 길이 :** 18~20㎝ (최대 23.5㎝)

가시뱀목거북속 중에서는 대형종. 등갑은 달걀 모양에 낮은 돔 형이지만, 등갑 상부는 약간 편평하고, 색채는 주로 흑갈색이다. 머리는 폭이 넓고 두껍다. 유체의 머리는 암회색이고 벌레 먹은 듯한 무늬가 있지만, 성장과 함께 머리 배면은 전부 올리브색으로 변한다. 목 부분은 비교적 길고, 같은 속의 거북들처럼 가시 형태의 돌기가 아니라 둥그스름한 사마귀 형태의 작은 돌기가 많이 나 있다. 열대에서 온대까지 널리 분포하고, 수서 경향이 강하며 흐름이 완만한 하천이나 못과 늪, 습지 등에 서식한다. 서식 생태에 관해서는 정보가 부족하다. 식성은 육식 경향이 강하고, 조개류를 중심으로 섭취하는데, 특히 암컷의 성숙 개체는 머리가 거대해진다.

차코가로목거북 Chaco side-necked turtle

- **학 명 :** *Acanthochelys pallidipectoris*
- **분 포 :** 파라과이, 아르헨티나 북부
- **등갑 길이 :** 14~16㎝

가시뱀목거북속 중에서는 소형종. 이 속의 거북 중에서 가장 등갑이 편평하고, 중앙부에 얕은 홈이 파여 있다. 등갑 색채는 회갈색 및 황갈색, 올리브색 등이다. 머리는 비교적 폭이 넓지 않고 편평하며, 색채는 개체에 따라 변이가 다양하다. 목 부분에는 다수의 가시 형태의 돌기가 있다. 양쪽 넓적다리에는 길게 뻗은 가시 형태의 돌기가 있다. 차코 습원의 덥고 건조한 분지(그란 차코 Gran Chaco)의 완만한 흐름을 가진 하천이나 늪과 못, 습지에 서식한다. 번식 생태에 대해서는 정보가 부족하다. 식성은 육식성이고, 주로 양서류나 절지동물을 먹는다.

브라질방사늪거북

Brazilian radiolated swamp turtle

- **학 명 :** *Acanthochelys radiolata*
- **분 포 :** 브라질 남동부의 대서양 연안부(브라질 고유종)
- **등갑 길이 :** 16~18㎝ (최대 20㎝)

가시뱀목거북속 중에서는 중형종. 등갑은 달걀 모양으로 편평하며 중앙부에 얕은 홈이 있고, 색채는 어두운 올리브색 및 회색, 검은색이고, 각 갑판에는 방사형 무늬가 있다. 머리는 불규칙한 형태로 자잘한 비늘이 다수 붙어 있고, 머리의 폭은 다소 좁다. 머리의 색채는 검은색이나 회색 등이며, 어두운색의 촘촘한 얼룩무늬가 퍼져 있다. 목 부분 배면에는 끝이 둥근 작은 돌기가 불규칙하게 늘어서 있다. 생태나 습성은 잘 알려지지 않은 점이 많고, 완만한 흐름의 하천이나 수초가 무성한 진흙 바닥 환경에 서식하는 것으로 알려져 있다.

◆사육 포인트

겁이 많은 성격이어서 피난처 등 숨을 곳을 만들어주고, 저온기에는 수온 25°C 정도를 유지한다.

검은가시목늪거북

Black spine-neck swamp turtle

- **학 명 :** *Acanthochelys spixii*
- **분 포 :** 브라질 남서부, 우루과이, 아르헨티나 북서부
- **등갑 길이 :** 14~15㎝ (최대 17㎝)

가시뱀목거북속 중에서는 최소종. 등갑은 다소 가늘고 긴 달걀 모양으로, 중앙부에 얕은 홈이 있으며 등갑 높이는 높고 두껍다. 색채는 암회색 및 검은색. 유체일 때는 연갑판 뒷면이나 복갑, 목 아래가 선명한 빨간색이지만, 자라면서 변색하여 성체가 됐을 때는 복갑 전체가 검은색이 된다. 목 부분의 배면에는 비교적 긴 가시 형태의 돌기가 다소 밀집되어 돋아나 있다. 아열대 습윤기후의 초원에 있는 유속이 완만한 하천 등의 수역에, 특히 수초가 많은 환경에 서식한다. 주로 수서 동물을 포식하는 육식성이다.

◆사육 포인트
저온기에는 수온 25°C 정도를 유지한다.

곡경아목(Pleurodira) 뱀목거북과(Chelidae)

남미뱀목거북속
(*Hydromedusa*)

브라질뱀목거북(*H. maximiliani*), 아르헨티나뱀목거북(*H. tectifera*)의 2종으로 알려져 있고, 제1 연갑판과 제1 추갑판 사이에 큰 정갑판이 있는 게 특징이다.

브라질뱀목거북 Brazilian snake-necked turtle

- **학 명 :** *Hydromedusa maximiliani*
- **분 포 :** 브라질 남동부
- **등갑 길이 :** 18~20㎝ (최대 21㎝)

남미뱀목거북속은 좌우의 제1 연갑판이 접해 있고, 그 접합 부분 위와 제1 추갑판 사이에 끼어 있는 것처럼 정갑판이 있는 게 특징으로, 여기에는 2종이 있다. 브라질뱀목거북은 그중 하나로, 아르헨티나뱀목거북보다 소형이고 좌우 입아귀에 한 쌍의 연골 돌기를 가진다. 등갑은 약간 가늘고 긴 타원형이며 편평하다. 전체적으로 매끈하며, 색채는 밝은 갈색 및 갈색이다. 머리는 약간 폭이 넓고 편평하며, 머리 배면은 밝은 올리브색 및 갈색으로 매끈하다. 목 부분 측면에는 가시 형태의 돌기가 나 있다. 분포 지역은 좁고, 그 생태나 습성 등은 잘 알려지지 않았으나 바위가 많은 산지나 삼림 내부를 완만히 흐르는 시냇물이나 하천에 서식한다. 사육 환경에서는 물고기나 인공 사료를 먹는다.

◆사육 포인트
물속보다 물 밑바닥을 활발히 헤엄치므로, 여유가 있는 사육장을 준비한다.

아르헨티나뱀목거북

Argentine snake-necked turtle

- **학 명 :** *Hydromedusa tectifera*
- **별 명 :** 남미뱀목거북
- **분 포 :** 아르헨티나 북동부, 브라질 남동부, 우루과이, 파라과이
- **등갑 길이 :** 25~28㎝ (최대 30㎝)

남미뱀목거북속 2종 중의 하나로, 브라질가로목거북과 달리 머리의 입아귀에 연골 돌기를 갖고 있지 않다는 점, 유체에서는 등갑의 각 갑판의 초생갑판을 중심으로 볼록 솟아 있는 것으로 구분할 수 있다. 등갑은 달걀 모양으로 비교적 편평하고, 색채는 어두운색 및 갈색이다. 좌우 연갑판이 접합하여, 정갑판이 제1 추갑판과 연갑판 사이에 있는 특징을 갖는다. 머리는 가늘고 길며 편평하고, 머리 측면의 주둥이에서 목 부분 측면에 걸쳐 검은색 선 무늬가 있다. 아열대 습윤 기후의 낙엽광엽수림 곳곳에 있는 초원이나, 습지의 진흙 재질을 가진 호수와 늪, 흐름이 완만한 하천 등에 주로 서식한다. 또한 서식지는 해발 고도가 높고, 저온기에는 물 밑바닥 진흙에 숨어들어 겨울잠을 잔다. 번식 생태에 관해서는 정보가 부족하다.

식성은 육식 경향이 강하고, 수서 곤충이나 고동, 어류 등을 주로 먹는다.

◆사육 포인트

비교적 저온에 강해 겨울잠도 자지만, 사육 환경에서는 수온을 올려 겨울잠을 자지 않게 한다.

곡경아목(Pleurodira) 뱀목거북과(Chelidae)

개구리거북속(*Phrynops*)

남미 대륙 대부분에서 서식하고, 비교적 짧은 목을 가지고 있는 20~40cm의 중형에서 대형까지의 거북으로, 머리가 편평한 그룹. 13종 정도로 알려져 있으며, 분류에는 아직 혼란이 있다.

깁바거북 Gibba turtle

- **학 명 :** *Phrynops gibbus*
- **별 명 :** 깁바 토드헤드 터틀
- **분 포 :** 남미 대륙 북서부에서 북부
- **등갑 길이 :** 18~20㎝ (최대 23.3㎝)

개구리거북속을 이루는 종은 많은데, 이 종은 깁바거북 아속(1아속 1종)을 이룬다. 개구리거북속 중에서는 소형종이다. 등갑은 달걀형이고 약간 편평하다. 유체일 때는 정중앙에 용골이 현저하게 드러나지만, 성장과 함께 흐려진다. 등갑 색채는 암갈색 및 갈색, 흑색이다. 머리는 작고, 머리 배면은 유체일 때 어두운색의 얼룩무늬가 있지만, 성장과 함께 자잘한 벌레 먹은 무늬나 완전히 검은색으로 변한다. 분포가 넓고, 지역에 따라 형질이나 색채 변이가 비교적 크며, 다른 종이나 지역 개체군으로 취급되기도 한다. 열대다우림에서 블랙 워터 수역의 하천이나 호수나 늪과 못에 서식한다. 생태나 습성 등은 정보 부족이다. 야행성 경향이 강하지만 일광욕도 자주 하고, 육식 경향이 강한 잡식이다.

◆ 사육 포인트
일광욕을 위한 육지를 설치하고, 수질은 약산성에서 산성으로 유지한다.

반데르헤게 토드헤드 터틀

Vanderhaege's toad-headed turtle

- **학 명 :** *Phrynops vanderhaegei*
- **별 명 :** 헤게개구리거북, 헤가개구리거북
- **분 포 :** 브라질 중남부, 파라과이, 아르헨티나 북부
- **등갑 길이 :** 23~24㎝ (최대 27㎝)

이 종은 반데르헤게두꺼미버리거북 아속 (1아속 1종)을 이룬다. 개구리거북속 중에서는 중형종이다. 등갑은 달걀 모양으로 약간 두껍고, 추갑판이 얕게 파여 있어 가운데의 용골이 낮게 남아 있다. 등갑의 색채는 어두운색 및 검은색이다. 머리는 약간 폭이 넓고, 노령 개체에서는 머리가 거대해진다. 머리 배면은 암회색 및 회색까지의 색채며, 오렌지색의 벌레 먹은 무늬가 생기는 개체도 있다. 열대다우림부터 아열대의 하천이나 늪과 못 등의 수생 식물이 많은 지역에까지 서식한다. 번식 생태에 관해서는 정보가 부족하다. 육식 경향이 강한 잡식이다.

◆사육 포인트
사육은 비교적 쉬운 편이나, 물 밑바닥을 기듯이 활발히 움직이기에 사육장을 잘 고려한다.

힐레어 토드헤드 터틀

Hilaire's toad-headed turtle

- **학 명 :** *Phrynops hilarii*
- **별 명 :** 힐레어옆목거북
- **분 포 :** 브라질 남부, 우루과이, 아르헨티나 북부
- **등갑 길이 :** 32~35㎝ (최대 40㎝)

개구리거북 아속(1아속 3종)의 1종이다. 개구리거북속 중에서는 최대종이다. 등갑은 달걀 모양에 편평하고, 색채는 암갈색 및 회색, 올리브색이고, 등갑판의 외부는 가느다란 노란색 테두리가 둘려 있다. 머리는 폭이 넓고 크며, 머리 측면의 주둥이에서 목 측면에 걸쳐 가느다랗고 검은 선이 들어가 있다. 머리 배면의 색채는 회색 및 올리브색이다. 아래턱에는 굵고 눈에 띄는 수염 형태의 돌기를 한 쌍 갖는다. 열대다우림부터 아열대의 호수나 늪과 못 등의 수생 식물이 많은 지역에 서식한다. 육식 경향이 강한 잡식이다.

◆ 사육 포인트
환경에 잘 적응하며, 먹이도 잘 먹어 사육하기 쉽다.

북지오프로이옆목거북 Northern Geoffroy's side-necked turtle

피터스옆목거북 Peters' side-necked turtle

지오프로이 토드헤드 터틀

Geoffroy's side-necked turtle

- **학 명 :** *Phrynops geoffroanus*
- **별 명 :** 지오프로이두꺼비머리거북
- **아 종 :** 북지오프로이옆목거북(*P. g. geoffroanus*), 피터스옆목거북(*P. g. tuberosus*)
- **분 포 :** 남아메리카 대륙 중부 이북(아르헨티나 북동부 이북)
- **등갑 길이 :** 30~32㎝ (최대 39.1㎝)

아종명인 피터스옆목거북이라는 이름은 분포상 타당하다고 보지 않는 듯하다. 또한 기아종 基亞種인 북지오프로이옆목거북도 분포 지역은 남서부이어서 혼동하기 쉽다. 개구리거북속 중에서는 대형종이다. 등갑은 달걀 모양으로 편평하고, 희미한 용골은 기아종에는 1개, 아종에는 좌우 늑갑판에도 들어가 있다. 등갑 색채는 갈색이나 검은색으로, 어두운색 얼룩무늬가 있다. 연갑판의 뒷면에서부터 복갑판까지는 빨간색 및 분홍색으로, 어두운색의 불규칙한 무늬가 들어가 있고, 유체일 때는 이 색채가 선명하다. 머리 측면에는 주둥이에서 목까지 다소 폭이 넓은 줄무늬가 들어가 있는 것 외에, 눈 밑이나 아래턱 등에도 짧은 선이 있다. 다만 분포 지역이 넓고 형태나 색채 등에 대해 조사가 불충분하여, 지역 개체군 등에서도 변이가 있는 것으로 추측된다. 번식 생태는 알려진 정보가 부족하며, 1회에 산란 개수는 10~20개로 보인다. 육식 경향이 강한 잡식이다.

◆ 사육 포인트

힐레어 토드헤드 터틀과 마찬가지로 사육하기 쉽고, 저온에도 강하다.

윌리엄스옆목거북

Williams' side-necked turtle

- **학 명 :** *Phrynops williamsi*
- **분 포 :** 브라질 남동부, 우루과이, 파라과이 남부, 아르헨티나 북동부
- **등갑 길이 :** 30~33㎝ (최대 35.5㎝)

개구리거북속 중에서는 대형종이다. 등갑은 달걀 모양으로 같은 속의 거북들보다 갑이 높고, 후부 연갑판은 약간 톱니형이다. 색채는 갈색이고, 각 갑판에 방사형 무늬가 들어가 있다. 머리 측면에는 주둥이에서 목까지 걸쳐 굵은 줄무늬가 있고, 그 외에 머리 배면에 거의 좌우 대칭으로 된 무늬가 나 있다. 아래턱은 희고, 이 종 특유의 U자형 혹은 말발굽 형태의 검은 무늬가 들어가 있다. 삼림 내부를 흐르는 암석이 많은 하천에 서식하고, 물 밑바닥에 있는 고둥을 주로 먹는 것으로 보인다. 같은 속의 두 종보다 위턱과 아래턱의 교합면이 넓고, 하악골의 형태는 삽 모양이다. 번식 생태는 관련 정보가 부족하다. 조개류 외에도 수서 곤충이나 갑각류, 어류 등도 먹는다.

◆사육 포인트

흐름이 있는 곳에 서식하므로, 수조 내에 물 흐름을 넣는 게 좋다. 입체적으로 활동하므로 수조 내에도 육지의 높낮이를 둬서 움직이는 재미를 주면 좋지만, 도망가지 않도록 조심해야 한다.

기아나 토드헤드 터틀

Guianan toadhead turtle

- **학 명 :** *Phrynops nasutus*(*Batrachemys nasutus*)
- **별 명 :** 기아나개구리거북, 개구리머리거북
- **분 포 :** 브라질 북동부, 수리남, 가이아나, 프랑스령 기아나
- **등갑 길이 :** 25~28㎝ (최대 31.7㎝)

개구리거북속 중에서는 약간 대형종이다. 등갑은 달걀 모양으로 편평하고, 색채는 갈색 및 올리브색이다. 머리는 매우 폭이 넓고 대형이며 편평하다. 주둥이 부분은 다소 돌출되어 있다. 머리 배면의 색채는 갈색 혹은 회색으로, 위턱과 그 주변이나 고막 부분은 노란색이다. 열대의 상록광엽수림 내의 늪과 못이나 하천 바닥의 진흙질 장소에 서식한다. 수서 경향이 강하고, 수중을 헤엄치는 것보다 물 밑바닥을 헤엄치듯 걸을 때가 많다. 육지에는 별로 올라가지 않는다. 번식 생태에 대해서는 정보가 부족하다. 식성은 조개류를 중심으로 한 육식 경향이 강한 잡식이다.

◆ 사육 포인트

피부병에 다소 걸리기 쉬우므로 수질에 주의한다.

아마존 토드헤드 터틀

Amazon toad-headed turtle

- **학 명 :** *Phrynops raniceps*(*Batrachemys raniceps*)
- **분 포 :** 볼리비아 북동부, 페루 동부, 콜롬비아 남동부, 베네수엘라 남부, 브라질 북부에서 서부
- **등갑 길이 :** 25~28㎝ (최대 33㎝)

개구리거북속 중에서는 약간 대형종이다. 등갑은 달걀 모양이고 편평하며, 색채는 밝은 갈색 및암갈색이다. 머리는 매우 폭이 넓고 크며, 머리가 큰 다른 개구리거북보다 두께가 있다. 머리 측면의 눈 뒤부터 어두운색의 가느다란 선이 나 있고, 특히 유체일 때 이는 선명하다. 머리 배면의 색채는 밝은 올리브색 및 밝은 갈색이다. 유체일 때는 어두운색의 작은 얼룩이 있는데 노령 개체에서는 전체가 어두운색이 된다. 아마존강이나 오리노코강 수계의 상류 수역에서, 열대우림 상록광엽수림 내의 하천에 서식한다. 헤엄도 잘 치고, 진흙질의 물 밑바닥을 헤엄치듯 이동한다. 번식 생태는 관련 정보가 부족하며, 산란은 1회에 6~8개 정도로 보인다. 식성은 조개류를 중심으로 하는 육식 경향이 강한 잡식성이다.

◆사육 포인트
약산성의 수질을 좋아하며, 유목 등으로 수질을 조정한다.

블랙라인 토드헤드 터틀

Black-lined toadhead turtle

- **학 명 :** *Phrynops heliostemma*(*Batrachemys heliostemma*)
- **분 포 :** 베네수엘라
- **등갑 길이 :** 25~28㎝ (최대 31㎝)

기아나 토드헤드 터틀의 지역 개체군으로 보는데, 2001년에 새로 기재됐다. 개구리거북속 중에서는 중형종이다. 아마존두꺼비머리거북과 기아나두꺼비머리거북과 유사하며, 구별하기 쉽지 않다. 등갑의 형태, 색채는 앞의 2종과 거의 다르지 않다. 복갑은 연갈색 바탕이지만, 주변 부분을 제외한 대부분은 어두운색으로 덮여

있다. 유체의 머리에는 주둥이에서 눈 위를 지나, 좌우의 턱 옆쪽에 걸쳐 V자 형태의 오렌지빛의 밝은색 띠무늬가 있는데, 성장과 함께 사라진다. 생태적인 것을 불명인 점이 많다.

◆사육 포인트
약산성의 수질을 좋아하며, 유목 등으로 수질을 조정한다.

튜버큐레이트 토드헤드 터틀

Tuberculate toad-headed turtle

- **학 명 :** *Phrynops tuberculatus*(*Batrachemys tuberculatus*)
- **분 포 :** 브라질 동부, 파라과이
- **등갑 길이 :** 20~23㎝ (최대 25㎝)

개구리거북속 중에서는 중형종이다. 등갑은 달걀 모양이고, 편평한 다른 *Batrachemys* 아속보다 돔 형으로 약간 높으며, 색채는 밝은 갈색 및 검은색이나 어두운색이지만 유체일 때는 밝은 색채로 각 갑판에 방사형 무늬가 들어가 있다. 복갑 후부는 동그스름하면서 폭이 넓은데, 이것이 일본어명이 지어진 이유다. 머리는 크지 않고 살짝 작으면서 두께가 있으며, 색채는 머리 전체가 모두 어두운색이다. 유체일 때는 머리 배면에 어두운색의 벌레 먹은 무늬가 있다. 목은 비교적 길고, 작은 가시 형태 혹은 사마귀 형태의 돌기가 여러 개 나 있다. 브라질 동부의 상록광엽수림 지역의 성 프란시스코강 수계와 그 주변에 서식한다. 생태나 습성 등에 대해서는 정보가 부족하다. 식성은 육식 경향이 강한 잡식성이다.

◆ 사육 포인트

드물게 거친 면도 있어서, 여럿이 섞여 살거나 사육장의 크기에 주의해야 한다.

곡경아목(Pleurodira) 뱀목거북과(Chelidae)

마타마타속(*Chelus*)

마타마타는 현지어로 '피부'라는 뜻이 있다. 독특한 형태를 가지며, 1속 1종이 있다.

마타마타거북 Matamata turtle

- **학 명 :** *Chelus fimbriatus*
- **분 포 :** 남미 대륙 중부 이북
- **등갑 길이 :** 40~45㎝ (최대 47㎝)

1속 1종의 대형종. 외형이 매우 특이한데 등갑은 가늘고 길며 편평하지만, 각 갑판은 초생갑판을 중심으로 솟아 올라가 있고, 추갑판과 늑갑판 사이에 큰 홈이 파인 것처럼 보인다. 머리에는 눈 뒤에서 좌우로 크게 주름 형태의 돌기가 있고, 목 부분 좌우에도 중형 및 소형의 주름형 돌기가 있다. 주둥이는 슈노르헬 형태로 튀어나와 있으며, 코끝만 수면 위로 내밀어 호흡할 수 있다. 오리노코 수계와 아마존 수계에서는 색채나 형태에 변이를 찾아볼 수 있으나, 같은 수계의 개체에서도 생체나 다소의

개체 변이를 볼 수 있다. 열대우림의 수량이 풍부하고 흐름이 완만한 하천이나 늪과 못 등, 물 밑바닥이 진흙질이고 물가가 풀이나 유목 등으로 숨을 곳이 많은 환경을 좋아한다. 헤엄은 잘 치지 않고, 물 밑바닥을 기어 다닐 때가 많다. 먹이를 잡아먹을 때는, 잠복해 있다가 사정거리에 들어온 먹이를 향해 단번에 목을 쭉 뻗는 동시에 입과 목구멍을 열어 물과 함께 삼킬 때가 많다. 여름에 물가 근처에서 1회에 12~28개의 알을 낳으며, 7~10개월 후에 부화한다. 주로 물고기 등을 먹이로 삼는 육식성이다.

◆ 사육 포인트
입수 초기에는 고수온에 약산성 수질을 좋아하는데, 수중 히터로 30°C 전후를 유지한다.

곡경아목(Pleurodira) 뱀목거북과(Chelidae)

납작머리거북속
(*Platemys*)

1속 1종의 소형종으로, 2개 아종이 있는 것으로 알려져 있고 뱀목거북과에서는 가장 목이 짧다.

복갑

납작머리거북 Flat-headed turtle

- **학 명 :** *Platemys platycephala*
- **별 명 :** 트위스트 넥 터틀
- **아 종 :** 이스턴 트위스트 넥 터틀(*P. p. platycephala*), 블랙 백 트위스트 넥 터틀(*P. p. melanonota*)
- **분 포 :** 남미 대륙(태평양 연안부를 제외한) 북부
- **등갑 길이 :** 14~16㎝ (최대 18㎝)

약간 소형의 뱀목거북으로, 이 1종으로 속을 구성한다. 등갑은 가늘고 긴 타원형이고, 추갑판의 좌우로 용골이 있으며 그 사이에는 홈이 파인 것처럼 들어가 있다. 등갑의 색채는 밝은 갈색 바탕에 검은색의 폭넓은 무늬로 일부가 방사형 무늬를 이룰 때도 있지만, 지리적으로 변이가 크다. 머리는 작고 편평하며, 정수리는 납작하다. 머리 측면과 아랫부분은 어두운색이나 암갈색이다. 목은 짧고, 등갑은 입자 형태의 작은 돌기로 된 비늘이 덮여 있지만 가시뱀목거북처럼 발달하지는 않았다. 열대우림 내의 얕은 못이나 습지에 서식한다. 물에서의 움직임은 완만하지만, 육지에서는 비교적 빠르다. 번식 생태에 관해서는 정보가 부족하며, 1회 산란은 크고 긴 타원형(긴 지름 60㎜, 짧은 지름 30㎜)의 알을 1개 낳는다. 식성은 육식 경향이 강하여 얕은 물이나 지표면에 서식하는 무척추동물을 주로 먹고, 수생 식물도 먹는 잡식성이다.

◆ 사육 포인트
수중에서 먹이를 삼키는 것으로 보인다. 헤엄은 잘 치지 못하므로 수심은 등갑 높이보다 살짝 깊게 하고, 육지 면적을 많이 잡아둔다.

곡경아목(Pleurodira)
뱀목거북과(Chelidae)

뱀목거북속
(*Chelodina*)

뉴기니, 오스트레일리아, 인도네시아의 로티섬에 분포하는 그룹으로, 15종 정도가 알려져 있는데 다른 섬에도 아직 미확인된 이 속의 종이 서식할 가능성이 있으며 뉴기니, 오스트레일리아 내부에서도 새로운 종이나 학명이 아직 결정되지 않은 종이 존재한다. 그뿐만 아니라 현재 알려지지 않은 종이어도 분류 변경이 이루어질 가능성이 있어 혼란스러운 속이기도 하다.

뉴기니뱀목거북

New Guinea snake-necked turtle

- **학 명 :** *Chelodina novaeguineae*
- **별 명 :** 하얀코히메뱀목거북
- **분 포 :** 이리안자야 동남부(인도네시아), 파푸아 뉴기니 남서부
- **등갑 길이 :** 18~20㎝ (최대 22㎝)

같은 속 중에서는 소형이다. 등갑은 약간 긴 달걀 모양으로 편평하다. 등갑의 제1 연갑판은 제2 연갑판과 같거나 더 크다. 색채는 전체적으로 밤색 및 암갈색이지만, 유체일 때는 각 연갑판에 삼각형의 노란색 무늬나 혹은 머리의 눈 사이, 주둥이, 머리 측면, 아래턱 등에 부정형의 선명한 노란색 무늬가 있다. 머리의 크기는 이 속 중에서는 폭이 좁은 그룹이며, 두껍지 않고 편평하다. 머리의 주둥이나 고막, 아래턱은 하얗다. 목의 길이는 이 속 중에서는 다소 짧으나, 등갑 길이의 절반 내지 60% 정도로 비교적 가늘고 길다. 상록광엽수림에서 열대다우림의 완만하게 흐르는 하천이나 늪 등에서 서식한다. 식성은 육식 경향이 강하고, 주로 수서 동물을 먹지만 수생 식물도 섭취한다.

◆사육 포인트
수온이나 외부 기온을 높게 설정한다. 사육하기는 쉽다.

맥코드뱀목거북 McCord's snake-necked turtle

- **학 명 :** *Chelodina mccordi*
- **아 종 :** 서로티섬뱀목거북(*C. m. mccordi*), 동로티섬뱀목거북(*C. m. roteensis*)
- **분 포 :** 로티섬(인도네시아)
- **등갑 길이 :** 18~20㎝ (최대 21㎝)

같은 속 중에서는 소형. 티모르섬 동쪽에 위치하는 로티섬에만 분포하는 개체군으로, 1994년 뉴기니뱀목거북에서 나온 독립종이며, 아종인 동로티섬뱀목거북은 섬의 동쪽에 있는 에디 호수 주변에만 서식한다. 등갑은 달걀 모양의 완만한 돔 형이다. 색채는 다갈색 및 암갈색으로 등갑 표면은 가느다란 주름 형태로 이루어져 있다. 머리는 다소 크고 폭은 넓으며, 머리 배면의 색채는 암회색 및 암갈색이고 아래턱은 희다. 목은 같은 속에서는 다소 짧고, 작은 사마귀 모양 돌기가 다수 나 있다. 뉴기니뱀목거북과의 차이는, 등갑의 길이가 등갑 폭의 76% 이상(뉴기니뱀목거북은 74% 미만)이라는 점, 제1 추갑판 폭이 제2 추갑판 폭의 약 절반 정도 된다는 점이 있다. 서식지인 에디 호수 주변은 상록광엽수림으로, 수면에는 수초가 무성하다. 식성은 육식 경향이 강하고, 수서 동물을 주로 먹으나 수생 식물도 먹는다.

◆ 사육 포인트
현재는 사육도 확립되어, 번식 개체도 판매되는 중이며 사육하기도 쉽다.

칸뱀목거북 Cann's snake-necked turtle

- **학 명 :** *Chelodina canni*
- **분 포 :** 오스트레일리아 북부
- **등갑 길이 :** 20~24㎝ (최대 26㎝)

2002년, 뉴기니뱀목거북 중 오스트레일리아 북부에 분포하는 개체군이 독립종이 됐다. 등갑은 폭이 넓고 원형에 가까운 타원형이며, 완만한 돔 형을 이룬다. 색채는 암갈색 및 암색. 성체는 두 장의 둔갑판이 접합부에서 위쪽으로 솟아 올라가 있다. 목은 가늘고 길지만, 폭이 넓어 머리가 튼튼히 보이며, 머리는 성장과 함께 거대화하는 경향이 있다. 목에는 작은 사마귀 모양의 돌기가 다수 있고, 주둥이는 비교적 둥그스름하다. 상록광엽관목이 있는 사바나를 흐르는 하천이나 그 주변 늪과 못의 진흙 바닥에 서식한다. 번식 생태에 관해서는 정보가 부족하고, 산란은 4~7월로 알려져 있다. 식성은 육식 경향이 강하다.

티모르뱀목거북 Timor snake-necked turtle

- **학 명 :** *Chelodina timorensis*
- **분 포 :** 동티모르 북부
- **등갑 길이 :** 17㎝ 전후

2007년, 뉴기니뱀목거북 중 티모르섬 동단부 호수에만 서식하는 개체군이 고유종으로서 독립했다. 등갑은 달걀 모양으로 매끄럽고 완만한 돔 형이며, 색채는 밝은 회갈색. 목은 길어서 등갑의 2/3 정도이고, 작은 사마귀 모양의 돌기가 다수 나 있다. 머리나 목의 색채는 다소 밝은 회색. 머리의 폭은 맥코드뱀목거북과 뉴기니뱀목거북의 중간 정도다. 주둥이는 비교적 둥글다. 눈의 홍채는 백색인 것과 암회색인 개체가 있다. 서식지인 상록광엽수림의 호수 주변 수면에 수초가 무성하다. 번식 생태에 관해서는 정보가 부족하다. 식성은 육식 경향이 강하고, 수서 곤충이나 어류를 주로 먹고, 개구리밥이나 물가 식물도 섭취한다.

그날렌뱀목거북 Gunalen's snake-necked turtle

- **학 명 :** *Chelodina gunaleni*
- **분 포 :** 이리안자야 남서부(인도네시아)
- **등갑 길이 :** 20~23㎝

뉴기니뱀목거북과 라이먼뱀목거북의 근연으로, 같은 속에서는 다소 중형이다. 등갑은 달걀 모양이며 약간 낮은 돔 형으로, 암컷은 수컷보다 크다. 색채는 어두운 다갈색 및 암갈색이다. 머리는 다소 폭이 넓고, 콧구멍은 위를 향해 있다. 등갑 색채는 암갈색인데, 배면으로 갈수록 색이 진하고 측면은 색이 옅다. 후갑판과 간후갑판의 이음매 길이가 후갑판과 견갑판의 이음매 길이와 비슷하고, 그 사이의 이음매가 깔끔한 W자를 그리고 있어 다른 종과 구분할 수 있다. 열대상록림 내에서 분포 지역이 좁고, 저지대의 지수 지역에 서식하는 듯하나 그 생태 등은 아직 알려지지 않은 부분이 많다.

유체

라이먼뱀목거북

Reimann's snake-necked turtle

- **학 명 :** *Chelodina reimanni*
- **분 포 :** 이리안자야 남동부(인도네시아), 파푸아뉴기니 남서부
- **등갑 길이 :** 18~20㎝ (최대 20.6㎝)

같은 속 중에서는 소형. 등갑은 달걀 모양이면서 편평하고, 표면에 방사형의 주름이 들어가 있을 때가 많으며, 색채는 밝은 갈색 및 갈색이다. 이 속에서 목 부분은 등갑 길이에 대한 비율이 가장 짧다. 머리는 크고 폭이 넓으며 색채는 암회색 및 어두운색으로, 주둥이에서 위턱 하부나 고막은 밝은 회색 및 회백색이다. 식성은 갑각류나 조개류 등 비교적 움직임이 느린 것을 주로 포식하는 듯하며, 뉴기니섬의 메라우케강 유역에 분포하는 장소에서는 갑각류나 조개류 등이 비교적 많은, 얕은 늪과 못 등에 서식한다. 그 생태에 대해서는 아직 알려지지 않은 부분이 많다.

오스트레일리아뱀목거북

Australian snake-necked turtle

- **학 명 :** *Chelodina longicollis*
- **별 명 :** 동부긴목거북
- **분 포 :** 오스트레일리아 동부
- **등갑 길이 :** 15~20㎝ (최대 25㎝)

오스트레일리아의 뱀목거북류에서는 소형이다. 등갑은 다소 긴 달걀 모양으로 편평하며, 색채는 암갈색 및 검은색이다. 머리는 비교적 작고, 머리 배면은 회색 및 암회색이다. 목의 길이는 같은 속에서는 중간 정도고, 작은 사마귀 모양 돌기가 다수 나 있다. 서식지인 동부와 서부에서는 등갑의 형태나 색채가 서로 다르며, 서부의 개체가 더 등갑 폭이 넓고 색채는 검지 않은 경향이 있다. 비교적 건조한 상록광엽수림이 여기저기 흩어져 있는 사바나에서 완전히 마르지 않는 여러 수역에 서식한다. 산란은 9~12월로, 1회 산란 개수는 6~24개다. 연간 산란 횟수는 1~3회, 부화 일수는 110~168일이다. 수서 경향이 강하고 헤엄을 잘 치는데, 포획당할 위험을 감지하면 냄새샘에서 독한 냄새를 발산한다. 온도 변화에 강하다.

◆사육 포인트
온도 변화에 집중할 필요는 없고, 수온을 10°C 이상으로 유지한다.

좁은가슴뱀목거북

Narrow-breasted snake-necked turtle

- **학 명 :** *Chelodina oblonga*
- **분 포 :** 오스트레일리아 남서부
- **등갑 길이 :** 25~30㎝ (최대 40㎝)

오스트레일리아의 뱀목거북류에서는 다소 대형이다. 등갑은 가느다란 달걀 모양으로 편평하며, 색채는 밝은 갈색에 어두운색 얼룩무늬가 곳곳에 있는 것도 있고, 검은색에 얼룩무늬가 없는 것까지 변이가 다양하다. 등갑의 표피는 얇고 다른 종에 비해 상처를 입기 쉬운 편이며, 복갑이 배우 가늘고 긴 것이 이 종의 특징이다. 머리는 대형이고 편평하다. 색채는 녹회색 및 올리브색으로 어두운색 얼룩무늬가 있다. 목 부분은 굵고 등갑의 70% 이상으로 매우 길다. 비교적 건조하고 관목이 돋아난 초원의 늪과 못, 작은 하천 등의 물 밑바닥의 진흙질 수역에 서식한다. 산란은 9~1월로, 산란 수는 25~40개를 2~3회로 나누어서 낳고, 부화 일수도 200일 이상이 걸리는 것으로 보인다. 식성은 육식 경향이 강하고, 어류나 갑각류, 수서 곤충, 고둥 등을 주로 포식한다.

◆사육 포인트

수온이 18°C 이하로 떨어지면 먹이를 섭취하지 않게 되므로 수온은 20°C 이상 유지한다. 일광욕을 할 수 있도록 한다.

곡경아목(Pleurodira) 뱀목거북과(Chelidae)

큰뱀목거북속 (*Macrochelodina*)

뱀목거북속에 비해 수서 경향이 강하고 헤엄을 잘 치며, 육지에 올라오는 일이 거의 없다. 현재 6종이 알려져 있다.

넓은갑각뱀목거북

Broad-shelled snake-necked turtle

- **학 명 :** *Macrochelodina expansa*
- **분 포 :** 오스트레일리아 남동부
- **등갑 길이 :** 38~42㎝ (최대 48㎝)

오스트레일리아의 뱀목거북류에서는 최대종이다. 등갑은 달걀 모양으로 폭이 넓고, 추갑판 중앙에 용골이 있으며, 후부 연갑판이 차양 모양으로 퍼져 있을 때가 있다. 등갑의 색채는 갈색 및 올리브색이다. 목 부분은 굵고 매우 길어서 등갑의 70% 이상이나 된다. 머리는 폭이 넓고 대형이면서 편평하다. 머리 배면은 암회색 및 올리브색이다. 비교적 건조하고, 상록광엽수림이 있는 초원의 큰 하천 등에 서식한다. 잘 발달한 물갈퀴를 가지고 있으며 수서 경향이 강하다. 산란은 3~5월, 1회 산란 수는 5~30개다. 1년에 2번 산란하고, 부화 일수는 산란이 겨울철이어서 200일 이상이 걸리는 것으로 알려져 있다. 식성은 육식 경향이 강하고, 어류나 갑각류, 수서 곤충, 개구리류 등을 주로 포식한다.

◆ 사육 포인트

사육에 있어 저온에는 강하지만, 충분한 넓이(180㎝ 수조 사이즈)와 수심이 필요하다.

북오스트레일리아뱀목거북

North Australian snake-necked turtle

- **학 명 :** *Macrochelodina rugosa*
- **별 명 :** 지벤록뱀목거북(뉴기니산)
- **분 포 :** 오스트레일리아 북부, 뉴기니섬 남부
- **등갑 길이 :** 25~30㎝ (최대 40㎝)

뱀목거북류에서는 대형이다. 등갑은 다소 가느다란 달걀 모양이고 비교적 편평하다. 색채는 개체 변이가 매우 클 뿐만 아니라, 서식지에 따라 등갑의 형태에도 큰 변이가 보여서 각 등갑판의 주름 무늬도 모든 개체에 다 있는 게 아니다. 목 부분이 길고 굵어서 비교적 큰 머리가 별로 크게 보이지 않는다. 열대의 상록광엽림을 흐르는 비교적 큰 하천이나 늪과 못 등에 서식하고, 때로는 기수역 汽水域에서도 보일 때가 있다. 분포 지역은 넓고, 오스트레일리아 개체군은 3~9월에 1회 산란 개수 12개 전후로 우기 마지막에 얕은 물에서 수중 산란을 한다. 건기에 물이 말라 육지화되면 알의 발생이 빨라진다고 한다. 식성은 육식 경향이 강하고, 어류나 갑각류, 수서 곤충, 개구리류 등을 주로 포식한다. 분류는 유동적인 종이며, 특히 오스트레일리아의 개체군은 앞으로 재편성될 가능성이 높다.

◆사육 포인트

충분한 넓이(180cm 수조 사이즈)와 수심이 필요하고, 수면에는 개구리밥 등을 띄워 진정시킨다. 또한 유체는 수온 28~30°C의 고수온에서 사육한다.

파커뱀목거북 Parker's snake-necked turtle

- **학 명 :** *Macrochelodina parkeri*
- **분 포 :** 오스트레일리아 남서부
- **등갑 길이 :** 20~25㎝ (최대 27㎝)

뱀목거북류에서는 최소종이다. 등갑은 달걀 모양으로 편평하다. 색채는 갈색 및 암갈색으로, 황갈색 및 담갈색으로 세세하게 벌레 먹은 무늬나 그물 무늬가 있기도 하다. 머리는 비교적 크고, 색채는 암회색 및 검은색 바탕에 황갈색 또는 담황색의 작은 벌레 먹은 무늬가 들어간다. 이 벌레 먹은 무늬는 유체일 때는 명료하고 크지만, 성장과 함께 자잘해진다. 비교적 건조한 관목림이 곳곳에 있는 내륙 지역에, 물 밑바닥이 진흙질인 하천이나 못과 늪 등에 서식하고 건기에는 진흙 속에서 휴면한다. 물에 대한 의존도가 높고, 육지로 올라오는 일이 적다. 번식 생태에 관해서는 정보가 부족하나, 북오스트레일리아뱀목거북과 마찬가지로 수중에 산란하는 것으로 보이며 인공 번식되고 있다. 식성은 육식 경향이 강하고, 어류나 갑각류, 수서 곤충, 개구리류 등을 주로 포식한다.

◆사육 포인트
유체는 고수온(30°C 전후)에서 꼼꼼하게 돌봐야 하며, 정기적으로 물을 빼서 반강제적으로 등갑 말리기를 몇 시간 정도 해준다.

곡경아목(Pleurodira) 뱀목거북과(Chelidae)

투구거북속

(*Elseya*)

대형이고 목이 짧은 뱀목거북으로, 머리는 크고 한 장의 비늘이 헬멧 형태로 덮고 있다. 현재 6종이 발견되었는데, 다수의 은폐종을 포함하는 것으로 보아 훗날 분류 변경이나 새로운 종이 기재될 가능성이 크다.

브렌다홀스트투구거북

Branderhorst's snapping turtle

- **학 명 :** *Elseya branderhorsti*
- **별 명 :** 뉴기니투구거북
- **분 포 :** 뉴기니섬 남부
- **등갑 길이 :** 40㎝

투구거북속은 뱀목거북과치고는 목이 짧은 그룹이며, 대형 투구거북류이다. 등갑은 유체일 때 비교적 둥글지만 성장과 함께 달걀 모양이 되며, 편평하다. 정갑판은 없어서 같은 섬에 서식하는 뉴기니투구거북과 식별하는데 기준이 된다. 등갑 색채는 갈색 및 황갈색으로, 각 갑판의 중앙에는 어두운색 얼룩무늬가 있을 때가 많다. 머리는 다소 작고, 한 장의 큰 비늘로 덮여 있으며 색채는 암회색 및 회갈색이다. 주둥이는 툭 튀어나와 있다. 열대 상록광엽수림 내의 큰 하천이나 늪과 못에 서식한다. 번식 생태에 관해서는 정보가 부족하다. 식성은 잡식성으로, 떨어진 과일이나 수생 식물을 주로 먹고, 수서 곤충이나 갑각류, 어류 등도 폭넓게 섭취한다.

◆사육 포인트
성미가 사납고, 다른 종과 합사하지 않게 한다.

뉴기니투구거북 New Guinea snapping turtle

- **학 명 :** *Elseya novaeguineae*
- **분 포 :** 뉴기니섬과 그 주변
- **등갑 길이 :** 40㎝ 전후

대형 투구거북류지만 체형이나 색채는 변이가 다양하며, 이들이 개체의 차이나 아종 및 별종인지 분류가 제대로 결정되지 않아 현재는 뉴기니섬과 주변 투구거북의 총칭으로서 뉴기니투구거북으로 보고 있다. 서식 환경은 브렌다홀스트투구거북과 비슷하지만, 정갑판이 있는 것으로 구분할 수 있고, 하천이나 호수 및 늪, 연못에 산다. 번식 생태에 관해서는 정보가 부족하다. 주행성이고, 식성은 잡식성에 떨어진 과일을 주로 먹으며 수생 식물, 수서 곤충, 갑각류, 어류 등을 폭넓게 섭취한다.

◆ 사육 포인트
성미가 사납고, 다른 종과 합사하지 않게 한다.

곡경아목(Pleurodira) 뱀목거북과(Chelidae)

작은투구거북속
(*Wollumbina*)

투구거북속과 근연종으로 보고 2군으로 나뉘어 있던 그룹으로, 새로이 작은투구거북속으로 분류된 것이다. 투구거북속에 비해 육식 경향이 강한 잡식성이다.

톱날투구거북 Saw-shelled turtle

- **학 명 :** *Wollumbina latisternum*
- **분 포 :** 오스트레일리아 북동부
- **등갑 길이 :** 20~25㎝ (최대 28㎝)

작은투구거북류도 투구거북속과 마찬가지로 목이 짧다. 오스트레일리아 고유의 속으로, 팔다리는 크고 헤엄을 잘 치지만, 머리는 지나치게 커지지 않는다. 투구거북류로서는 소형이다. 등갑은 달걀 모양으로 편평하지만 유체일 때는 비교적 둥근 형이고, 추갑판과 좌우 늑갑판에 용골이 들어가 있으나 성장과 함께 사라진다. 반대로 후부 연갑판에는 유체 때 거의 보이지 않은 톱날 모양의 돌기가 아성체 이후 나타난다. 다만 노령 개체에서는 마모되어 두드러지게 보이지 않을 수도 있다. 개체 간의 차이나 지역 등으로 등갑 색채나 다른 부분, 형상 등에서도 변이를 찾아볼 수 있다. 목 부분 배면에는 가시 형태의 돌기 비늘이 발달하는데, 마모된 개체도 있다. 비교적 큰 하천이나 늪과 못 등에 서식한다. 산란은 9~1월. 1회 산란 개수는 9~17개로 연간 여러 번 알을 낳으며, 부화 일수는 60일 전후. 식성은 육식 경향이 강한 잡식성으로, 수서 곤충이나 갑각류, 어류 등을 주로 잡아먹고, 수생 식물도 먹는다. 파나마왕두꺼비(Bufo marinus)의 독에 대한 내성이 있는 것으로 알려져 있다.

◆ 사육 포인트
저온에 대한 내성이 강하지만, 겨울철에는 수온을 18°C 정도까지 높이는 편이 무난하다.

매닝강투구거북

Manning River snapping turtle

- **학 명 :** *Wollumbina purvisi*
- **별 명 :** 퍼비스 터틀
- **등갑 길이 :** 18~20㎝ (최대 23㎝)

매닝강 유역에만 분포하는 소형 투구거북이다. 등갑은 달걀 모양이고 편평하며, 색채는 갈색 및 검은색이다. 머리의 주둥이는 돌출되어 있고, 주둥이 아래에서 눈 밑을 지나 목덜미까지 노란색 혹은 담황색의 선이 들어가 있다. 아래턱 하부의 목 중심부에는 검은색 선이 있다. 복갑은 황갈색을 띠는 등의 특징이 있으며, 비슷하게 생긴 벨린저강거북(Bellinger River turtle / *Myuchelys georgesi*)과 구분할 수 있다. 비교적 건조한 상록광엽수림이 흩어져 있는 초원을 흐르는 하천 등에서도, 수생 식물이 무성한 장소 등에 서식한다. 번식 생태에 관해서는 정보가 부족하며, 사육할 때 산란은 4월이고 1회 산란 수는 7~23개, 부화 일수는 59일이라는 사례가 있다. 식성은 잡식성으로, 수서 곤충을 좋아하며 갑각류나 수생 식물 등도 먹는다.

곡경아목(Pleurodira) 뱀목거북과(Chelidae)

짧은목거북속
(*Emydura*)

형태적으로는 투구거북속과 비슷하지만, 머리에 한 장의 헬멧 형태 비늘이 덮여 있지 않다. 반수서종에 가깝다. 현재 7종이 발견됐으나, 다수의 은폐종을 포함하여 앞으로 분류학적으로 재검토될 가능성이 남아 있다.

머레이강거북 Murray River turtle

크레프트강거북
Krefft's River turtle

머레이강거북 Murray River turtle

- **학 명 :** *Emydura macquarii*
- **아 종 :** 머레이강거북(*E. m. macquarii*), 크레프트강거북(*E. m. krefftii*), 쿠퍼 크릭 터틀(*E. m. emmotti*), 프레이저섬짧은목거북(*E. m. nigra*)
- **별 명 :** 맥쿼리강거북
- **분 포 :** 오스트레일리아 동부
- **등갑 길이 :** 15~35㎝ (최대 37㎝)

4종의 아종이 발견된 짧은목거북이다. 등갑은 폭이 넓은 달걀 모양이며 편평하고, 목은 짧다. 기아종인 머레이강거북의 분포 지역은 넓고, 서식 수역에서 복수의 아종으로 나뉘지만, 등갑 형태나 홍채 및 등갑 색 등으로 분류하는 세부 사항은 명확화되지 않은 상황이다. 비교적 건조한 상록광엽수림이 여기저기 흩어져 있는 초원을 흐르는 하천이나 그 주변에 서식한다. 성미가 거칠고 헤엄을 잘 치며, 일광욕을 좋아한다. 산란은 11~12월, 1회 산란 수는 15~35개, 부화 일수는 66~85일. 식성은 잡식성이지만, 육식 경향이 강하다. 주로 수서 동물 등을 먹지만 과일류나 수생 식물도 섭취한다.

◆사육 포인트
일광욕을 위한 육지를 설치한다. 성미가 거칠어서 여러 개체의 합사에는 적합하지 않다.

거북 고르는 법

가게에 진열된 거북류의 대부분은 그해 태어난 새끼인데, 거북을 기르기 위해 찾아온 초보자를 보면 우선 가장 작고 귀여운 개체를 고르는 경향이 있다. 그리고 다음에 하는 말은 '한 마리만 있으면 외롭겠어'이고, 여러 마리를 살 때는 '암수 쌍으로 키우는 게 좋겠다'라고 한다.

여기서 주의해야 할 점은 그 작고 귀여워 보이는 개체는 여러 마리 중에서 가장 약하고, 충분한 먹이를 먹지 않았거나 혹은 다른 개체에 져서 먹이를 못 먹었을 경우가 많다는 점이다. 그래서 성장이 늦어진 것이다. 다시 말해, 여러 마리 중에서 고른다면 제일 크고 먹이도 잘 먹으며 눈을 또렷하게 뜨고 잘 돌아다니는 개체를 선택하길 권한다.

다음으로 파충류는 기본적으로 부화 후, 단독 생활을 하는 것이 일반적이다. '외롭다'라고 느끼는 건 집단생활을 하는 인간적인 발상으로, 여러 마리를 사육하면 먹성이 좋은 개체를 따라 따라서 식성이 좋아지는 개체도 종종 있지만, 한 마리만 있어도 아무 문제가 없다.

'암수 쌍으로 키우는 게 좋겠다'라고 하면 판매자 측에서도 제일 곤란해하는데, 새끼는 어느 정도 크지 않으면 암수 구별이 되지 않는다. 경험 많은 전문가라도 경험적으로 '아마 그럴지도'라고 말을 흐리는 정도이지, 결코 '이게 수컷이고, 이게 암컷이다'라고 단정 짓는 말은 절대로 하지 않는다. 그리고 성장 단계에서 수컷이 암컷보다 성적 성숙이 빨라서, 암컷이 아직 성적으로 성숙하지 않은 단계부터 쫓아다니고 종에 따라 상당히 거친 행동을 보이는 것도 있다. 암컷이 위축되어 먹이를 먹지 않게 되거나, 상처가 난 부위가 곪아 감염증이 생기는 원인도 된다. 또한 암컷의 골반 성장이 제대로 이루어지지 않은 상태에서 억지로 교미를 하면 산란에 지장을 줄 수도 있다. 꼭 암수 한 쌍으로 키우고 싶다면 먼저 암컷부터 키우고, 수컷은 2년 늦게 들이는 것을 추천한다. 새끼를 구입한 경우, 암수 구별이 된 후에 짝을 찾는 것도 괜찮다. 새끼를 여러 마리 동시에 구입한 경우에는 사육하면서 강한 개체를 분리해 키우면 좋다(약한 개체를 분리하면 사육 환경의 갑작스러운 변화에 스트레스를 받기 쉽다).

파충류 전문점의 직원과 잘 상의한 후에 구입하면 좋다.

여러 마리 중 고를 때는 개체를 잘 관찰하자.

붉은배짧은목거북 Red-bellied short-necked turtle

워렐 터틀
Worrelli's turtle

붉은배짧은목거북

Red-bellied short-necked turtle

- **학 명 :** *Emydura subglobosa*
- **아 종 :** 붉은배짧은목거북(*E. s. subglobosa*), 워렐 터틀(*E. s. worrelli*)
- **분 포 :** 오스트레일리아 북부(워렐 터틀) 뉴기니섬 남부(붉은배짧은목거북)
- **등갑 길이 :** 18~25㎝

기아종인 붉은배짧은목거북은 오스트레일리아 이외에 서식하는 유일한 짧은목거북이다. 등갑은 달걀 모양으로, 약간 낮은 돔 형이다. 색채는 갈색 및 흑갈색 혹은 밝은 갈색으로, 각 갑판에는 자잘한 주름이 나 있다. 유체 때 등갑은 약간 둥그스름하면서 편평하며 중앙에 용골이 있지만, 이 용골은 성장과 함께 사라진다. 머리는 크고 두툼하다. 머리 배면은 흑갈색으로, 주둥이에서 눈 위를 지나 고막까지 두툼한 흰색 및 담갈색 굵은 선이 들어가고, 유체일 때는 이 선이 선명하다. 배는 분홍색 및 붉은색을 띤다. 아종인 워렐 터틀은 오스트레일리아 북부에만 분포하며, 배가 불그스름하지 않은 것으로 구분할 수 있다. 번식 생태에 관해서는 정보가 부족한 상태다. 식성은 잡식이고, 완만한 흐름의 하천이나 호수와 늪에 서식하고, 수초가 무성한 환경을 좋아한다.

◆사육 포인트
활동적인 거북으로, 수중을 입체적으로 움직이기 때문에 수조가 최소한 90㎝ 이상이 되어야 하고, 수심을 40㎝ 이상으로 잡아 수영할 공간을 여유롭게 만들어주는 게 좋다.

붉은얼굴거북 Red-faced turtle

붉은얼굴거북 Red-faced turtle

- **학 명 :** *Emydura victoriae*
- **별 명 :** 빅토리아짧은목거북
- **분 포 :** 오스트레일리아 북서부
- **등갑 길이 :** 25~30㎝

다소 대형인 짧은목거북. 등갑은 달걀 모양이지만, 후부의 폭이 넓고 중앙부는 살짝 높으며 색채는 갈색 및 암갈색이다. 유체일 때 중앙부에는 용골이 있으며 후부 연갑판은 톱니형이지만, 성장하면서 이 두 요소는 사라진다. 머리는 크고 두툼하며, 암컷의 노령 개체는 머리가 거대화한다. 머리 배면은 암갈색이고, 주둥이나 눈 뒤에서부터 위턱 측면까지 폭이 넓은 담적색 선이 있다. 복갑은 크림색 및 담황색이다. 번식 생태에 대해서는 정보가 부족한 상황이다. 식성은 잡식이고, 늪과 못이나 완만한 흐름의 하천에 서식한다. 서오스트레일리아(킴벌리 지방)의 개체군은 등갑이 작고(14㎝ 정도), 킴벌리붉은얼굴거북(*E. v. australis*)으로 취급될 때도 있지만 아직 확정된 것은 아니다. 편의상 혼동을 피하고자 이 종은 '빅토리아짧은목거북'의 이름이 사용될 때도 있다.

곡경아목(Pleurodira) 뱀목거북과(Chelidae)

메리강거북속(*Elusor*)

1종으로 목이 짧은 대형 뱀목거북이다.

메리강거북 Mary River turtle

- **학 명 :** *Elusor macrurus*
- **분 포 :** 오스트레일리아 서부
- **등갑 길이 :** 35~38㎝ (최대 40㎝)

1속 1종. 등갑은 약간 가는 달걀 모양으로, 낮은 돔 형이다. 후부 연갑판은 폭보다 길고, 차양 형태를 띠고 있다. 등갑 색채는 갈색 및 암갈색. 유체의 제2, 3 추갑판에는 후부가 현저히 높아지는 용골이 들어가 있고 후부 연갑판은 톱니형이지만, 성장하면서 모두 작아진다. 머리는 비교적 작지만 두툼하다. 수컷의 꼬리는 매우 길고, 등갑의 70% 길이에 이르며 몸통에 붙은 부위도 굵다. 총배설강 내의 점막낭에 물을 축적하여 그 용해 산소로 점막 호흡을 하기에 장기간 수중 생활이 가능하다. 상록 광엽수림이 있는, 비교적 건조한 초원의 완만한 물 흐름 속 바위나 침수목이 많은 하천 등에 서식한다. 헤엄을 잘 치고 수서 곤충이나 조개류, 수생 식물, 조류 등을 먹는 잡식성이다. 오랫동안 그 서식지는 불명이었지만, 1994년 브리즈번 근교에서 서식지가 발견됐다.

지금까지 이루어진 거북의 교잡 개체와 번식 실험

거북을 번식시킬 때는 같은 종끼리 교미시키는 게 원칙일 것이다. 그러나 공간 문제나 전시로 인해 꼭 이종 간을 합사하게 해야 할 사태도 충분히 일어날 수 있다. 특히 수서종이 그럴 때가 많다. 필자도 오키나와의 상설관에 사육사로 부임했던(1975년 이후) 적이 있었고, 그곳에서 일본의 돌거북이나 남생이, 외국산 노란연못거북, 미시시피붉은귀거북, 중국줄무늬목거북, 가로목거북류를 야외 사육장에서 합사한 경험이 있다. 그 사육장에는 연못과 육지가 있고, 사육을 시작한 이듬해 4월경부터 거북류의 산란 기미가 관찰되면서 돌거북, 남생이, 노란연못거북, 미시시피붉은귀거북, 중국줄무늬목거북류가 산란을 시작했다. 그리고 7월에는 새끼가 자연 부화했다. 처음에는 크게 신경 쓰지 않고 부화한 새끼들을 회수하여 시설 내에 수용하여 사육했다. 그런데 몇 년 후에 문득 여러 무늬의 개체가 섞여 있는 것을 보고 그 무늬의 특징을 관찰해 보니, 그 특징에서 남생이와 노란연못거북, 남생이와 중국줄무늬목거북, 노란연못거북과 중국줄무늬목거북의 교잡 개체임을 알 수 있었다.

당시에는 이런 일도 가능하구나 하면서 이 교잡 개체끼리 번식이 가능한지 확인하기 위해 무작위로 상태가 좋은 개체를 조합을 고려하면서 몇 쌍을 골랐고 번식 실험에 들어갔다. 그러는 사이, 다른 시설의 일이지만 옐로마진드상자거북과 류큐잎거북을 인접한 케이지에서 사육했더니, 류큐잎거북 1개 개체가 높이 1미터 정도의 콘크리트 블록을 넘어 옐로마진드상자거북의 케이지 안에 들어간 적이 있었다. 아마 2, 3일 정도는 그곳에 있었던 것 같은데, 발견하자마자 바로 원래의 사육장으로 되돌려 놓았다. 그 후, 류큐잎거북이 산란하여 인공 부화를 시도해 보니 2개 알 중에서 1개 알이 부화에 성공했다. 몇 개월 후 연구자에게 새끼 거북을 보여주자 이 유체는 좀 이상하다고 해서 특징이나 산란 개체의 경위를 포함해 함께 고찰해 본 결과, 류큐잎거북과 옐로마진드상자거북의 이속간 교잡 개체임을 확인할 수 있었다.

옐로마진드상자거북과 류큐잎거북의 교잡 개체

그 시설에서는 일반인이 기르는 파충류는 모두 수용하는데, 그중에서 류큐잎거북과 옐로마진드상자거북도 매년 15개체 정도 있었지만, 그 속에서도 이 두 종의 교잡 개체가 발견됐다. 다른 관광 시설에 수용됐던 두 종 중에서도 교잡 개체가 있으며, 그뿐만 아니라 오키나와 북부나 남부에서도 자연계 속 교잡 개체가 발견되기도 했다.

그 후에 교잡 개체끼리 혹은 교잡 개체와 옐로마진드상자거북, 교잡 개체와 류큐잎거북으로 짝을 지어 번식 실험을 반복한 결과, 모든 그룹에서 산란을 보였으며 그 알 중 대다수가 발생은 했으나 모두 발생 도중에 멈추거나 부화까지 이르지는 못했다. 즉, 이 이속간 잡종끼리는 번식할 수 없음을 시사하고 있는 것이다. 참고로 남생이, 노란연못거북, 중국줄무늬목거북의 이종간 잡종끼리 조합 그룹에서는 모두 번식은 되고 있다.

멕시코강거북 Hicatee

- **학 명 :** *Dermatemys mawii*
- **별 명 :** 중앙아메리카강거북
- **분 포 :** 멕시코 남부, 과테말라 북부, 벨리즈
- **등갑 길이 :** 55~60㎝ (최대 65㎝)

하연갑판을 가지는 원시적인 계통의 거북으로, 1속 1종이다. 등갑은 가늘고 긴 달걀 모양이며, 돔 형으로 솟아 있다. 등갑과 복갑 모두 표층의 갑은 얇고 매끄러워서 상처를 입기 쉽다. 성체일 때 각 갑판의 이음매는 옅어지고 매끄러운 상태가 된다. 등갑의 색채는 단일한 올리브색 및 갈색이나 암갈색이다. 머리는 작고 주둥이가 혹처

잠경아목(Cryptodira)

강거북과(Dermatemydidae)

강거북속(*Dermatemys*)

1속 1종으로 구성된다. 갑판이 매우 얇은 가죽질이다.

하연갑판을 갖추고 있는 건 담수서에서는 이 종뿐이다

럼 불룩 돌출되어 있는데, 유체일 때는 눈 뒤에 가느다란 노란색 선 무늬가 있다. 네발의 물갈퀴가 뛰어나게 발달해 있어 헤엄도 잘 치고, 완전한 수서종에 가까우며 일광욕도 수면에 떠서 한다. 산란기에만 암컷이 육지로 올라간다. 주로 흐름이 완만한 큰 하천 등에 서식하고, 하구의 기수역에서도 찾아볼 수 있다. 산란 생태에 대해 정보가 부족하지만, 수중 산란을 할 때도 있는데 수몰 중에는 알의 부화가 정지하며, 알은 건기에 수몰 상태가 해소되기 시작하면 부화가 진행된다. 식성은 식물성 먹이를 좋아하며, 성체가 되면 그 경향은 더욱 현저해진다.

동부진흙거북 Eastern mud turtle

- **학 명 :** *Kinosternon subrubrum*
- **아 종 :** 펜실베이니아진흙거북(*K. s. subrubrum*), 미시시피진흙거북(*K. s. hippocrepis*), 플로리다진흙거북(*K. s. steindachneri*)
- **분 포 :** 미국 동부에서 남동부
- **등갑 길이 :** 8~10㎝ (최대 12.5㎝)

미국의 고유종으로. 진흙거북속에서는 소형이다. 등갑은 달걀 모양이고 비교적 높은 돔 형으로 솟아 있으며, 제2~4 추갑판은 거의 편평하다. 색채는 황갈색 및 올리브색, 암갈색이다. 복갑은 큰 경첩을 가지며, 수컷의 복갑은 중앙에서 크게 움푹 들어가 있다. 머리는 다소 크다. 색채는 아종이나 개체에 따라 변이가 다양하다. 위턱의 끝부분은 갈고리 형태를 취하고 있다. 교미는 3월 중반

펜실베이니아진흙거북 Southeastern mud turtle

에서 5월, 산란은 4~9월에 이루어지며 1회 산란 개수는 2~7개다. 연간 3회 이상 산란한다. 알은 기다란 타원형으로, 부화 일수는 100일 전후다. 온대 지역부터 아열대 지역까지의 저지대에서 수량이 비교적 안정된 물, 그것도 물 밑바닥이 진흙이나 부식이 축적된 환경을 좋아한다. 북부 개체군은 겨울철에 겨울잠을 자며, 남부 개체군은 여름잠을 잔다. 식성은 잡식성이다.

잠경아목(Cryptodira) 진흙거북과(Kinosternidae)
진흙거북 아과(Kinosterninae)

진흙거북속(*Kinosternon*)

18종으로 구성된다. 복갑 앞부분에 자리한 경첩은 가동할 수 있는 특징을 가진다. 분포는 미국 중부 및 남부에서 남미 중부까지 넓고, 멕시코에서 가장 많이 분포한다.

미시시피진흙거북 Mississippi mud turtle

플로리다진흙거북 Florida mud turtle

◆사육 포인트
사육하기 쉬운 거북이다. 일광욕을 좋아하므로 육지를 설치한다. 성미는 거칠어서 합사는 피한다.

줄무늬진흙거북 Striped mud turtle

- **학 명 :** *Kinosternon baurii*
- **분 포 :** 미국 동남부
- **등갑 길이 :** 8~12㎝ (최대 13.8㎝)

미국의 고유종으로, 진흙거북속에서는 소형이다. 등갑은 약간 폭이 넓은 달걀 모양이고, 완만한 돔 형으로 솟아 있다. 추갑판과 좌우 늑갑판에 이름의 유래가 되는 3개의 줄무늬가 있다. 등갑 색채는 회갈색 및 황갈색, 검은색으로 변이가 있다. 복갑에는 경첩을 가지며, 수컷의 복갑은 가운데가 크게 움푹 파여 있다. 머리는 약간 소형이고, 회갈색 및 암갈색 바탕에 주둥이에서 눈 위를 지나 고막까지, 눈 밑에서 고막 아래로 두 줄의 약간 굵은 선이 들어가 있다. 위턱의 끝부분은 갈고리 모양이다. 산란은 늦가을에서 가을까지가 정점을 이루고, 1회 산란 개수는 1~7개. 연간 1~3회 산란한다. 알은 긴 타원형이고, 부화 일수는 80~145일 전후이다. 온대부터 열대 지역까지 광범위하게 분포하고, 저지대의 습윤한 환경에 있는 숲속부터 기수역까지 다양한 물가에서 물 밑바닥이 진흙이나 부식이 축적된 환경에 서식한다. 북부의 개체군은 겨울잠을 자고, 남부 개체군은 여름잠을 잔다. 식성은 잡식성이다.

◆ 사육 포인트

동부진흙거북과 동일하다. 성미는 온화하고, 여러 마리를 함께 사육할 수 있다.

노란진흙거북 Yellow mud turtle

- **학 명 :** *Kinosternon flavescens*
- **분 포 :** 미국 남부, 멕시코 북서부
- **등갑 길이 :** 9~14㎝ (최대 16.8㎝)

진흙거북속에서는 중형이다. 등갑은 폭이 넓은 달걀 모양이고, 낮은 돔 형으로 솟아 있다. 색채는 노란색 및 황갈색, 갈색 등이 있고, 노란빛이 감도는 등갑이 이름의 유래다. 각 갑판의 접합부는 어두운색으로 테가 둘려 있다. 복갑에는 경첩을 가진다. 머리는 중형이고, 이 속 중에서는 약간 편평하다. 머리 배면의 색채는 황갈색 및 올리브색, 갈색이고, 머리 측면이나 턱 주변에 어두운색으로 세세한 얼룩무늬가 이곳저곳 나 있을 때가 있다. 온대 지역에서 건조 지역, 열대 지역까지 분포 범위가 넓고, 비교적 탁 트인 건조지의 초원이나 관목림이 흩어져 있는 환경의 작은 물에서 주로 서식하고, 육서 경향이 강하다. 산란기는 5~8월로, 1회 산란 수는 통상적으로 2~4개. 알은 긴 타원형으로, 부화 일수는 100일 전후다. 식성은 육식 경향이 강한 잡식성이다.

◆ 사육 포인트
동부진흙거북과 동일하다. 성미가 거친 면이 있어서 합사에 유의하고, 널찍한 수조와 육지를 준비하는 게 좋다.

애리조나진흙거북 Arizona mud turtle

- **학 명 :** *Kinosternon arizonense*
- **분 포 :** 미국 애리조나주 남부, 멕시코 북부 소노라 주 중부
- **등갑 길이 :** 14~16㎝ 전후(최대 18.2㎝)

노란진흙거북의 아종으로 취급됐던 종으로, 이 속 중에서는 중형이다. 등갑은 폭이 넓고 각이 진 달걀 모양이고 낮고 완만한 돔 형으로 솟아 있는데, 제2~4 추갑판은 거의 편평하다. 색채는 올리브색 및 황갈색으로, 각 갑판의 접합부는 어두운색으로 테가 둘려 있다. 머리는 중형이고, 노란진흙거북과 마찬가지로 약간 편평하다. 머리 측면은 황갈색 및 암갈색 반점이 많다. 건조지의 구릉이나 저지대의 여러 물, 그 주변에 서식하는데 진흙거북속 중에서 가장 육서 경향이 강하다. 애리조나주에서는 산란기가 7~8월이고, 1회 산란 수는 1~5개. 연간 산란 횟수는 2~3회. 알은 기다란 타원형으로, 부화 일수는 인공 부화 상태에서 300일 이상이다. 식성은 주로 수서 곤충 등으로 육식 경향이 강한 잡식성이다.

사막진흙거북 Desert mud turtle

소노라진흙거북 Sonora mud turtle

- **학 명 :** *Kinosternon sonoriense*
- **별 명 :** 소노이타사막진흙거북
- **아 종 :** 사막진흙거북(*K. s. sonoriense*), 소노란진흙거북(*K. s. longifemorale*)
- **분 포 :** 미국 남서부(주로 애리조나주 남부), 멕시코 북동부(주로 소노라주 중서부)
- **등갑 길이 :** 14~16㎝ 전후(최대 17.5㎝)

목에 눈에 띄는 3~4쌍의 수염 모양의 돌기를 가지고 있으며, 진흙거북류에서는 중형이다. 등갑은 다소 가늘고 긴 달걀 모양이며, 낮고 완만한 돔 형으로 솟아 있다. 노령 개체에서는 3개의 낮은 용골이 들어가 있지만, 성장과 함께 서서히 사라지게 된다. 등갑 색채는 올리브색 및 암갈색이다. 머리는 중형이고 다소 편평하다. 눈 위쪽의 뒤편과 위턱 뒤편으로 선명한 세로줄이 있고, 머리 배측면에는 회색 바탕에 세세한 부정형의 어두운색 얼룩이 들어가 있다. 비교적 건조한 내륙의 낮은 산지나 높은 곳의 관목림, 혹은 평원의 하천이나 늪과 못 등의 물 밑바닥 진흙 환경을 좋아한다. 수서 경향이 강하고, 겨울철에는 겨울잠을 잔다. 산란은 5~9월, 1회 산란 수는 1~11개이고 연간 산란 횟수는 1~4회이다. 알은 긴 타원형이다. 식성은 폭 넓은 잡식성이다.

◆사육 포인트
수서 경향이 강해서 수심을 깊게 한다.

헤레라진흙거북 Herrera's mud turtle

- **학 명 :** *Kinosternon herrerai*
- **분 포 :** 멕시코 중부 대서양 쪽
- **등갑 길이 :** 14~16㎝ 전후(최대 17.2㎝)

멕시코 고유종이며 중형이다. 등갑은 약간 폭이 넓은 달걀 모양이고 낮고 완만한 돔 형인데, 유체에서는 3개의 용골을 가지지만 성장과 함께 가운데 1개만 남게 된다. 등갑 색채는 올리브색 및 갈색, 암갈색이고, 색이 옅은 개체에서는 아래에 있는 갑골판이 보이기도 한다. 복갑은 다른 종의 진흙거북류와 매우 다르게 작고, 경첩은 있으나 가동성이 매우 낮다. 머리는 상당히 크고 다소 편평하며, 머리 배측면은 옅은 황갈색이나 회갈색, 올리브색이면서 어두운색의 벌레 먹은 무늬나 작은 반점이 많다. 사바나 기후의 해안 부근부터 낮은 산, 구릉지의 수역에까지 서식하고, 강가 등 물가 주변에 띠 형태로 있는 숲의 진흙 바닥에 수초가 무성한 환경을 좋아하며 수서 경향이 강하다. 1회 산란 수는 2~4개고, 연간 산란 횟수는 알려지지 않고 있다. 알은 긴 타원형이고, 흰색의 단단하면서 잘 깨지는 난각이지만 그 외에는 조사가 부족한 상태다. 식성은 무척추동물이나 과일 등을 먹는 잡식성이다.

◆ 사육 포인트
너무 밝은 환경을 싫어한다.

멕시코진흙거북 Mexican mud turtle

- **학 명 :** *Kinosternon integrum*
- **분 포 :** 멕시코 북동부에서 중부(대서양 연안 제외)
- **등갑 길이 :** 15~18㎝ 전후(최대 20.2㎝)

분포 범위가 넓고, 이 속에서는 대형이다. 멕시코의 고유종이다. 등갑은 가늘고 긴 달걀 모양이고, 제2~4 추갑판은 거의 편평하고 낮은 돔 형이다. 유체일 때 3개의 용골이 있지만, 성체가 되면서 가운데 1개만 약하게 남는다. 등갑의 색채는 황갈색이나 올리브색, 암갈색이고, 색이 옅은 개체에서는 아래에 있는 갑골판이 보이기도 한다. 복갑은 대형이고 가동성이 높은 경첩을 갖는다. 머리는 대형이고 약간 두툼하면서, 머리 배면이나 측면은 색채의 변이가 다양하며 반점을 가진 개체가 많은데, 옅은 갈색의 벌레 먹은 무늬나 작은 얼룩무늬가 퍼져 있는 개체도 있다. 다른 진흙거북류는 비늘 일부가 가시 형태나 뿔처럼 변화하여 까끌까끌한 피부를 갖지만, 이 종에는 그러한 경우가 적고 거의 매끄러운 피부로 되어 있다. 1회 산란 수는 1~8개로, 1년에 여러 번 산란이 이루어지며 알은 긴 타원형이다. 번식기는 6~10월로 알려져 있으나 분포 범위가 넓어 상세한 건 불명이다. 해안 부근에서 고지대에 걸쳐 넓게 분포하고 있고, 물이 마르지 않는 수역에 주로 서식한다. 식성은 잡식성이다.

◆사육 포인트
진흙거북치고는 대형으로, 최소 90cm 정도의 수조를 준비한다.

할리스코진흙거북 Jalisco mud turtle

- **학 명 :** *Kinosternon chimalhuaca*
- **분 포 :** 멕시코 중부 태평양 연안 쪽(할리스코주, 코리마주)
- **등갑 길이 :** 12~14㎝ 전후(최대 15.7㎝)

1997년에 새로 기재된 멕시코 고유종으로, 이 속에서는 소형에 해당한다. 등갑은 약간 긴 달걀 모양이고, 완만한 돔 형 혹은 정상부가 약간 편평할 때가 있다. 유체일 때 있는 3개의 용골은 성체가 됐을 때 가운데 한 개만 희미하게 남는다. 등갑 색채는 담갈색 및 갈색, 올리브색, 암갈색이고, 색이 옅은 개체에서는 아래에 있는 갑골판이 보이기도 한다. 복갑에는 경첩이 있지만, 후부의 가동성이 약간 낮다. 머리는 중형으로, 머리 배면 및 측면은 노란색 및 담황색, 황갈색이고 그 외에도 오렌지색이나 노란색 벌레 먹은 무늬가 들어간다. 열대 하계 소우 기후의 저지대에 분포하며, 건기에도 물이 마르지 않으면서 흐름이 완만하고 수생 식물이 무성한 수역을 좋아한다. 산란은 7~8월 이후로 보이며, 1회 산란 수는 2~5개, 색은 흰색의 긴 타원형이지만 관련 정보가 부족하다. 식성은 육식 경향이 강한 잡식성이다.

◆사육 포인트

같은 종과의 합사는 적절하지 않다.

멕시코벨리진흙거북 Valley of Mexico mud turtle

멕시코거친발진흙거북

Mexican rough-footed mud turtle

- **학 명 :** *Kinosternon hirtipes*
- **별 명 :** 거친발진흙거북
- **아 종 :** 멕시코벨리진흙거북(*K. h. hirtipes*), 차팔라진흙거북(*K. h. chapalaense*), 막달레나진흙거북(*K. h. magdalense*), 비에스카진흙거북(*K. h. megacephalum*), 빅밴드진흙거북(K. h. murrayi), 파츠쿠아로진흙거북(*K. h. tarascense*)
- **분 포 :** 멕시코 중앙부의 북부에서 중부
- **등갑 길이 :** 10~17㎝ 전후(최대 18.5㎝)

6종의 아종이 있는 약간 대형의 진흙거북류로, 빅밴드진흙거북만 비교적 분포 범위가 넓고 일부는 미국 남부 일부까지 분포하며, 그 다른 아종은 좁은 지역에만 서식한다. 비에스카진흙거북은 멸종된 것으로 알려져 있다. 등갑은 약간 가늘고 긴 달걀 모양이고, 낮은 돔 형으로 솟아 있다. 제2~4 추갑판은 거의 편평하며, 색채는 밝은 갈색 및 올리브색, 암갈색, 약간의 검은색 등 매우 변이가 다양하다. 복갑의 경첩은 가동성이 좋지만 완전히 닫히지 않는다. 목 부분이나 앞다리의 배면 및 네발이 붙은 곳은 뿔처럼 돌출하여 까끌까끌한 비늘로 덮여 있고, 이게 이름의 유래다.

차팔라진흙거북 Chapala mud turtle

막달레나진흙거북 Magdalena mud turtle

머리의 색채나 얼룩 무늬는 아종에 따라 변이가 크며, 위와 아래턱의 각질부는 회색 또는 담황색에 어두운 색이나 검은색 세로줄 무늬가 들어가는 개체가 많다. 내륙의 낮은 산지나 고원 등 수풀이 이곳저곳 흩어져 있는 건조한 초지에 있는, 마르지 않는 물에 많이 서식한다. 산란은 서식지에 따라 다르지만, 산란기는 5~9월. 연간 산

란 횟수는 2~4회로, 1회 산란 수는 1~7개다. 알은 기다란 타원형으로, 부화 일수는 200일 전후로 보인다. 식성은 육식 경향이 매우 강하다.

◆사육 포인트
일반적인 진흙거북류의 사육을 따른다.

타바스코진흙거북 Tabasco mud turtle

- **학 명 :** *Kinosternon acutum*
- **분 포 :** 멕시코 남동부, 과테말라 북동부, 벨리즈
- **등갑 길이 :** 9~12㎝ 전후(최대 12㎝)

이 속에서는 소형이다. 등갑은 약간 긴 달걀 모양이다. 완만한 돔 형으로 솟아 있으며, 가운데 낮은 용골이 있고, 후부 연갑판은 약간 차양 모양으로 펼쳐져 있다. 등갑 색채는 변이가 다양하며, 부분적으로 색이 진하고 옅을 때가 있지만 무늬는 없다. 복갑에는 앞뒤로 경첩이 있고, 거의 완전히 닫힌다. 머리는 중형 아니면 약간 대형인데 폭이 넓고, 주둥이는 약간 돌출되어 있다. 머리의 색채는 회색 및 암갈색 바탕에 황갈색이나 불그스름한 벌레 먹은 무늬로 덮여 있다. 주로 열대 몬순 기후의 카리브해 연안이나 그 내륙 저지대에 있는 숲속의 마르지 않는 여러 물에서 서식하고, 건기에는 여름잠을 잔다. 번식에 관한 상세는 불명이다. 식성은 육식 경향이 강한 잡식성으로 보인다.

크리저진흙거북 Creaser's mud turtle

- **학 명 :** *Kinosternon creaseri*
- **분 포 :** 멕시코 유카탄반도 중, 북부
- **등갑 길이 :** 9~11㎝ 전후(최대 12.5㎝)

멕시코 고유종으로, 형태는 타바스코진흙거북과 비슷하지만 소형이다. 등갑은 약간 가늘고 긴 달걀 모양이고 완만한 돔 형으로 솟아 있으며, 정상부는 편평한데 중앙에는 흐릿한 용골이 들어가 있다. 등갑 색채는 갈색이나 암회색, 암갈색인데 각 갑판의 접합부는 어두운색으로 테두리가 둘려 있다. 복갑판에는 앞뒤로 경첩이 있고, 가동성이 좋다. 머리는 중형 혹은 약간 대형으로, 머리 배면의 색은 올리브색이나 암갈색, 어두운색이며, 측면의 색은 옅으면서 흰색이나 담황색 등의 벌레 먹은 무늬가 들어간다. 사바나 기후를 가진 카르스트 지형의 숲에서, 비교적 습도가 유지되는 장소의 물웅덩이나 세노테 cenote 내부의 연못 등에 서식한다. 번식에 관한 상세 사항은 불명이다. 식성은 육식 경향이 강한 잡식성으로 알려져 있고, 건기에는 여름잠을 잔다.

오악사카진흙거북 Oaxaca mud turtle

- **학 명 :** *Kinosternon oaxacae*
- **별 명 :** 와하카진흙거북
- **분 포 :** 멕시코 남부(오악사카주 남부, 게레로주 동부)
- **등갑 길이 :** 14~16㎝ 전후(최대 17.5㎝)

주로 오악사카주 남부에 분포하는 멕시코 고유종. 등갑은 약간 기다란 타원형이고, 전연부의 폭이 다소 넓다. 등갑의 높이가 낮고, 좌우 늑갑판의 용골 사이에 낀 정상 부분은 편평하며 중앙에 낮은 용골이 들어가 있다. 등갑 색채는 갈색이나 암갈색, 어두운색이며, 각 갑판의 접합부는 바탕색보다 더 어두운색으로 테가 둘려 있다. 복갑에는 앞뒤로 경첩이 있고, 후부 경첩은 직선 형태가 아니고 꼬리 쪽으로 굽어서 가동성은 살짝 떨어진다. 머리는 다소 소형이지만, 수컷 성체일 때는 머리가 커지는 경우도 있다. 머리의 색은 갈색이나 암회색으로, 머리 측면은 황갈색이나 회갈색의 세세한 얼룩무늬로 덮여 있고, 측머리에는 벌레 먹은 무늬나 그물 무늬 등이 들어간다. 사바나 기후의 저지대에서 낮은 산지까지, 진흙 바닥이 탁한 계절이라도 1년 내내 물이 마르지 않는 물에 서식한다. 번식에 관한 상세는 불명이며, 식성은 잡식성이다.

북흰입진흙거북 Northern white-lipped mud turtle

남흰입진흙거북 Southern white-lipped mud turtle

흰입진흙거북 White-lipped mud turtle

- **학 명 :** *Kinosternon leucostomum*
- **아 종 :** 북흰입진흙거북(*K. l. leucostomum*), 남흰입진흙거북(*K. l. postinguinale*)
- **분 포 :** 멕시코 카리브해 쪽의 서부에서 니카라과 서부(북흰입진흙거북), 니카과라 남부부터 콜롬비아 동부, 에콰도르 동부(남흰입진흙거북)
- **등갑 길이 :** 15~17㎝ 전후(최대 17.4㎝)

2종의 아종이 있는 것으로 알려져 있고, 니카과라에서의 분포는 겹치지 않는다. 이 속에서는 약간 소형에서 중형 정도의 크기다. 등갑은 약간 가늘고 긴 달걀 모양이며 등갑의 높이는 기아종이 높고, 남흰입진흙거북의 정상부는 편평하면서 낮다. 등갑 색채는 암갈색이나 검은색이다. 복갑의 앞뒤로 있는 경첩은 가동성이 좋고, 거의 완전히 닫힌다. 남흰입진흙거북의 복갑 폭이 더 좁고, 서혜갑판의 전단부는 더 후방에 있다. 머리는 중형이고, 주둥이의 돌출은 짧으며, 색채는 회갈색이나 암갈색 및 갈색으로, 어두운색의 작은 반점이나 노란색 얼룩무늬가 다수 있다. 머리 측면의 눈 뒤편에서 턱까지 노란색의 굵은 선이 들어간다. 대개 아래턱이 회백색이어서 이러한 이름이 붙었다. 북흰입진흙거북은 사바나 기후의 열대 몬순 기후에, 남흰입진흙거북은 열대다우림 기후에서 산다. 저지대의 흐름이 완만한 기수역 서식하고, 물 밑바닥이 진흙이고 수초가 많은 환경을 좋아한다. 산란기는 서식지에 따라 다르며, 1회 산란 수는 1~3개이며 1년에 여러 번 산란이 이루어지고 알은 긴 타원형이다. 부화 일수는 13일 전후. 식성은 다양한 식물을 먹는 잡식성이다.

◆ 사육 포인트
비교적 저온에도 강하지만, 유체 때는 보온을 한다. 합사도 가능한 것으로 보인다.

아마존진흙거북 Amazon mud turtle

전갈진흙거북 Scorpion mud turtle

- **학 명 :** *Kinosternon scorpioides*
- **아 종 :** 아마존진흙거북(*K. s. scorpioides*), 치파스진흙거북(*K. s. abaxillare*), 흰목진흙거북(*K. s. albogulare*), 붉은뺨진흙거북(*K. s. cruentatum*)
- **분 포 :** 중앙아메리카 서부부터 브라질 중부까지와 남미 중앙부(아마존진흙거북), 멕시코 중앙부(주로 치파스주)(치파스진흙거북), 온두라스 서부부터 파나마 남동부(흰목진흙거북), 카리브해 쪽 멕시코 남서부부터 온두라스 동북부, 태평양 쪽 멕시코 남서부부터 엘살바도르(붉은뺨진흙거북)
- **등갑 길이 :** 20~25㎝ 전후(최대 27㎝)

진흙거북속에서는 중형에서 대형 정도의 크기로, 아종 중에서는 아마존진흙거북이 최대다. 종으로서는 넓은 지역에 분포하고, 아종이나 개체 차이 등에 따라 형태는 현저한 차이를 보인다. 아마존진흙거북은 가장 널리 분포하고, 등갑에 세 개의 용골이 명확히 드러나 있다. 치파스진흙거북은 액하갑판이 없고, 등갑 정상부는 편평하다. 흰목진흙거북은 머리가 작고, 머리 측면의 턱에 분홍색 얼룩무늬가 있으며, 턱 아래부터 목 아랫면이 담회색이다. 붉은뺨진흙거북의 등갑은 돔 형으로, 눈 뒤편부터 뒷머리까지 붉은색 및 오렌지색의 벌레 먹은 무늬나 작은 반점, 그물 모양 등의 여러 무늬가 들어간다. 사바나 기후에서 열대 지역의 기후까지 포함하여, 저지대에서부

흰목진흙거북 White-throated mud turtle

붉은뺨진흙거북 Red-cheeked mud turtle

'아르헨티나진흙거북'의 이름으로 유통되는 개체

터 고지대까지 여러 형태의 물이나 물 밑바닥이 진흙질인 장소에 서식하는데 건기가 있는 지역에서는 여름잠을 잔다. 산란기는 서식지에 따라 다르며 1회 산란 수는 2~10개. 연간 산란 횟수는 4회 미만. 알은 긴 타원형 및 달걀형으로, 부화 일수는 산란지의 기후 풍토에 따라 큰 차이가 있다. 식성은 폭넓은 잡식성이다.

◆사육 포인트

사육은 흰입진흙거북처럼 하면 되고, 성미가 거칠어서 합사는 피하는 게 좋다.

잠경아목(Cryptodira) 진흙거북과(Kinosternidae)
진흙거북 아과(Kinosterninae)

사향거북속(*Sternotherus*)

4종이 있다. 소형종이고, 복갑은 작고 가동성은 없다. 유체일 때 등갑은 높게 솟아 있는데, 그 단면은 이등변삼각형처럼 보인다.

커먼 머스크 터틀 Common musk turtle

- **학 명 :** *Sternotherus odoratus*
- **분 포 :** 미국 동부부터 남부, 캐나다 남동부
- **등갑 길이 :** 10~13㎝ 전후(최대 15㎝)

사향거북속 중에서는 소형이다. 등갑은 약간 가늘고 긴 타원형이다. 등갑은 비교적 낮은 돔 형으로, 유체일 때 보이는 세 개의 용골은 가운데 부분에 흔적 정도만 남아 있을 때도 있다. 등갑의 색채는 회갈색이나 암갈색이다. 머리는 사향거북속 중에서는 작고, 주둥이는 뾰족하며, 머리 옆쪽의 위아래로 주둥이에서 목에 걸쳐 담황색의 가느다란 선이 들어가 있는 모습이 일반적이다. 주로 온대에서 아열대 기후에 분포하고, 물 밑바닥이 진흙질이거나 식물의 퇴적물로 수심이 얕다면 어떤 수역에서든 서식한다. 서식지가 넓고 산란기는 지역에 따라 다른데, 1회 산란 수는 1~15개, 연간 산란 횟수는 2~4회다. 알은

달걀형으로, 부화 일수는 80일 전후다. 물 밑바닥을 기는 것처럼 활동하며 다양한 먹이를 먹는 잡식성이다.

◆사육 포인트
성격은 온화해서 복수 개체의 합사가 가능하다. 또한 유체는 피부염에 걸리기 쉬우므로 수질 악화를 예방해야 한다.

복갑
후갑판이 없는 것이 특징이다.

레이저백사향거북 Razor-backed musk turtle

- **학 명 :** *Sternotherus carinatus*
- **분 포 :** 미국 중남부
- **등갑 길이 :** 10~15㎝ 전후(최대 17.6㎝)

사향거북속 중에서는 최대종으로, 미국 고유종이다. 등갑은 약간 긴 타원형으로, 가운데 부분이 높게 솟아올라가 있어 정면에서 보면 삼각형으로 보인다. 정갑판과 늑갑판의 뒷부분은 그 뒤쪽의 갑판 앞부분과 기와 모양으로 겹친다. 등갑의 색채는 밝은 갈색이나 오렌지색으로, 어두운색 방사형 무늬가 들어가 있지만 노령 개체는 어두운색으로 변해서 무늬가 흐려지는 경향이 있다. 복갑의 후갑판은 이 속에서 유일하게 없다. 머리는 대형이고 거대해질 때도 있다. 색채는 회갈색이나 암갈색으로, 머리 배면은 작은 얼룩무늬로 덮여 있다. 온대 지역부터 열대 지역까지 물 밑바닥이 진흙질로 부드러운 퇴적물이 있으며, 수생 식물이 무성한 1~2m의 완만한 흐름을 가진 수역에 서식한다. 봄에 교미해서 4~6월에 산란한다. 1회 산란 수는 1~6개로, 연간 산란 횟수는 1~2회. 알은 긴 타원형으로 부화 일수는 65~10일 전후다. 식성은 수서 곤충이나 조개류를 좋아하는 잡식성이다.

◆사육 포인트
성미가 거칠어 합사는 피하는 게 좋다.

동부통나무머리사향거북 Eastern loggerhead musk turtle

통나무머리사향거북

Loggerhead musk turtle

- **학 명 :** *Sternotherus minor*
- **아 종 :** 동부통나무머리사향거북(*S. m. minor*), 줄무늬목사향거북(*S. m. peltifer*)
- **분 포 :** 미국 북서부를 제외한 조지아주부터 남부를 제외한 플로리다주(동부통나무머리사향거북), 테네시주 동부에서 미시시피주, 앨라배마주 동부(줄무늬목사향거북)
- **등갑 길이 :** 9~13㎝ 전후(최대 13.5㎝)

미국의 고유종이며, 속 중에서는 소형에 해당한다. 등갑은 기아종일 때 약간 가늘고 긴 타원형이고, 줄무늬목사향거북은 약간 폭이 넓은 타원형이다. 기아종은 등갑이 돔 형으로 정상부는 편평하지만, 줄무늬목사향거북은 완만한 돔 형이다. 색채는 담황색이나 황갈색, 갈색, 암갈색이며, 여기에 어두운색의 가느다란 얼룩무늬나 줄무늬가 들어가 있고, 각 갑판의 접합부는 어두운색으로 테두리가 둘려 있다. 기아종의 머리는 대형이면서 거대해질 때가 많으며, 줄무늬사향거북은 머리가 대형이긴 해도 거대해

동부통나무머리사향거북의 유체

동부통나무머리사향거북의 복갑

줄무늬목사향거북 Stripe-necked musk turtle

지는 일은 드물다. 주둥이는 약간 돌출되어 있다. 머리 배면은 기아종일 때 큰 얼룩무늬 등이 들어가 있으나 줄무늬목사향거북 쪽은 벌레 먹은 무늬로 뒤덮여 있는데, 양쪽 모두 중간쯤의 무늬를 가진 것도 있다. 온대 지역부터 열대 지역까지 서식하고, 기아종은 물 밑바닥에 퇴적물이 쌓인 곳, 줄무늬목사향거북은 침수목이나 바위 밑을 좋아

줄무늬목사향거북의 유체

하는데, 이런 환경을 가지면서 비교적 얕은 흐름의 다양한 수역에서 서식한다. 수서 경향이 강하고, 물 위에 올라가 일광욕하는 일은 별로 없다. 산란기는 4~7월로, 1회 산란 개수는 1~5회. 연간 산란 횟수는 2~5회로, 알은 긴 타원형이다. 부화 일수는 60~120일 정도이다. 식성은 주로 조개류를 중심으로, 육식 경향이 강한 잡식성이다.

◆ 사육 포인트

수심을 깊게 하여 사육하고. 큰 유목 등으로 수심의 변화나 어두운 곳을 만들어준다. 무가온 無加溫 사육도 가능하다.

납작사향거북 Flattened musk turtle

- **학 명 :** *Sternotherus depressus*
- **분 포 :** 미국 앨라배마주 서부
- **등갑 길이 :** 8~10㎝ 전후(최대 12.5㎝)

미국 고유종으로, 이 속 중에서는 최소종이다. 등갑은 약간 긴 타원형이며, 매우 편평하게 솟아 있다. 유체의 등갑에는 높은 용골이 있지만, 성장과 함께 편평해지거나 용골은 사라진다. 등갑의 추갑판이나 늑갑판 뒷부분은 이를 잇는 갑판 앞부분에 덮여 기와 형태를 이룬다. 색채는 황갈색이나 갈색, 암갈색이면서, 여기에 어두운색의 가느다란 얼룩무늬나 선 모양이 들어가 있고, 각 갑판의 접합부는 어두운색으로 테두리가 둘려 있다. 머리의 주둥이는 약간 돌출되어 있고, 머리는 대형이면서 거대해진다. 머리 배면은 자잘하게 벌레 먹은 무늬로 덮여 있다. 온대 지역에서 해발고도가 높고, 수온이 낮으면서 맑은 물, 특히 침수목이나 부석 등 몸을 숨길 곳이 많은 하천 밑바닥에 서식한다. 일광욕을 즐기고, 겨울철에는 물속에서 겨울잠을 자는 것으로 알려져 있다. 산란은 6~7월이고, 알은 기다란 타원형이며 딱딱하면서 약하다. 그 이외의 정보는 부족하다. 식성은 주로 물에 사는 고둥이나 쌍각류 조개 등 육식 경향이 강한 잡식성이다.

잠경아목(Cryptodira) 진흙거북과(Kinosternidae)
큰사향거북 아과(Staurotypinae)

큰사향거북속(*Staurotypus*)

2종이 있다. 진흙거북과 중에서는 대형으로, 복갑에 경첩을 가지며 약간 대형의 액하갑판과 서혜갑판이 있다.

멕시코큰사향거북 Mexican giant musk turtle

- **학 명 :** *Staurotypus triporcatus*
- **별 명 :** 세줄용골사향거북
- **분 포 :** 멕시코 남동부부터 온두라스 북서부의 대서양 쪽
- **등갑 길이 :** 30~35㎝ 전후(최대 37.9㎝)

진흙거북과에서는 최대종. 등갑은 약간 가늘고 긴 타원형이며, 유체일 때는 비교적 편평하지만 성장과 함께 완만한 돔 형태로 솟아오른다. 등갑 중앙과 그 좌우로 발달한 3개의 용골은 노령 개체일 때도 선명하게 보인다. 등갑 색채는 갈색 및 회갈색으로, 각 갑판에는 어두운색 얼룩이나 망사형 무늬가 들어가 있고, 개체 차이가 있어서 무늬가 없는 것도 있다. 비교적 소형인 복갑은 앞부분에 경첩을 갖고 있다. 머리는 폭이 넓은 대형으로 두툼하며, 아래턱만 끝부분이 갈고리형으로 날카롭게 뾰족하다. 머리 배면의 색은 올리브 및 회색인데, 일반적으로 어두운 얼룩무늬가 들어가지만 개체 변이가 심하다. 열대 지역의 해발고도 300m 이하의 저지대에서, 주로 큰 하천이나 그 주변의 수심이 깊고 수생 식물이 무성한 호수와 늪, 습지에 서식한다. 자연 속에서의 번식 생태는 잘 알려지지 않았다.

수서 경향이 강하고, 식성은 육식 경향이 강한 잡식성이다.

◆사육 포인트
크고, 무는 힘도 강해서 치파스큰사향거북과 마찬가지로 다루는 데 주의해야 한다. 또한 수조를 항상 청결히 해야 한다.

치파스큰사향거북 Chiapas giant musk turtle

- **학 명 :** *Staurotypus salvinii*
- **분 포 :** 맥시코부터 엘살바도르의 태평양 쪽
- **등갑 길이 :** 18~24㎝ 전후(최대 25㎝)

진흙거북과 중에서는 대형종이다. 등갑은 약간 가늘고 긴 타원형이고, 유체일 때는 비교적 편평하지만 성장과 함께 완만한 돔 형이 된다. 등갑 중앙과 그 좌우에 세 개의 약간 발달한 용골이 있고, 노령 개체일 때는 눈에 띄지 않게 된다. 등갑 색채는 암갈색에서 올리브색 및 회갈색이고, 각 갑판에는 어두운색 얼룩무늬나 방사형 무늬가 일반적으로 들어가 있지만, 아예 무늬가 없는 개체도 있다. 비교적 소형인 복갑은 앞부분에 경첩을 갖고 있다. 머리는 폭이 넓은 대형으로 두툼하며, 아래턱만 끝부분이 갈고리형으로 날카롭게 뾰족하다. 머리 배면의 색은 갈색 및 암갈색으로, 노란색이나 오렌지색의 세세한 얼룩무늬로 덮여 있다. 열대 지역 저지대의 하천이나 주변의 늪과 못에서 물 밑바닥이 진흙질이고 수생 식물이 많은 환경에 서식한다. 번식기는 조사 부족으로 상세한 내용은 알 수 없다. 식성은 폭넓은 육식 경향이 강한 잡식성이다.

◆ 사육 포인트
저온에는 강하다고 하지만, 겨울철에는 적어도 20°C 이상으로 온도를 유지해 주어야 한다.

잠경아목(Cryptodira) 진흙거북과(Kinosternidae)
큰사향거북 아과(Staurotypinae)

좁은골교사향거북속(*Claudius*)

1종이다. 복갑은 아주 작고, 골교가 거의 없으며, 복판은 배두렁이를 두른 형태를 취하고 있다.

복갑

좁은골교사향거북 Narrow-bridged musk turtle

- **학 명 :** *Claudius angustatus*
- **분 포 :** 대서양 쪽의 맥시코 북동부, 과테말라 북부, 벨리즈 북부
- **등갑 길이 :** 13~16㎝ 전후(최대 18㎝)

1속 1종의 소형 거북. 등갑은 약간 가늘고 긴 타원형으로, 거의 편평하게 솟아 있으며 3개의 용골은 명료하지 않다. 색채는 암갈색이나 황갈색, 밝은 회색 등으로, 각 갑판에는 어두운색의 선이나 단편적인 방사형 무늬가 있는 게 일반적이다. 등갑과 복갑 사이에 갑판이 없고 인대로 이어져 있으며, 복갑이 마치 어린아이의 배두렁이를 두른 것 같은 모양이다. 머리는 폭이 넓은 대형이고, 색채는 올리브색이나 황갈색 바탕에 어두운색 얼룩무늬가 있다. 목은 길고, 위턱 끝부분은 톱 형태로 굽었으면서 그 양쪽 옆으로 송곳니 모양의 돌기를 갖고 있다. 멕시코큰사향거북과 같은 장소로 분포되어 있지만, 이 종은 더 소규모이면서 물 밑바닥이 진흙질이고 폭이 좁은 하천이나 건기에도 물이 마르는 진흙 늪 등에 서식한다. 우기에는 물로 이동하지만, 진흙 속에서 여름잠을 잔다. 자연 속에서 번식 생태에 관해서는 정보가 부족하다. 식성은 육식 경향이 강한 잡식성으로 보인다.

◆사육 포인트
큰사향거북보다는 소형이지만, 움직임이 빠르며 살아 있는 먹이를 좋아하는 경향이 있어서 합사는 적절하지 않다.

동부늑대거북 Eastern snapping turtle

늑대거북 Common snapping turtle

- **학 명 :** *Chelydra serpentina*
- **아 종 :** 동부늑대거북(*C. s. serpentina*), 플로리다늑대거북(*C. s. osceola*)
- **분 포 :** 캐나다 남동부, 미국 로키산맥 이동 以東의 중부 및 동부
- **등갑 길이 :** 35~45㎝ 전후(최대 49.4㎝)

늑대거북속에서는 최대다. 등갑은 약간 둥그스름한 모양새에, 편평하게 솟아 있으며 중앙과 좌우 늑갑판에 3개의 낮은 용골을 갖고 있다. 제3 추갑판의 최대 폭은 전체 추갑판 중앙 길이의 33% 미만이다. 등갑의 색채는 갈색이나 올리브색이다. 머리는 작고, 목의 배면에는 끝부분이 둥근 작은 돌기가 나 있다. 네발은 굵고, 잘 발달한 날카로운 발톱을 가지며, 꼬리는 길다. 분포 지역은 넓

잠경아목(Cryptodira)
늑대거북과(Chelydridae)

늑대거북속(*Chelydra*)

3종이 있고, 캐나다 남부에서 남미 콜롬비아, 에콰도르까지 널리 분포한다. 상연갑판이 없고, 위턱 끝부분은 갈고리 형태가 아니다. 꼬리 아랫면에는 2열로 된 큰 비늘이 늘어서 있고, 꼬리 아래쪽 중앙에는 뿔처럼 솟은 큰 비늘이 돋아나 있다.

플로리다늑대거북 Florida snapping turtle

고, 하천이나 못과 늪 등의 물 밑바닥이 진흙이나 모래질이면서 수초류가 많은 장소에 주로 서식하며, 오염에도 비교적 강하다. 수심 1m 전후의 얕은 장소를 중심으로 적극적인 활동을 벌이며, 폭넓게 먹이를 잡아먹는 육식 경향이 강한 잡식성이다. 주로 5~6월, 물가의 부드러운 장소에 알을 낳는데 1회 산란 수는 일반적으로 20~40개이며 1년에 2회 산란할 때도 있다. 알은 가죽질로, 탄력이 있으며 구형에 가깝다. 부화 일수는 55~125일 정도이다.

중앙아메리카늑대거북

Central American snapping turtle

- **학 명 :** *Chelydra rossignonii*
- **분 포 :** 멕시코 대서양 쪽 남부, 과테말라 북서부, 온두라스 중서부
- **등갑 길이 :** 30~35㎝ 전후(최대 38.9㎝)

늑대거북과에서는 약간 소형이다. 등갑은 둥그스름하고, 3개의 용골은 늑대거북속 중에서 가장 발달해 있다. 제3 추갑판의 최대 폭은 전체 추갑판 중앙 길이의 25% 이상이다. 후연부의 등갑에는 톱니 모양의 돌기가 있다. 갑의 색채는 갈색이나 올리브색이고, 각 갑판에는 방사형 무늬가 불규칙하게 들어가 있다. 머리는 대형이고, 목 부분 배면에는 끝이 뾰족하고 긴 가시 모양의 작은 돌기가 있다. 생활에 관해서는 불명인 점이 많고, 산란은 4~6월이며 거의 구형에 가까운 가죽질의 탄력 있는 알을 20~30개 낳는다. 산란 횟수는 1년에 1회. 비교적 얕은 장소의 물 밑바닥에서 활발히 활동하고, 폭넓게 먹이를 잡아먹는 육식 경향이 강한 잡식성이다.

중앙아메리카늑대거북 '온두라스 産'

남아메리카늑대거북 South American snapping turtle

- **학 명 :** *Chelydra acutirostris*
- **분 포 :** 온두라스 서부, 코스타리카, 파나마, 콜롬비아, 에콰도르의 태평양 연안 쪽 저지대
- **등갑 길이 :** 41㎝

늑대거북과에서는 약간 소형으로, 등갑의 길이는 20~30㎝를 넘지 않는다. 다른 종에 비해 갑은 약간 둥그스름한데, 등갑에 있는 3개의 용골은 성체일 때 명료하지 않은 개체도 있다. 제3 추갑판의 최대 폭은 전체 추갑판 중앙 길이의 25% 미만이다. 등갑 색채는 회색 및 올리브색, 갈색, 검은색 등 변이가 다양하고, 유체일 때 각 갑판에는 방사형 무늬나 흰색의 작은 반점이 있지만 성체가 되면서 사라진다. 머리는 비교적 크고, 주둥이는 돌출되어 있으며, 목 부분 배면에는 사마귀 형태의 작은 돌기가 다수 나 있다. 생태에 대해서는 다른 종만큼 알려진 바가 없지만, 저지대의 연못이나 흐름이 완만한 좁은 수로에서, 특히 진흙질 바닥에 유목이 많고 수초가 적은 장소를 좋아한다. 거의 구형이며 단단한 껍질을 가진 알은 2~3월에 산란한다. 수서 동물이나 그 사체를 주로 먹는 잡식성이다.

악어거북 Alligator snapping turtle

악어거북 Alligator snapping turtle

- **학 명 :** *Macroclemys temminckii*
- **분 포 :** 미국의 멕시코만으로 들어오는 하천 유역과 그 주변
- **등갑 길이 :** 50~70㎝ (최대 80㎝)

신대륙의 담수에 사는 거북류 중에서는 최대종이다. 등갑은 직사각형으로 비교적 각이 졌으며, 배면에 3개의 큰 용골이 있다. 원시적인 특징을 가지며, 늑갑판과 연갑판 사이에 대개 세 장의 상연갑판이 있다. 등갑 색채는 황갈색이나 암갈색으로, 각 갑판에 어두운색 방사형 무늬가 들어가 있기도 하다. 머리는 커서 등갑 안에 들어가지 못하고, 목 부분에는 비교적 긴 가시 형태의 돌기가 늘어서 있다. 네발은 굵다. 주로 온대 지역에서 아열대 지역까지 물 밑바닥이 진흙질이고 수심이 비교적 깊으며 수초가 무성한 환경을 좋아한다. 수서 경향이 강하며,

잠경아목(Cryptodira)

늑대거북과(Chelydridae)

악어거북속(*Macroclemys*)

1종이 있다. 등갑의 연갑판과 늑갑판 사이에 3~8장의 상연갑판이 있고, 위턱의 끝부분은 갈고리처럼 크게 굽었으며 끝도 뾰족하다. 등갑에 있는 3개의 용골은 크고 명확하다. 꼬리의 배면 쪽에는 세 줄로 뿔처럼 큰 비늘이 늘어서 있다.

유체

물 밑바닥에서 장시간 입을 벌린 채 지렁이 모양으로 변화한 혀를 움직여 어류를 유인해 잡아먹기로 유명하다. 산란기는 4~7월. 거의 구형에 가까운 알을 1회에 8~52개 산란한다. 연간 산란 횟수는 2회 정도고, 부화 일수는 120일 전후. 식성은 폭이 넓고, 육식 경향이 강한 잡식성이다.

중국큰머리거북 Chinese big-headed turtle

큰머리거북 Big-headed turtle

- **학 명 :** *Platysternon megacephalum*
- **아 종 :** 중국큰머리거북(*P. m. megacephalum*), 버마큰머리거북(*P. m. peguense*), 베트남큰머리거북(*P. m. shiui*)
- **분 포 :** 중국 남부, 베트남 중부 및 북부, 타이 서부 및 북부, 라오스, 미얀마 남부 및 동부
- **등갑 길이 :** 18~23㎝ (최대 21.5㎝)

연갑판과 흉갑판, 복갑판 사이에 세 장의 하연갑판을 가진다는 특징이 있다. 등갑은 기다란 타원형이지만, 앞쪽 중앙은 폭이 넓고 활처럼 크게 굽은 듯 파여 있다. 등갑은 현저하게 편평하고, 각 갑판의 표면은 매끄럽다. 등갑 색채는 아종이나 개체에 따라 변이가 크고, 황갈색 및 올리브색 바탕에 밝은색의 작은 얼룩이나 벌레 먹은 무늬가 들어갈 때도 있다. 머리는 크고 두툼해서 편평한 등갑 안으로 넣을 수 없고, 머리 배면은 1장의 큰 비늘로 거

잠경아목(Cryptodira) 늑대거북과(Chelydridae)

큰머리거북속

(*Platysternon*)

1종으로 3종의 아종으로 분류된다. 등갑에 들어가지 않는 큰 머리, 편평한 등갑, 둘둘 휘감는 능력이 있는 긴 꼬리를 갖고 있다.

베트남큰머리거북 Vietnamese big-headed turtle

의 덮여 있으며 색채나 모양도 등갑과 흡사하다. 산간의 계곡 등 바위 사이를 흐르는, 비교적 얕고 수량이 적은 수역을 주요 서식지로 삼는다. 자연 속에서의 번식 생태는 정보가 부족하다. 식성은 육식성이지만, 가끔 과일 등도 먹을 때가 있다.

버마큰머리거북 Burmese big-headed turtle

아시아산 거북류에 대한 생각

이번 도감을 집필하면서 기억 난 일이 하나 있다. 때는 35년 전으로 거슬러 올라간다. 그건 검은늪거북(Siebenrockiella crassicollis)과 관련된 것으로, 내가 다카다 에이치 선생님과 함께 말레이시아에 갔을 때 선생님의 친구분이 말레이시아 중부에서 동물 관련 사업을 하고 있어 그곳에서 일주일 동안 머물렀다가 경험한 일이다. 일하는 와중, 건물 입구에 의자를 내놓고 앉아 있기만 해도 근처 주민들이 여러 파충류를 가지고 왔다(대부분 거북이었지만). 보고 있기만 해도 재밌었지만, 입구와 도로 사이에는 폭 32미터 정도 되는 용수로가 있었는데 물은 검게 변색되어 가끔 메탄가스 거품이 올라올 정도로 질이 나빴다. 그런데 그 용수를 막고 거기 안에 100마리가 어떻게 다 들어가겠나 싶을 정도로 거북이를 잔뜩 던져 넣는 것이었다. 이 거북이를 어떻게 할 거냐고 물어보니 거의 식용이란다. 지금 돌이켜보면 그 절반이 검은늪거북과 암보이나상자거북Amboina box turtle(Cuora amboinensis)이었다. 그 거북들은 출하 일주일 정도 전이 되면 주문량만큼 건져 물도 없는 우리 안에 넣고, 종종 물을 뿌려주기만 한다. 주문이 들어오면 애완용으로 수출도 되고, 마대자루에 넣고 또 나무상자에 담아 보내진다. 그러고 보니 일본에서 한 자루에 30~50마리 정도 거북이 들어 있었던 게 생각난다. 당시 암보이나상자거북은 그렇지 않았지만, 검은늪거북은 약한 거북이어서 좀처럼 좋은 상태로 회복시키기 힘든 거북 중 하나로 사육이 어렵다고 했다. 게다가 거북의 현지 운송은 덜컹거리는 트럭에, 도로 사정도 안 좋은 길을 거쳐 운반된다. 일본까지 도착하는 사이 스트레스만이 아니라 열악한 상태에서 살아 있는 것 자체가 신기할 정도다. 뱀도 심각한 상태일 때는 3중 탈피 부전이 일어날 때도 있고, 겨우겨우 살아 있을 때도 많았다. 그런 뱀을 물에 담가 탈피한 껍질을 정성껏 조금씩 제거하며 일하곤 했다.

당시를 생각하면, 분명 동남아시아 지방은 교통 사정도 안 좋고 비행기에 싣고 도착할 때까지 시일도 걸린다. 그 당시 사육이 어렵다고 했던 파충류들은 사실 키우기 어렵지 않았던 게 아닐까? 하는 생각도 든다. 지금은 취급은 둘째치고 교통 사정이 훨씬 좋아져서 도착 후의 상태도 매우 나아졌다. 그때 시절을 아는 필자로서는 현재 건강하게 도착하는 파충류를 만나면 매우 기쁘다.

검은늪거북 Black marsh turtle

잠경아목(Cryptodira) 자라과(Trionychidae)
뚜껑자라 아과(Cyclanorbinae)

뚜껑자라속(*Cyclanorbis*)

※ 다른 속명 : 북부뚜껑자라속

세네갈뚜껑자라(*C. senegalensis*)와 누비아뚜껑자라(*C. elegans*)의 2종이 있는데, 머리에서 목 부분까지 세로줄 무늬가 없고, 후골판 위에 있는 후경판은 발달하지 않거나 소형이다.

세네갈뚜껑자라 Senegal flapshell turtle

- **학 명 :** *Cyclanorbis senegalensis*
- **분 포 :** 세네갈에서 차드 남부, 남수단
- **등갑 길이 :** 35㎝ 전후

복갑의 전엽 부분이 가동하고 뚜껑을 여닫을 수 있다. 등갑은 달걀 모양으로, 전연부의 피부에는 작은 알맹이 같은 돌기가 여기저기 흩어져 있으나 전체적으로 매끄럽다. 등갑의 높이는 자라과 중에서는 약간 두께가 있다. 등갑 색채는 갈색 및 올리브색으로, 어두운색의 불규칙한 얼룩무늬가 들어가 있다. 머리는 주둥이가 약간 돌출되어 있고, 갈색인 머리 배면에는 노란색이나 옅은 녹색의 작은 반점이나 벌레 먹은 무늬가 있으며, 목 부분 배면에는 노란색 작은 반점이 다수 들어가 있다. 열대다우림의 완만한 흐름을 가진 하천이나 지류, 호수와 늪 등에 주로 서식하지만, 그 생태나 습성은 잘 알려져 있지 않다. 식성은 거의 육식성이다.

◆사육 포인트

수질을 안정시키도록 하며, 때가 끼기 쉬운 자잘한 모래보다 굵은 모래를 사용하는 게 좋다. 거북을 처음 들일 때는 수조 내부를 어둡게 하거나 부초 등을 넣어 진정시킨다.

잠경아목(Cryptodira) 자라과(Trionychidae)
뚜껑자라 아과(Cyclanorbinae)

줄무늬목뚜껑자라속
(*Cycloderma*)

※ 다른 속명 : 남부뚜껑자라속

잠베지뚜껑자라(*C. frenatum*)와 오브리뚜껑자라(*C. aubryi*)의 2종이 있다. 머리에서 목 부분에 가느다랗고 어두운 세로줄 무늬가 있고, 후골판 위에 있는 후경판은 약간 대형이다.

잠베지뚜껑자라 Zambezi flapshell turtle

- **학 명 :** *Cycloderma frenatum*
- **분 포 :** 아프리카 중서부(탄자니아 남부, 말라위에서부터 모잠비크)
- **등갑 길이 :** 최대 56㎝

등갑은 달걀형이지만, 오브리뚜껑자라보다 앞부분이 약간 돌출한 상태다. 등갑은 매끄러우면서 약간 솟아오른 형태이며, 색채는 갈색 및 녹회색 바탕에 부정형의 어두운색 띠 형태나 얼룩무늬가 들어가 있다. 머리는 편평하고, 주둥이는 다소 길며, 머리에서 목 부분까지 6개 정도의 줄무늬가 있다. 입아귀의 주름은 오브리뚜껑자라만큼 발달하지 않았다. 생태나 습성은 잘 알려져 있지 않으며, 열대의 낙엽광엽수림 내부를 완만하게 흐르는 하천이나 호수, 그 주변 땅 등, 경도가 높은 약알칼리성 수역에 서식한다. 1회 산란 수는 15~25개, 알은 흰색의 단단한 난각으로 되어 있고 거의 구형이다. 부화 일수는 8~11개월 정도. 식성은 거의 육식성이다.

◆사육 포인트
약알칼리성 수질을 좋아하고, 거북을 처음 들일 때는 수조 내부를 어둡게 하거나 부초 등을 넣어 진정시킨다.

오브리뚜껑자라 Aubry's flapshell turtle

- **학 명 :** *Cycloderma aubryi*
- **분 포 :** 아프리카 중남부(콩고민주공화국, 중앙아프리카공화국, 가봉)
- **등갑 길이 :** 30~55㎝

머리에서 목 부분까지 선명한 다섯 개의 선이 들어가 있고, 이것이 속 이름의 유래다. 등갑은 약간 긴 달걀 모양으로, 등갑 중앙에 희미한 용골이 들어가 있고 그 용골 부분은 검은색 선을 이룬다. 등갑의 색채는 암갈색이나 적갈색 바탕에, 어두운색 반점이 여러 개 들어가 있다. 머리는 약간 크고 편평하며, 위턱의 입아귀는 주름 형태로 발달했는데 주둥이는 길고 슈노르헬 형태를 취한다. 생태나 습성은 잘 알려져 있지 않으며, 열대우림에 있는 투명도가 적은 수역에 서식하는 것으로 보이고, 산성도가 높은 물을 좋아하는 것으로 알려져 있다. 식성은 거의 육식성이다.

◆사육 포인트
광엽수의 마른 잎 등을 넣어 수질을 안정시키고, 거북을 처음 들일 때는 수조 내부를 어둡게 하거나 부초 등을 넣어 진정시킨다.

잠경아목(Cryptodira) 자라과(Trionychidae)
뚜껑자라 아과(Cyclanorbinae)

상자자라속(*Lissemys*)

1속 2종으로 남아시아의 거의 전역에 서식한다. 복갑 전부가 가동하고, 거기에 복갑 후부에 한 쌍의 경첩을 갖고 있으며, 이를 가동해서 등갑과 뚜껑 형태처럼 닫을 수 있다.

남인도상자자라 Southern Indian flapshell turtle

남인도상자자라의 복갑

북인도상자자라
Northern Indian flapshell turtle

인도상자자라 Indian flapshell turtle

- **학 명 :** *Lissemys punctata*
- **아 종 :** 남인도상자자라(*L. p. punctata*), 북인도상자자라(*L. p. andersoni*)
- **분 포 :** 인도 남부, 스리랑카(남인도상자자라), 파키스탄 동부, 네팔 남부, 방글라데시, 인도 북부(북인도상자자라)
- **등갑 길이 :** 25~35㎝ (최대 37㎝)

2종의 아종이 발견됐다. 등갑은 거의 달걀 모양이고, 피하의 골갑판이 돔 형태로 솟아 올라가 있으며, 이를 뒤덮듯 피부가 씌워져서 갑연부에서는 바깥쪽으로 퍼진다. 등갑 색채는 단색의 올리브색이나 갈색이지만, 북인도상자자라는 회녹색 및 암회색 등갑에 부정형의 노란색 얼룩무늬가 머리나 등갑 배면에 여러 개 들어가 있다. 복갑 전엽에는 경첩이, 후부에는 지느러미 형태의 경첩을 갖고 있고, 이들을 가동하여 뚜껑을 여닫을 수 있다. 머리는 약간 작고 주둥이는 돌출되어 있으며, 머리 배면의 색채는 등갑과 같은 색이거나 약간 짙다. 저지대나 고지대에서, 물 밑바닥이 진흙질 혹은 모래로 된 완만한 흐름의 하천이나 못과 늪 등에 서식한다. 헤엄도 잘 치고, 밤에 주로 활동하는데 건기일 때 물이 완전히 마르면 진흙 안으로 들어가 여름잠을 자지만 물을 찾아 이동할 때도 있다. 산란은 거의 9~11월에 이루어진다. 1회 산란 수는 2~16회, 연간 2~3회의 산란 횟수를 갖는다. 부화 일수는 길고, 240~409일 정도다. 식성은 약간 육식 경향이 강한 잡식성이다.

◆사육 포인트
충분한 크기의 수조에서 사육하게 되는데, 일광욕도 좋아하므로 육지도 마련해 주어야 한다.

복갑

버마상자자라 Burmese flapshell turtle

- **학 명 :** *Lissemys scutata*
- **분 포 :** 미얀마, 타이 남서부
- **등갑 길이 :** 22~25㎝ (최대 28㎝)

인도상자자라와는 복갑골의 배치가 다르다. 등갑은 달걀 모양이고, 돔 형태로 솟아 있다. 등갑 색채는 올리브색이나 갈색으로 남인도상자자라와 비슷하지만, 복갑 색에 있어 이 종은 희고 남인도상자자라는 분홍빛이 어려 있는 것으로 구분할 수 있다. 이 종이 유체일 때 복갑에는 불분명한 어두운색 반점이 들어가 있지만, 성체가 되면 더욱 불분명해진다. 물 밑바닥이 진흙질이나 모래로 된 비교적 얕은 하천이나 못과 늪을 좋아하고, 헤엄을 잘 치며 매우 활발하게 활동하면서 육지에도 자주 올라온다. 식성은 약간 육식 경향이 강한 잡식성이다.

◆ 사육 포인트
인도상자자라와 비슷하나, 피난처도 마련해 준다.

잠경아목(Cryptodira) 자라과(Trionychidae)
자라 아과(Trionychinae)

인도차이나큰자라속 (*Amyda*)

1속 1종이다. 대형이고, 동남아시아에 널리 분포하는데 종 안에서 변이가 다양해서 여러 종을 포함할 가능성이 있다.

인도차이나큰자라 Asiatic softshell turtle

- **학 명 :** *Amyda cartilaginea*
- **분 포 :** 인도네시아반도, 말레이반도, 인도네시아, 보르네오섬
- **등갑 길이 :** 50~60㎝ (최대 83㎝를 넘음)

자라과에서는 대형종. 등갑은 달걀 모양이나 원형에 가까우며 편평하게 솟아 있고, 등갑에는 주름 형태의 돌기가 들어가 있다. 광역 분포로 인해 색채는 회색 느낌의 올리브색 및 녹갈색 바탕에 다수의 어두운색 반점이나 벌레 먹은 무늬가 들어가는 등, 지역 개체군에서 변이가 보인다. 등갑 후연부는 두껍고 매우 튼튼해서, 나이프로 찌르고 밧줄을 꿰어 매달아도 끊어지지 않는다. 머리 주둥이는 비교적 길다. 유체일 때는 등갑이나 머리, 네발 등에 노란색 작은 반점이 무수히 나 있는데, 성장과 함께 사라진다. 저지대부터 고지대까지 물 밑바닥이 진흙이나 모래로 되어 있고, 투명도가 낮은 완만한 흐름의 하천이나 호수, 늪과 못에 서식한다. 분포 지역이 넓고, 산란기는 지역에 따라 차이가 있지만 주로 12월이다. 1회 산란 수는 20~28개로, 연간 산란 횟수는 1회다. 알은 구형에 가깝다. 식성은 육식 경향이 강한 잡식성이다.

◆ 사육 포인트
유체일 때는 수질 관리에 신경을 쓰고, 일광욕을 충분히 할 수 있는 환경을 준비한다. 덩치가 커지므로 다루는 데 주의가 필요하며, 수조도 큰 것으로 마련할 필요가 있다.

잠경아목(Cryptodira)
자라과(Trionychidae)
자라 아과(Trionychinae)

좁은머리자라속
(*Chitra*)

인도좁은머리자라(*C. indica*), 아시아좁은머리자라(*C. chitra*), 버마좁은머리자라(*C. vandijki*)의 3종이 있다. 주둥이는 짧게 돌출해 있고, 목의 피부는 뒷머리부터 앞다리가 붙은 곳을 향해 폭넓게 퍼져 있으며, 배면도 등갑에 덮이는 것처럼 이어져 있다. 등갑과의 경계는 턱이 진 정도고, 목에는 머리에서부터 이어지는 긴 줄무늬가 있다.

태국좁은머리자라 Siamese narrow-headed softshell turtle

자바좁은머리자라 Javanese narrow-headed softshell turtle

아시아좁은머리자라

Asian narrow-headed softshell turtle

- **학 명 :** *Chitra chitra*
- **아 종 :** 태국좁은머리자라(*C. c. chitra*), 자바좁은머리자라(*C. c. javanensis*)
- **분 포 :** 타이, 말레이시아, 인도네시아
- **등갑 길이 :** 100~130㎝ (최대 140㎝)

2종의 아종이 있다. 매우 덩치가 커지는 자라다. 등갑은 약간 짧은 달걀 모양이고 편평하게 솟아 있다. 등갑 색채는 밝은 갈색 및 황갈색으로, 어두운색으로 테두리 지어진 줄무늬에 담황색 얼룩무늬가 있고, 후연부는 흰색으로 테두리가 둘려 있다. 머리는 작고 주둥이는 약간 짧다. 겉으로 보기에 목은 일반적으로 긴 목을 가진 자라로는 보이지 않고, 목 피부는 뒷머리에서 앞다리가 붙은 곳을 향해 폭넓게 퍼져 있으며, 배면도 등갑을 뒤덮듯 이어져서 등갑과의 경계는 턱이 좀 진 정도일 뿐, 줄무늬는 등갑 무늬로까지 이어진다. 상세한 생태나 습성은 알려지지 않았고, 물 밑바닥이 모래질이며 탁한 큰 하천에 서식하는데 수서 경향이 강해 산란기 이외에는 육지로 올라가지 않는다. 태국좁은머리자라의 산란은 2~4월, 1회 산란 수는 60~117개이며 연간 산란 횟수는 불명이다. 알의 난각은 딱딱하면서 약하며, 알은 구형으로 흰색이다. 부화 일수는 60일 전후로 알려져 있는데, 자바좁은머리자라의 부화 일수는 알 수 없다. 식성은 갑각류나 어류 등의 육식성으로 보인다.

인도좁은머리자라

Indian narrow-headed softshell turtle

- **학 명 :** *Chitra indica*
- **분 포 :** 파키스탄, 인도, 네팔, 방글라데시
- **등갑 길이 :** 90~100㎝

담수서 거북류 중 최대. 각 부위의 형태는 아시아좁은머리자라와 비슷하지만 등갑은 올리브색 및 회갈색, 녹갈색 등이고, 줄무늬는 가늘며, 복잡한 벌레 먹은 무늬는 성체여도 비교적 선명히 남아 있지만 노령 개체일 때는 다소 흐려진다. 이 종의 생태나 습성도 상세한 것은 알려지지 않았으나 큰 하천의 중류 수역이 주요 서식 장소다. 물 밑바닥이 모래로 되어 있고, 비교적 투명도가 있는 환경을 좋아하는 것으로 보이며, 산란기의 암컷만 육지로 올라간다. 인도 중부에서는 8~9월에 산란한다. 산란 수는 65~187개로, 연간 산란 횟수는 불명이다. 부화한 유체는 10월 후반에 나타난다. 모래 속에 숨어 시각에 의한 잠복형 포식 행위를 하는 것으로 보이고, 조개류나 갑각류, 어류, 사체 등을 먹는 육식성이다.

◆사육 포인트
물 밑바닥에는 자잘한 모래를 깔아두고, 고수온의 안정된 수질을 유지한다.

잠경아목(Cryptodira) 자라과(Trionychidae)
자라 아과(Trionychinae)

둥근자라속(*Pelochelys*)

뉴기니큰자라(*P. bibroni*), 칸토르둥근자라(*P. cantorii*), 알락둥근자라(*P. signifera*)의 3종이 있다. 매우 편평하고 바로 위에서 보면 거의 원형에 가까운 형태를 취한다.

뉴기니큰자라

Southern New Guinea giant softshell turtle

- **학 명 :** *Pelochelys bibroni*
- **별 명 :** 꽃둥근자라, 비브론둥근자라
- **분 포 :** 뉴기니섬 남부
- **등갑 길이 :** 90㎝ 전후 (최대 102㎝)

대형 둥근자라속 3종 중의 하나로, 체형이나 무늬는 좁은머리자라와 비슷하다. 등갑은 달걀 모양이지만, 전부는 다소 직선적이고 이 부분과 외연부를 중심으로 등갑 전체에 작은 사마귀 모양 돌기가 다수 있다. 등갑과 머리 모두 거의 동일하게 올리브색 및 갈색이다. 머리의 주둥이는 비교적 길고, 입아귀는 주름 형태로 퍼져 있다. 생태나 습성은 잘 알려지지 않았고, 큰 담수 하천이나 그 지류에 주로 서식하며 그 주변 호수와 못 등에서도 볼 수 있다. 수서 경향이 강하고, 번식기 이외에는 육지로 올라가지 않는다. 식성은 수서 동물을 폭넓게 잡아먹는 육식성. 뉴기니아섬 북부에는 같은 속의 알락둥근자라(*P. signifera*)가 서식한다.

◆사육 포인트
사육 환경에 익숙해질 때까지 갑작스러운 사고나 건강 상태의 급변에 주의한다.

칸토르둥근자라 Cantor's giant softshell turtle

- **학 명 :** *Pelochelys cantorii*
- **별 명 :** 개구리얼굴둥근자라
- **분 포 :** 중국 남부부터 말레이시아의 동남아시아, 필리핀, 인도네시아, 인도
- **등갑 길이 :** 110~120㎝ 전후(최대 129㎝)

둥근자라속 중 최대종. 등갑은 매우 편평하고, 매끄러워 돌기 같은 것은 전혀 눈에 띄지 않아 뉴기니큰자라와 구분된다. 등갑이나 머리 배면의 색은 올리브색 및 갈색 바탕에 얼룩무늬 등은 없고, 색의 옅고 진함만 다소 있을 뿐이다. 머리의 폭은 넓고 주둥이는 짧다. 입 아귀의 주름은 약간 퍼지는 정도다. 생태나 습성 등의 상세는 알려진 바가 없고, 크고 수심이 깊은 하천에 주로 서식하지만 기수역이나 해수역에서의 관찰 사례도 있다. 번식은 2~3월로, 1회에 20~28개의 알을 낳는다. 알은 흰색이고 단단한 난각을 가지며, 거의 구형이다. 분포 범위가 넓고, 형태의 변이가 커서 훗날 분할될 여지가 있다.

◆사육 포인트
유체를 사육할 때, 몸을 숨길 정도로 물 밑바닥에 자잘한 모래를 깔아준다.

잠경아목(Cryptodira) 자라과(Trionychidae)
자라 아과(Trionychinae)

버마공작자라속
(*Nilssonia*)

버마공작자라(*N. formosa*), 인도자라(*N. gangeticus*), 공작자라(*N. hurum*), 리스자라(*N. leithii*), 검은자라(*N. nigricans*)의 5종이 있고, 모두 유체일 때는 아름다운 무늬와 색채를 가진다.

버마공작자라

Burmese peacock soft-shell turtle

- **학 명 :** *Nilssonia formosa*
- **분 포 :** 미얀마
- **등갑 길이 :** 40~50㎝ (최대 65㎝)

미얀마의 고유종으로, 1속 1종의 대형종이다. 등갑은 달걀 모양이고 편평하게 솟아 있지만, 가운데가 약간 융기해 있다. 등갑 색채는 올리브색이 깃든 회색 및 갈색이고, 유체일 때는 선명한 눈 모양 무늬가 2~3쌍 있지만 성장과 함께 흐려진다. 머리는 약간 크고 주둥이는 길다. 머리 배면의 색채는 등갑과 거의 같고, 어두운색으로 테가 둘린 노란색 반점이 벌레 먹은 무늬처럼 들어가 있다. 생태나 습성은 잘 알려지지 않았고, 큰 하천 등에 서식한다. 식성은 수서 동물이나 양서류 등을 먹는 육식성이다.

◆사육 포인트
비교적 환경 변화에의 대응 능력이 뛰어난 것으로 알려져 있다.

잠경아목(Cryptodira) 자라과(Trionychidae)
자라 아과(Trionychinae)

납작자라속(*Dogania*)

1속 1종이다. 사마귀자라속과 비슷하지만, 크기는 소형이고 흉복경판은 후경판만큼 발달하지 않았다.

납작자라 Malayan softshell turtle

- **학 명 :** *Dogania subplana*
- **분 포 :** 미얀마 남부, 타이 남서부에서 말레이시아 반도, 보르네오섬, 필리핀, 싱가포르, 인도네시아
- **등갑 길이 :** 30~35㎝

1속 1종의 소형종. 등갑은 달걀 모양이고 편평하게 솟아 있으며, 색채는 검은색이나 올리브색, 암갈색이다. 등갑 중앙에는 검은색의 가느다란 줄무늬가 있고, 유체일 때는 눈 무늬 반점이 2~3쌍 들어가 있지만 성장하면서 사라진다. 머리는 크고 주둥이는 길며, 색채는 등갑과 같다. 주둥이부터 머리 중앙을 지나 목까지 걸친 줄무늬 말고도 주둥이 옆에서부터 눈 가운데를 지나는 선 등, 몇 개의 줄무늬가 들어가 있다. 유체일 때부터 젊은 개체까지는 머리 측면의 눈 뒤쪽에 부정형한 붉은색 반점이 들어가지만, 성체일 때는 사라진다. 구릉지나 산지 등의 투명하고 흐름이 완만한 작은 시내나 계곡 등에서, 유목이나 편평한 바위 밑, 바위 틈새에 들어갈 수 있는 환경을 좋아한다. 번식 생태는 불명이다. 식성은 육식 경향이 강한 잡식이다.

◆사육 포인트
구입 당시는 수질 변화에 영향을 받기 쉬우나, 일광욕도 자주 시키는 게 좋다.

잠경아목(Cryptodira) 자라과(Trionychidae)
자라 아과(Trionychinae)

사마귀자라속(*Palea*)

1속 1종이다. 다른 자라속보다 약간 대형이고, 목 부분에 있는 혹 형태의 돌기가 있는 게 특징이다. 납작자라속에 가장 가깝다고 하며, 흉복경판은 후경판만큼 발달해 있다.

사마귀자라 Wattle-necked softshell turtle

- **학 명 :** *Palea steindachneri*
- **별 명 :** 혹거북자라
- **분 포 :** 중국 남부부터 베트남 북부, 라오스 북동부
- **등갑 길이 :** 35~40㎝ (최대 44.5㎝)

1속 1종의 중형종. 등갑은 폭넓은 달걀 모양으로, 중앙에 희미한 용골이 있고, 사마귀 모양 돌기가 여기저기 돋아나 있다. 등갑 색채는 갈색이나 회갈색, 올리브 갈색이다. 머리의 주둥이는 길게 튀어나와 있고, 목이 붙은 부분에는 명칭의 유래가 되는 사마귀 모양 돌기가 다수 엉겨 붙어 있다. 유체는 머리의 눈 뒤편에서 목 부분 측면까지 쭉 뻗은 노란색 얼룩무늬나 등갑에 노란색으로 테가 둘린 중소형의 검은 얼룩이 여러 개 보이지만, 모두 성장하면서 사라진다. 해발고도 1,500m 정도의 고지대에 있는 하천 등에서, 물 밑바닥이 진흙질이거나 퇴적물이 쌓이는 장소에 서식한다. 하와이제도나 모리셔스제도에 이입 정착하여 번식하는 개체군은 저지대의 늪과 못, 수로, 저수지가 주로 서식 장소이며, 주년 활동이 관찰된다. 번식 성체는 불명인 점이 많지만, 중국 남부 개체군에서는 5~7월에 산란한다. 1회 산란 수는 2~28개, 연간 1~4회 산란을 하는 것으로 보인다. 알의 난각은 흰색에 단단하고, 거의 구형이다. 부화 일수는 70일 전후. 식성은 수중 동물 등을 먹는 육식성이 강한 잡식이다.

잠경아목(Cryptodira) 자라과(Trionychidae)
자라 아과(Trionychinae)

중국자라속(*Pelodiscus*)

중국자라속은 현재 외부 형태나 미토콘드리아 DNA 등으로 중국자라, 코난자라, 히메중국자라, 일본자라의 4종으로 분류하는 게 주류지만, 앞으로 연구에 따라 다시 분화될 가능성이 높다.

중국자라 Chinese softshell turtle

- **학 명 :** *Pelodiscus sinensis*
- **별 명 :** 자라, 극동자라
- **분 포 :** 러시아 남동부에서 중국, 한반도, 일본, 동남아시아 등
- **등갑 길이 :** 30~35㎝ 전후 (최대 30㎝)

일본에서 가장 널리 알려져 있고, 식용이나 약용으로도 사용되는 거북이다. 등갑은 달걀 모양이고 편평하게 솟아 있다. 등갑은 매끄럽고, 색채는 주로 회색 및 갈색, 올리브색이나 분포 지역이 넓고 색채나 무늬는 지역에 따라 매우 다양한 범위를 포함한다. 머리는 약간 크고, 주둥이는 길다. 머리 배면의 색은 등갑과 거의 같다. 물 밑바닥이 진흙질이나 모래질이면서 흐름이 완만한 하천이나 작은 시내, 늪과 못 등에 서식하고, 비교적 오염도가 높은 물에서도 보인다. 분포가 넓어 산란기 등은 지역에 따라 다르고, 1회 산란 수는 5~40개 정도이며 연간 산란 횟수는 2~3회이다. 알은 구형에 가까운 타원형이고, 부화 일수는 60~80일. 식성은 담수 동물을 폭넓게 잡아먹는 육식 경향이 강한 잡식성이다. 온대 지역이나 한랭지에서는 동면한다.

◆사육 포인트
유체는 겨울철에 보온하고, 수온을 올려(20°C 정도) 사육한다.

잠경아목(Cryptodira) 자라과(Trionychidae)
자라 아과(Trionychinae)

나일자라속(*Trionyx*)

1속 1종이다. 대형이고 분포 지역도 넓은 자라다.

나일자라 African softshell turtle

- **학 명 :** *Trionyx triunguis*
- **분 포 :** 아라비아반도, 아프리카 대륙 중부 및 북부, 튀르키예, 그리스 동부 등
- **등갑 길이 :** 40~60㎝ (최대 95㎝)

대형종이고, 아프리카 대륙에서는 최대 크기다. 등갑은 달걀 모양이고 편평하게 솟아 있다. 색채는 암갈색 및 올리브색이고, 여기에 어두운색으로 테가 둘린 밝은색 작은 반점이 다수 들어가 있는데 개체에 따라 없는 것도 있다. 머리는 약간 작고 주둥이는 길게 돌출해 있다. 머리의 색채는 거의 등갑과 같으며, 등갑과 마찬가지로 작은 반점 혹은 벌레 먹은 무늬가 나 있다. 완만한 흐름의 큰 하천이나 못, 호수에 주로 서식하는데 기수역이나 해수역에서도 관찰될 때가 있다. 산란은 봄에 이루어지며, 1회 산란 수는 약 25~60개. 알은 구형에 가까운 타원형으로, 부화 일수는 78일 전후다. 식성은 주로 수생 동물을 폭넓게 잡아먹는 육식성이 강한 잡식성이다.

잠경아목(Cryptodira) 자라과(Trionychidae)
자라 아과(Trionychinae)

미국자라속(*Apalone*)

플로리다자라(*A. ferox*), 미끈자라(*A. mutica*), 가시자라(*A. spinifera*)의 3종으로 분류되고, 유일하게 신대륙인 캐나다 남부부터 미국, 멕시코 북부에 분포한다.

플로리다자라 Florida softshell turtle

- **학 명 :** *Apalone ferox*
- **분 포 :** 미국 플로리다반도를 중심으로 하는 남동부
- **등갑 길이 :** 15~50㎝ 전후 (최대 60㎝)

미국의 고유종이자 대형종이다. 등갑은 약간 가늘고 긴 달걀 모양이며 아주 편평하게 솟아 있다. 전연부에는 혹 형태의 돌기가 빼곡하게 늘어서 있다. 등갑 색채는 갈색 및 옅은 황갈색 바탕이고 여기에 어두운 부정형 무늬가 있는데, 유체일 때는 등갑에 흑갈색 얼룩무늬가 들어가 있고 갑연부는 짙은 오렌지색이나 담황색으로 테가 둘려 있지만 성장하면서 흐릿해진다. 머리는 약간 크고 주둥이는 길게 돌출해 있으며, 유체일 때의 노란색 무늬나 선 부분은 나중에 희고 흐릿한 색으로 남게 된다. 수심이 있고, 수목이 무성하며, 물 밑바닥이 진흙질이나 모래질인 환경을 좋아하지만 여러 형태의 물터에 서식한다. 낮에는 얕은 물 속에 몸을 숨기고 머리만 내밀고 있을 때가 많다. 산란은 6~7월이 정점이고, 1회 산란 수는 4~22개. 1년에 여러 번 알을 낳는다. 알은 구형에 가까운 타원형으로, 난각은 단단하지만 약하다. 부화 일수는 60일 전후. 식성은 수생 동물을 주로 먹는, 육식 경향이 강한 잡식성이다.

◆ 사육 포인트
거북을 처음 들였을 때, 살아 있는 먹이를 주는 게 길들이기 쉽다. 유체는 저온에 약한 경향이 있다.

미드랜드미끈자라 Midland smooth softshell turtle

걸프해안미끈자라 Gulf Coast smooth softshell turtle

미끈자라 Smooth softshell turtle

- **학 명 :** *Apalone mutica*
- **아 종 :** 미드랜드미끈자라(*A. m. mutica*), 걸프해안미끈자라(*A. m. calvata*)
- **분 포 :** 미국 중부 및 남부
- **등갑 길이 :** 15~32㎝ 전후 (최대 35㎝)

미국자라속에서는 소형종이다. 등갑 형태는 가시자라와 비슷하지만, 등갑이 매끄럽고 돌기가 없는 것으로 구분할 수 있다. 등갑은 올리브색 및 황갈색이다. 외연부는 노란색으로 테가 둘려 있고, 그 안쪽으로 검고 가는 선 무늬가 한 바퀴 돈다. 머리는 약간 크고 주둥이는 길게 돌출해 있으며, 주둥이 옆에서 눈 사이로 가느다란 줄무늬가 있고(아종인 걸프해안미끈자라에는 줄무늬가 없음), 눈 뒤편에서 목 측면에도 줄무늬가 들어가 있다. 산란은 5~7월. 1회 산란 수는 4~33개로, 연간 산란 횟수는 1~3회이다. 알은 구형에 가까운 타원형이고, 단단하지만 약한 흰색의 난각을 갖고 있으며, 부화 일수는 70일 전후. 식성은 수생 동물 등을 잡아먹는 육식성이다.

◆사육 포인트
피부병에 걸리기 쉽고, 일광욕을 할 수 있는 육지를 설치한다.

옅은색가시자라 Pallid spiny softshell turtle로 추정되는 개체

동부가시자라 Eastern Spiny Softshell turtle

머리

가시자라 Spiny softshell turtle

- **학 명 :** *Apalone spinifera*
- **아 종 :** 동부가시자라(*A. s. spinifera*)
  걸프해안가시자라(*A. s. aspera*)
  텍사스가시자라(*A. s. emoryi*)
  과달루페가시자라(*A. s. guadalupensis*)
  서부가시자라(*A. s. hartwegi*)
  옅은색가시자라(*A. s. pallida*)
- **분 포 :** 미국 중앙에서 동쪽(플로리다반도, 북동부를 제외), 멕시코 북동부, 캐나다 남동부
- **등갑 길이 :** 18~46㎝ 전후 (최대 54㎝)

미국에서 가장 분포 범위가 넓은 미국자라속으로, 6종의 아종으로 분류된다. 등갑은 비교적 둥근 달걀 모양이다. 등갑은 편평하고, 사마귀 형태의 작은 돌기가 나 있어 표면이 까끌거린다. 전연부에는 이름의 유래가 된 가시 형태의 돌기가 늘어서 있다. 등갑 색채는 올리브색 및 담갈색인데, 여기에 무늬는 아종에 따라 크게 변이가 있다. 주로 흐름이 완만한 하천에 서식하지만 호수나 못 등에서도 볼 수 있고, 물 밑바닥이 진흙이나 모래로 되어 있으면서 수생 식물이 무성하고 숨을 곳이 많은 장소를 좋아한다. 산란은 5~8월. 1회 산란 수는 4~32개이며, 1년에 여러 번 산란한다. 알은 거의 구형에 가까운 흰색으로, 단단하지만 약한 난각을 갖는다. 부화는 8~10월이지만, 북부에서는 그대로 월동하여 이듬해 봄 땅 위로 나타난다. 식성은 수생 동물 등을 잡아먹는 육식성이다. 멕시코 일부에는 별종인 검은가시자라(*A. ater*)가 서식한다.

◆ 사육 포인트

비교적 다른 종보다 튼튼하고 사육하기 쉽지만, 대형으로 커지므로 큰 수조가 필요해진다.

잠경아목(Cryptodira)
돼지코거북과(Carettochelyidae)

돼지코거북속(*Carettochelys*)

1속 1종이 있고, 담수생의 거북 중에서 가장 수중 생활에 특수화된 거북이다.

돼지코거북 Pig-nosed turtle

- **학 명 :** *Carettochelys insculpta*
- **분 포 :** 뉴기니섬, 오스트레일리아 북부
- **등갑 길이 :** 40~50㎝ (최대 등갑 길이 56.3㎝)

오스트레일리아에 서식하는 유일한 잠경아목이며 1속 1종이다. 등갑과 복갑은 골격이 없고, 피부가 갑골판 위를 덮는다. 등갑은 약간 긴 타원형이고 돔 형태로 솟아 있으며, 유체일 때 볼 수 있는 등갑 중앙의 연속된 혹 형태 용골이나 등갑 외연부의 톱니형 돌기는 성장하면서 사라진다. 등갑 색채는 일괄적인 올리브색이나 회색이고, 외연부는 흰색이나 담황색으로 가늘게 테두리가 둘려 있다. 머리는 크고, 주둥이는 혹처럼 튀어나와 있으며, 색은 등갑과 같다. 앞다리는 노 형태를 취하며 제1, 2 발가락에는 발톱이 있다. 맑은 물에 흐름이 완만한 하천이나 호수, 습지 등에 주로 서식하며, 하구의 기수역에서 발견될 때도 있다. 번식은 오스트레일리아에서 보면 7~11월(건기 중)이다. 1회 산란 수는 4~39개이며, 여러 번 알을 낳는다. 알은 거의 구형이고 흰색의 단단하지만 약한 난각을 가진다. 부화 일수는 부화 온도가 30℃인 인공 부화일 때 70일 전후이다. 식성은 식물성 경향이 강한 잡식성으로, 수초나 조류, 과일 등을 주로 먹는다.

◆ 사육 포인트
외모와 어울리지 않게 성미가 거친 거북이어서, 합사는 어렵다. 또한 대형종이고, 헤엄을 치기 충분한 규모의 수조가 필요하다.

잠경아목(Cryptodira) 바다거북과(Cheloniidae)

푸른바다거북속(*Chelonia*)

푸른바다거북 1종으로 분류되고, 체지방이 녹색이라는 점에서 이름이 유래했다. 이 속에서 납작등푸른바다거북으로 분류된 종은 현재 납작등바다거북속(*Natator*) 납작등바다거북(*Natatordepressus*)으로 독립되어 있다(이 책에서는 다루지 않음).

푸른바다거북 Green sea turtle

검은바다거북 Black sea turtle

검은바다거북 Black sea turtle

푸른바다거북 Green sea turtle

- **학 명 :** *Chelonia mydas*
- **아 종 :** 푸른바다거북(*C. m. mydas*), 검은바다거북(*C. m. agassizii*)

연골과 내장 주위 지방의 색이 녹색인 것에서 이름이 유래했다. 등갑은 뒷부분 끝이 뾰족한 도롱이 형태이며, 매끄럽고 각 갑판은 서로 겹치지 않는다. 등갑의 색은 청록색이 감도는 회갈색 및 암갈색이고, 여기에 옅은 갈색으로 가지런하지 않은 형태의 방사형 무늬 등이 다수 들어간다. 머리는 작고, 그 색채는 등갑과 거의 같으며, 각 갑판의 접합부는 담황색으로 테가 둘려 있다. 위, 아래 턱의 가장자리 부분은 거친 줄눈 형태다. 주로 육지 연안부의 비교적 얕은 해역에 서식하지만 1,000km 이상이나 떨어진 사냥터와 산란장을 회유할 때도 있다. 일본에서는 5~8월에 산란한다. 1회 산란 수는 30~160개. 연간 산란 횟수는 2~4회이다. 알은 거의 구형으로 희고 탄력이 있는 가죽질의 튼튼한 난각을 갖는다. 부화 일수는 50~70일.

암컷은 거의 3년에 한 번 산란하는 것으로 알려져 있다. 식성은 해조류를 주식으로 하는 잡식이다. 아종인 검은바다거북은 동태평양(멕시코 동부 연안, 갈라파고스제도, 하와이제도 등)에 주로 분포하고, 형태나 생태 등은 푸른바다거북과 비슷하지만, 등갑 색채는 전체적으로 검고 푸른바다거북처럼 등갑의 각 갑판의 접합부는 담황색 테두리가 있지 않다. 최근에는 일본의 야에야마제도 등에서도 관찰 사례가 늘고 있다.

잠경아목(Cryptodira) 바다거북과(Cheloniidae)

붉은바다거북속(*Caretta*)

붉은바다거북 1종이 있다. 온대에서부터 아열대 지역까지 널리 분포한다.

붉은바다거북 Loggerhead sea turtle

- **학 명 :** *Caretta caretta*
- **분 포 :** 열대부터 온대 지역까지의 각 해역
- **등갑 길이 :** 69~103㎝ 전후

성장 과정에서 해류를 타고 장거리 이동을 하는 것으로 알려져 있다. 등갑은 도롱이 형태로, 뒷부분 끝이 푸른바다거북에 비해 약간 둥글다. 등갑은 매끄럽고, 각 갑판은 서로 겹치지 않는다. 유체일 때 추갑판이나 늑갑판에 도드라진 용골을 갖지만, 성장하면서 사라진다. 등갑 색채는 적갈색 및 황갈색이다. 머리는 크고, 위턱이 각질화한 이빨은 푸른바다거북보다 앞으로 튀어나와 있다. 온대의 해역에서도 많이 찾아볼 수 있으며, 때로는 기수역 등에서 관찰될 때도 있다. 일본 내에서는 산란지역의 앞바다에서 교미한다. 산란기는 5~8월이고, 1회 산란 수는 100~120개다. 연간 산란 횟수는 2~5회. 알은 거의 구형이며 희고 탄력이 있는 가죽질의 튼튼한 난각을 갖고 있다. 부화 일수는 50~75일. 암컷은 1~4년 단위로 산란한다. 식성은 갑각류나 조개류, 연체동물 등을 주로 먹는 잡식성이다.

머리

등갑

유체

잠경아목(Cryptodira) 바다거북과(Cheloniidae)

각시바다거북속(*Lepidochelys*)

2종으로 분류된다. 연안성이 강하며, 집단 산란(아리바다)을 한다.

각시바다거북 Ridley sea turtle

- **학 명 :** *Lepidochelys olivacea*
- **별 명 :** 태평양각시바다거북, 올리브각시바다거북
- **분 포 :** 남아메리카 북부, 서아프리카, 인도양, 오스트레일리아, 동남아시아 등 연안부
- **등갑 길이 :** 65~72㎝ 전후

바다거북류 중에서는 소형종이다. 등갑은 약간 짧은 도롱이 모양으로 뒷부분 끝이 둥글고, 두툼하다. 가장자리 부분은 살짝 젖혀져, 아연갑판에는 작은 구멍(페로몬 샘)이 있다. 유체일 때는 등갑 중앙과 그 양쪽 옆으로 용골이 도드라지게 있지만, 성장하면서 흐려지고 성체일 때는 중앙의 용골이 약하게 남아 있는 정도다. 등갑의 색채는 올리브색이다. 머리는 폭이 넓고 약간 크며, 등갑의 색은 암갈색 및 회갈색이지만, 머리 옆쪽은 담황색이다. 서식 해역은 넓으나 일부에서 사냥터와 산란지 사이를 무리 지어 회유하는 행동이 관찰됐을 뿐, 그 생태는 불명이다. 산란지는 주로 중앙아메리카의 멕시코부터 코스타리카 태평양 쪽, 북동인도, 수리남 등이다. 산란은 낮에 2, 3일의 집단 산란(아리바다 arribada라고 불림)을 하고, 연간 산란 횟수는 2~7회, 연간 산란 개수는 약 110개다. 식성은 해저의 갑각류나 연체동물 등을 잡아먹는 육식 경향이 강하다.

켐프각시바다거북 Kemp's ridley sea turtle

- **학 명 :** *Lepidochelys kempii*
- **분 포 :** 북대서양 서부 멕시코, 미국 연안
- **등갑 길이 :** 55~75㎝

각시바다거북과 비슷하다. 등갑은 편평하고 둥그스름하며, 늑갑판이 5장이고 추갑판이 5장으로 각시바다거북보다 적고, 연갑판은 13장일 때가 많다. 등갑의 색은 밝은 황갈색이다. 번식 생태는 잘 알려져 있지 않지만 4~6월의 바람이 강한 낮에 멕시코의 란초 누에보에서 집단 산란(아리바다)을 하며, 1회에 80~140개의 알을 낳는다. 부화 일수는 60일 전후. 식성은 갑각류를 주로 먹는다.

잠경아목(Cryptodira) 바다거북과(Cheloniidae)

매부리바다거북속(*Eretmochelys*)

매부리바다거북 1종으로 분류된다. 산호초가 발달한 해양에 서식하고, 먼 바다로 나가는 일은 드물다.

매부리바다거북 Hawksbill turtle

- **학 명 :** *Eretmochelys imbricata*
- **분 포 :** 주로 열대 해역의 연안부
- **등갑 길이 :** 70~90㎝

1속 1종으로 분류된다. 독특한 부리를 가진다. 등갑은 매끄럽고, 각 갑판은 지붕 기와처럼 겹쳐져 있으며, 색채는 노란색 바탕에 흑갈색이나 적갈색이 복잡하게 얽혀 방사형 무늬나 대리석 무늬를 구성하는데 개체에 따라 변이가 심하다. 후부 연갑판의 가장자리는 톱니 형태를 이루고 있다. 유체일 때는 3개의 용골이 있지만, 성장하면서 사라진다. 머리는 가늘고 길며 위, 아래턱 모두 부리처럼 앞으로 튀어나와 있다. 산란 장소는 주로 산호초 해역의 모래사장이며, 산란은 6~8월이다. 1회 산란 수는 100~150개, 연간 산란 횟수는 여러 번이며, 알은 구형에 가까운 타원형이다. 부화 일수는 50~80일, 암컷은 2~3년 단위로 산란한다. 식성은 해면류를 주로 먹으며, 갑각류나 연체동물 등을 먹는 육식성이다. 붉은바다거북의 교잡 개체가 확인된 상태다(2013년 기준).

등갑

머리

유체

잠경아목(Cryptodira)
장수거북과(Dermochelyidae)

장수거북속(*Dermochelys*)

장수거북 1종이 있다. 현재 거북목 최대종이다. 헤엄을 잘 치고, 장거리를 회유한다.

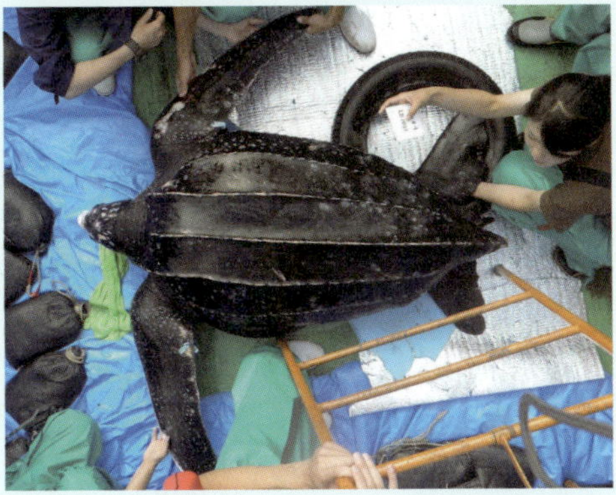

사진 ⊙ 다쿠마 슌이치

장수거북 Leatherback sea turtle

- **학 명 :** *Dermochelys coriacea*
- **분 포 :** 인도~태평양과 대서양의 열대 해역에서부터 온대 해역
- **등갑 길이 :** 최대 등갑 길이 185㎝

등갑은 가늘고 길며, 뒷부분 끝이 돌출되어 있다. 등갑에는 7개, 복갑에는 5개의 뚜렷한 용골이 앞뒤로 나 있다. 등갑과 복갑은 비늘판이 아니라 매끄러운 피부로 덮여 있고, 다수의 작은 모자이크 형태의 뼛조각이 피부에 박혀 있는데, 부화한 유체는 별 모양의 비늘판으로 덮여 있다. 네발은 폭이 넓은 지느러미 형태로 변화한 피부로 덮여 있다. 아북극해에서도 가끔 볼 수 있는데, 주변 해수 온도보다 몇도 더 높은 체온을 유지할 수 있다. 번식 생태는 잘 알려진 바가 없지만, 알은 구형이고 열대 해안에 10일 정도 간격으로 50~170개 정도의 알을 산란한다. 부화 일수는 60일 전후. 먹이로는 해파리, 갑각류, 조개류 등의 육식성으로 보인다.

이탈리아연못거북 Italian pond turtle

이탈리아연못거북의 유체

사르디니아연못거북 Sardinian pond turtle

유럽연못거북 European pond turtle

- **학 명 :** *Emys orbicularis*
- **아 종 :** 유럽연못거북(*E. o. orbicularis*)
  콜키스연못거북(*E. o. colchica*)
  아이셀트(에이셀)연못거북(*E. o. eiselti*)
  이탈리아연못거북(*E. o. galloitalica*)
  코르시카연못거북(*E. o. lanzai*)
  사르디니아연못거북(*E. o. capolongoi*)
  리구리아연못거북(*E. o. ingauna*)
  북아프리카연못거북(*E. o. occidentalis*)
  스페인연못거북(*E. o. hispanica*)
  옵스트연못거북(*E. o. fritzjuergenobsti*)
  아드리아연못거북(서튀르키예연못거북)(*E. o. hellenica*)
  쿠라벨리연못거북(*E. o. iberica*)
  페르시아연못거북(*E. o. persica*)
  중앙튀르키예연못거북(*E. o. luteofusca*)
- **분 포 :** 중위도 습윤기후대(아한대 이남)에서부터 중위도 반건조 기후대(열대 이북)까지의 유럽을 중심으로 한 흑해, 카스피해 연안부, 러시아 남부부터 아랄해 연안부의 카자흐스탄
- **등갑 길이 :** 13~23㎝

잠경목(Cryptodira) 늪거북과(Emydidae)
늪거북 아과(Emydinae)

유럽연못거북속(*Emys*)

유럽연못거북(*E. orbicularis*), 시칠리아연못거북(*E. trinacris*)의 2종으로 분류된다. 복갑의 흉갑판과 복갑판 사이에 경첩이 있지만, 접판에서 뒷부분은 어느 정도 가동은 하나 등갑과 접할 정도는 아니고, 접판에서 앞부분은 더욱 가동성이 낮다.

유럽연못거북

사르디니아연못거북의 유체

아드리아연못거북 Western Turkey pond turtle

분포 범위가 넓고, 현재 14종 정도의 아종이 발견되었지만, 앞으로 변경의 여지가 있다. 등갑은 달걀 모양이고, 약간 높은 돔 형으로 솟아 있다. 등갑의 색은 어두운 색이고, 각 갑판에는 노란색이나 밝은 갈색의 줄무늬 또는 작은 반점이 방사형 모양으로 나 있는 게 일반적이지만, 다수의 작은 반점으로 뒤덮여 있거나 아무 무늬가 없는 아종도 있다. 머리는 약간 가늘고 길며, 머리나 네발에는 등갑과 똑같이 불규칙한 작은 반점이 비교적 밀집하게 들어가 있다. 중위도의 습윤기후 지역(아한대 이남)부터 중위도 반건조기후 지역(열대 이북)까지 주로 유럽을 중심으로, 흐름이 완만한 작은 하천이나 늪과 못, 호수 등 물가가 풀로 덮여 있고, 물 밑바닥이 진흙이거나 물가 모래밭 등에 많이 서식한다. 산란기는 서식지에 따라 다르지만 주로 5~6월에 이루어지고, 1회의 산란 수는 3~16개다. 연간 산란 횟수는 1~2회. 알은 긴 타원형이고, 부화 일수는 60~70일인데, 한랭지에서는 이듬해 봄에 지상으로 알을 깨고 나온다. 식성은 약간 육식 경향이 있는 강한 잡식성이다.

◆ 사육 포인트
환경 적응을 잘하고, 저온에도 강하다.

잠경목(Cryptodira) 늪거북과(Emydidae)
늪거북 아과(Emydinae)

블랜딩거북속(*Actinemys*)

1종이 있다. 유럽연못거북속보다 복갑의 가동성이 높지만, 그 가동성 범위는 개체에 따라 상당한 차이가 있다. 또한 약간 긴 목을 가진다.

블랜딩늪거북 Blanding's turtle

- **학 명 :** *Emydoidea blandingii*
- **분 포 :** 캐나다 남동부, 미국 북동부
- **등갑 길이 :** 13~26㎝ (최대 28.4㎝)

아메리카대륙에서는 가장 북방에 서식하는 종 가운데 하나다. 등갑은 타원형이고 돔 형으로 솟아 있으며, 각 갑판은 매끄럽다. 등갑 색채는 검은색 바탕에, 노란색이나 크림색의 작은 반점이나 방사형 무늬, 벌레 먹은 무늬 등으로 덮여 있다. 복갑의 전부에 약한 접판을 가지고 이를 가동할 수 있다. 편평한 머리나 긴 목은 닭거북(*Deirochelys reticularia*)과 비슷하다. 머리 배면의 색은 검은색 바탕에 노란색이나 크림색 작은 반점이나 벌레 먹은 무늬로 덮여 있다. 한랭지의 기후에 적응해 있고, 더위에 약하다. 수심이 얕고, 물의 투명도가 높으며 수생 식물이 무성하게 자라는 수역의 작은 하천이나 늪과 못, 습지 등에 서식한다. 산란은 5월 하순부터 7월 하순 정도에 이루어지고, 1회 산란 수는 통상적으로 10~15개다. 연간 산란 횟수는 1~2회로, 알은 긴 타원형으로 단단하지만 약한 난각을 가진다. 부화 일수는 73~112일이지만, 기온에 의해 이듬해 봄에 지상으로 알을 깨고 나올 때도 있다. 식성은 다양한 수생 동물을 주로 먹는 육식 경향이 강한 잡식성이다.

◆사육 포인트
유체는 고온에 약해서, 높아도 28°C 정도로 유지하고, 급격한 온도 변화에도 주의한다.

잠경목(Cryptodira) 늪거북과(Emydidae)
늪거북 아과(Emydinae)

태평양연못거북속(Actinemys)

1종이 있다. 유럽연못거북속이나 블랜딩거북속에 근연하지만, 복갑에 뚜렷한 경첩은 갖고 있지 않다.

북서연못거북 Northwestern pond turtle

태평양연못거북 Pacific pond turtle

- **학 명 :** *Actinemys marmorata*
- **아 종 :** 북서연못거북(*A. m. marmorata*), 남서연못거북(*A. m. pallida*)
- **분 포 :** 미국 서부부터 멕시코(바하캘리포니아반도 북서부) 북서부
- **등갑 길이 :** 12~18㎝ (최대 24.1㎝)

유럽연못거북속이나 블랜딩거북속 근연하며 2종의 아종으로 분류되지만, 앞으로 더욱 세분화될 가능성이 있다. 등갑은 폭넓은 타원형이고, 비교적 편평하게 솟아 있다. 등갑 색채는 갈색 및 올리브색 등으로, 각 갑판에는 일반적으로 황갈색이나 노란색 벌레 먹은 무늬나 작은 반점이 들어가 있고, 어두운색 반점이 나 있을 때도 있다. 머리는 중형이고, 머리 배면에는 어두운색으로 벌레 먹은 무늬나 작은 반점이 이곳저곳 나 있을 때가 많다. 서식지는 비교적 온난한 기후대가 많고, 하구에서부터 고지대(해발고도 1,800m)까지의 하천 지역을 중심으로 그 주변의 늪과 못 등에도 서식하며, 수생 식물이 많은 환경을 좋아한다. 산란기는 5~7월이 정점을 이루고, 1회의 산란 수는 통상 1~13개다. 연간 산란 횟수는 1~2회로, 알은 긴 타원형이다. 부화 일수는 90~126일이다. 식성은 다양한 먹이를 먹는 잡식성이다.

◆사육 포인트
암컷과 수컷의 합사는 피하는 게 좋다.

잠경목(Cryptodira) 늪거북과(Emydidae)
늪거북 아과(Emydinae)

노란점박이거북속(*Clemmys*)

1종으로 분류되는데, 분류에는 아직 부정확한 요소가 남아 있다.

노란점박이거북 Spotted turtle

- **학 명 :** *Clemmys guttata*
- **분 포 :** 캐나다 남동부(휴론 호수 동부) 등 미국 동부
- **등갑 길이 :** 8~12㎝ (최대 14.3㎝)

늪거북과의 소형종으로, 1속 1종이다. 등갑은 타원형이고 약간 솟아오른 모양새이며, 등갑에는 용골도 없이 매끄럽다. 등갑 색채는 검은색 및 칠흑색 바탕에, 노란색 반점(이름의 유래)이 이곳저곳 흩어져 있는데 성장하면서 노란색 반점 수가 늘어난다. 머리는 중형이고, 머리 배면은 등갑과 거의 같은 색이면서 노란색 반점이 곳곳에 나 있다. 주로 저지대에서 얕은 수역이나 습지 물웅덩이 등에서 좋은 수질과 수생 식물이 풍부하게 사는 장소를 좋아한다. 한랭지에서는 겨울잠을 자고, 고온이나 건조지에서는 여름잠을 잔다. 산란기는 서식지에 따라 다르지만, 주로 5~7월에 산란한다. 1회의 산란 수는 2~6개로, 연간 산란 횟수는 1~2회다. 알은 긴 타원형이고 탄력이 있는 가죽질의 난각을 가진다. 부화 일수는 50~90일. 한랭지에서는 이듬해 봄에 알을 깨고 나온다. 식성은 다양한 먹이를 먹는 잡식성이다.

◆사육 포인트
꼼꼼한 사육 관리가 필요하다.

잠경목(Cryptodira) 늪거북과(Emydidae)
늪거북 아과(Emydinae)

나무거북속(*Glypyemys*)

나무거북(*G. insculpta*), 뮐렌베르크늪거북(*G. muhlenbergii*)의 2종으로 분류된다.

나무거북 Wood turtle

- **학 명 :** *Glypyemys insculpta*
- **분 포 :** 캐나다 남동부, 미국 북동부
- **등갑 길이 :** 15~20㎝ (최대 23.4㎝)

등갑은 폭이 넓은 타원형이지만 높이는 비교적 낮고, 중앙에는 낮은 용골이 있다. 등갑은 회갈색 및 암갈색으로, 각 갑판에는 생장테와 초생갑판에서 나온 방사형 이랑이 뚜렷해서 표면이 우둘투둘하다. 연갑판의 외연부는 위쪽으로 살짝 뒤집혀 있고, 후부 연갑판은 톱니형이다. 머리는 약간 대형이며 머리 배면은 주로 검은색이고, 목 부분 측면이나 네발이 붙은 부분은 노란색 및 황갈색, 짙은 오렌지색이지만 개체차나 성별 차이 등으로 변이가 크다. 주로 비교적 습도가 높은 삼림 지표면 등의 습지에 즐겨 서식하며, 유체는 수생 경향이 강하고 아성체 이후는 육서 경향이 강해진다. 산란은 5~7월로, 1회의 산란 수는 통상적으로 7~10개다. 연간 산란 횟수는 통상적으로 1회다. 알은 긴 타원형이고 단단하지만 얇은 난각을 가진다. 부화 일수는 42~82일로, 부화한 유체의 대부분은 이듬해 봄에 지상으로 나온다. 식성은 여러 동식물을 먹는 잡식성으로, 사체도 먹는다.

◆사육 포인트
저온에 강하지만, 가능한 넓은 공간에 여러 환경을 준비한다.

잠경목(Cryptodira) 늪거북과(Emydidae)
늪거북 아과(Emydinae)

미국상자거북속
(*Terrapene*)

상자거북(*T. calorina*), 서부상자거북(*T. ornata*), 점박상자거북(*T. nelsoni*), 코아우일란상자거북(*T. coahuila*)의 4종으로 구성되어 있다. 복갑에는 경첩이 있고, 전엽과 후엽의 가동성이 좋으며, 등갑과 거의 완전히 뚜껑을 여닫을 수 있다.

상자거북 Common box turtle

- **학 명 :** *Terrapene calorina*
- **아 종 :** 아메리카상자거북(*T. c. calorina*)
  걸프해안상자거북(*T. c. major*)
  세발가락상자거북(*T. c. triunguis*)
  플로리다상자거북(*T. c. bauri*)
  유카탄상자거북(*T. c. yucatan*)
  멕시코상자거북(*T. c. mexicana*)
- **분 포 :** 미국 중부 · 동부 · 남부, 멕시코 동부, 유카탄반도
- **등갑 길이 :** 10~20㎝ (최대 21.6㎝)

6종의 아종으로 분류된다. 걸프해안상자거북만 22㎝의 크기에 가까워지며, 다른 아종은 20㎝를 넘지 못한다. 등갑은 달걀 모양이고 높은 돔 형으로 솟아 있다. 복갑은 전엽과 후엽이 경첩으로 이어져 가동하고, 등갑과 뚜껑을 여닫을 수 있다. 머리는 대형이다. 등갑 색채는 개체나 아종에 따라 변이한다. 세발가락상자거북, 플로리

아메리카상자거북 Eastern box turtle

아메리카상자거북 수컷

아메리카상자거북의 복갑(왼쪽이 수컷, 오른쪽이 암컷)

다상자거북, 멕시코상자거북의 뒷다리 발가락에는 발톱이 3개, 그 이외의 아종은 4개의 발톱이 기본이다. 약간 습도가 높은 삼림 지표면이나 초지의 확 트인 환경에 주로 서식하고, 육서 생활을 하지만 고온일 때는 얕은 물에도 들어간다. 산란은 5~7월이고, 1회 산란 수는 통상 4~5개다. 연간 산란 횟수는 2~3회다. 알은 긴 타원형이고 약간 딱딱한 난각을 갖는다. 부화 일수는 79~80일. 식성은 폭넓은 잡식성으로, 사체도 먹는다.

◆사육 포인트

단일한 먹이만 먹지 않고, 가능한 다양한 먹이를 주도록 한다.

플로리다상자거북 Florida box turtle

세발가락상자거북
Three-toed box turtle

유카탄상자거북 Yucatán box turtle

멕시코상자거북 Mexican box turtle

오네이트상자거북 Ornate box turtle

사막상자거북 Desert box turtle

서부상자거북

- **학 명 :** *Terrapene ornata*
- **아 종 :** 오네이트상자거북(*T. o. ornata*)
  사막상자거북(*T. o. luteola*)
- **분 포 :** 미국 중부 및 남부, 멕시코 북부
- **등갑 길이 :** 10~13㎝ (최대 14㎝)

2종의 아종으로 분류되는 소형종이다. 등갑은 달걀 모양이고, 돔 형으로 솟아 올라가 있다. 오네이트상자거북은 검은색 바탕에 굵은 담황색이나 노란색 선이 방사형으로 몇 개 들어가 있고, 사막상자거북은 담갈색이나 갈색 바탕에 가느다란 노란색 선이 방사형으로 다수 나 있는 것으로 구별할 수 있다. 후자의 노란색 줄무늬는 노령 개체일 때는 사라질 때도 있다. 복갑에는 경첩이 있고, 전엽과 후엽은 가동하여 등갑과 뚜껑을 여닫을 수 있다. 머리는 크다. 저지대부터 해발고도 2,000m의 고지대의 건조한 초원이나 사막 주변 등에 서식하고, 북부의 개체군은 겨울철에 겨울잠을 잔다. 산란은 5~7월로, 1회 산란 수는 1~8개. 연간 산란 횟수는 1~2회. 알은 긴 타원형으로, 부화 일수는 70~80일. 식성은 무척추동물이나 파충류, 양서류 등을 먹는 강한 육식 경향을 보이는 잡식성이다.

◆ 사육 포인트
약간 건조한 환경을 좋아한다.

닭거북 Chicken turtle

- **학 명 :** *Deirochelys reticularia*
- **아 종 :** 동부닭거북(*D. r. reticularia*)
  플로리다닭거북(*D. r. chrysea*)
  서부닭거북(*D. r. miaria*)
- **분 포 :** 미국 남동부에서부터 남부
- **등갑 길이 :** 11~20㎝ (최대 25㎝)

닭거북 아과 중에서는 소형에서 중형에 해당하는 종. 등갑은 달걀 모양이고, 편평하거나 혹은 약간 솟은 돔 형을 하고 있다. 유체일 때 생긴 가운데의 용골은 성장하면서 사라진다. 색채는 담갈색 및 올리브색으로, 여기에 담황색의 그물 무늬가 들어가는데, 아종에 따라 색채나 형상이 다르다. 등갑 외연부는 노란색에 가까운 색으로 테두리가 질 때가 많다. 저지대에 살며, 호수나 늪과 못 등

잠경목(Cryptodira) 늪거북과(Emydidae)
닭거북 아과(Deirochelyinae)

닭거북속(*Deirochelys*)

1종으로 분류된다. 매우 긴 목을 가지고 있으며 그 길이는 복갑 길이와 거의 비슷하다.

동부닭거북 Eastern chicken turtle

플로리다닭거북 Florida chicken turtle

서부닭거북 Western chicken turtle

의 물이 잘 괴고 수생 식물이 무성하며 일광욕을 할 수 있는 장소가 많은 환경을 좋아한다. 산란은 초봄과 초겨울이 정점이며, 1회 산란 수는 2~19회이고 연간 산란 횟수는 2~4회다. 알은 긴 타원형이며 흰색의 탄력이 있는 가죽질 난각을 갖는다. 부화 일수는 22℃ 이하에서 발생하지 않고, 그해 기온에 크게 좌우된다. 식성은 다양한 생물을 먹는 육식 경향이 강한 잡식성이다.

◆사육 포인트
넓찍한 수조에 충분한 깊이를 확보하고, 일광욕을 할 수 있는 육지를 준비한다.

잠경목(Cryptodira) 늪거북과(Emydidae)
닭거북 아과(Deirochelyinae)

페인티드거북속 (*Chrysemys*)

1종이고, 4종의 아종으로 분류된다. 캐나다 남부에서부터 미국 내에 널리 분포하며, 갑의 일부나 머리에는 화려한 얼룩무늬가 있다.

웨스턴페인티드거북 Western painted turtle

사우던페인티드거북 Southern painted turtle

미드랜드페인티드거북 Midland painted turtle

페인티드거북 Painted turtle

- **학 명 :** *Chrysemys picta*
- **아 종 :** 이스턴페인티드거북(*C. p. picta*)
  웨스턴페인티드거북(*C. p. bellii*)
  사우던페인티드거북(*C. p. dorsalis*)
  미드랜드페인티드거북(*C. p. marginata*)
- **분 포 :** 미국 북부 · 중앙부 · 동부 · 중남부, 캐나다 남부
- **등갑 길이 :** 11~20㎝ (최대 25㎝)

4종의 아종이 있으며, 북미 대륙의 거북 중에서는 가장 널리 분포한다. 등갑은 약간 가늘고 긴 타원형이고 편

이스턴 페인티드 거북 Eastern painted turtle

평하게 솟아 있다. 유체는 중앙에 용골이 있지만 성장하면서 사라진다. 등갑 색채는 검은색 및 짙은 암녹색, 올리브색이며, 각 갑판의 접합부는 폭이 일정치 않고 어두운 오렌지색 및 어두운 담황색 띠로 테가 둘려 있다. 아종에 따라 각 갑판 안에는 붉은 기가 도는 줄무늬나 부정형한 선, 얼룩무늬가 있는 등 변이가 다양하다. 머리는 중형이고, 아종에 따라 다르지만 머리 측면의 눈 뒤쪽이나 뒤쪽 아래, 아래턱 면 등에 약간 굵은 노란색 혹은 담황색 줄무늬가 있다. 수생 식물이 무성히 자라는 얕은 물이나 일광욕을 할 수 있는 장소가 있는 완만한 흐름의 작은 하천, 수로, 고여 있는 늪과 못, 습지 등을 좋아한다. 산란은 6~7월이 정점을 이루며, 1회 산란 수는 2~23개(아종에 따라 다름)다. 연간 산란 횟수는 2~4회, 알은 긴 타원형이다. 부화 일수는 72~80일이지만, 북부의 개체군은 이듬해 봄에 알을 깨고 지상에 나온다. 주행성이고 육식 경향이 강한 잡식성이다.

◆사육 포인트
온화한 성격이고, 다른 종과 합사는 건 피하는 게 좋다. 약간 깊은 수심을 두고, 일광욕을 할 수 있는 육지를 설치한다.

잠경목(Cryptodira) 늪거북과(Emydidae)
닭거북 아과(Deirochelyinae)

쿠터속(*Pseudemys*)

쿠터류라고 불리는 리버 쿠터(*P. concinna*), 리오 그란데 쿠터(*P. gorzugi*), 페닌슐라 쿠터(*P. peninsularis*), 텍사스 리버 쿠터(*P. texana*)의 4종과 레드벨리 쿠퍼라고 불리는 앨라배마 레드벨

플로리다 레드벨리 쿠터 Florida red-bellied cooter

모빌 베이 쿠터 Mobile Bay cooter

리 쿠터(*P. alabamensis*), 플로리다 레드벨리 쿠터(*P. nelsoni*), 북부레드벨리쿠터(*P. rubriventris*)의 3종으로 분류되는데 앞으로 재편성될 가능성이 있다.

이스턴 리버 쿠터(캐롤라이나 쿠터) Eastern river cooter

히에로글리픽 리버 쿠터 Hieroglyphic River cooter

리버 쿠터 River cooter

- **학 명 :** *Pseudemys concinna*
- **아 종 :** 이스턴 리버 쿠터(캐롤라이나 쿠터)(*P. c. concinna*),
  플로리다 쿠터(*P. c. floridana*),
  스와니 쿠터(*P. c. suwanniensis*)
- **분 포 :** 미국 동남부, 플로리다반도
- **등갑 길이 :** 15~41㎝ (최대 43.7㎝)

미국 고유종이며 쿠터속 중에서 최대종이다. 등갑은 약간 긴 달걀 모양이고, 완만하게 솟아오른 돔 형이다. 유체는 가운데에 용골이 있지만, 성장하면서 불분명해지거나 사라진다. 색채는 짙은 녹색이나 올리브색 바탕에, 어두운 노란색이나 어두운 오렌지색의 부정형한 원, U자, 파도 무늬 등이 복잡하게 들어가 있고 아종이나 개체, 지역에 따라 변이가 다양하다. 머리는 중형이고, 암갈색 및 갈색, 올리브색 바탕에, 머리 전체로 불규칙한 폭의 담황색이나 노란색 줄무늬 여러 줄이 목 부분까지 이른다. 저지대에 사는 성향으로, 물 밑바닥에 돌이 깔렸고 수생 식물이나 쓰러진 나무, 암석이 많은 하천 혹은 그 주변에 주로 서식하며 일광욕을 좋아한다. 산란은 아종이나 서식지에 따라 다르지만 5~10월이다. 1회의 산란 수는 9~29개고, 연간 산란 횟수는 알 수 없지만 여러 회인 것으로 보인다. 알은 타원형이고 탄력이 있는 가죽질이다. 부화 일수는 80~100일. 식성은 초식 경향이 매우 강한 잡식이다.

◆ 사육 포인트

성장하면서 초식 경향이 강해지므로 채소류나 수초류 먹이를 많이 주고, 일광욕을 하기 좋은 사육 환경을 준비한다.

페닌슐라 쿠터 Peninsula cooter

- **학 명 :** *Pseudemys peninsularis*
- **분 포 :** 미국 플로리다반도
- **등갑 길이 :** 19~40㎝ (최대 40.3㎝)

미국 플로리다반도의 고유종으로, 리버 쿠터의 뒤를 잇는 대형종이다. 등갑은 달걀 모양이고 돔 형으로 완만히 솟아 있으며, 유체는 가운데에 용골이 들어가지만 성체일 때는 후부 추갑판에 희미하게 남거나 아예 사라진다. 등갑 색채는 암갈색 및 올리브색 바탕이 많고, 각 갑판에는 불규칙한 폭과 부정형한 모양의 어두운 노란색 선이나 고리 무늬가 여러 개 들어간다. 머리는 중형이고, 머리 꼭대기나 눈 뒷부분, 눈 밑에는 약간 굵은 선이 몇 개 있지만, 특히 좌우 후두부에서 목까지 뻗은 담황색 U자 무늬가 특징적이다. 저지대의 수생 식물이 무성한 고인 물이나 완만히 흐르는 하천의 진흙질 밑바닥에 주로 서식하고, 일광욕을 좋아한다. 산란은 1년 내내 이루어지며, 1회 산란 수는 10~29개, 연간 산란 횟수는 여러 번이다. 알은 약간 긴 타원형이며 탄력이 있는 가죽질 난각을 갖는다. 부화 일수는 80~150일. 식성은 초식 경향이 강한 잡식성이다.

◆ 사육 포인트
유체는 특히 저온에 약해서 가온 사육을 한다.

텍사스 리버 쿠터 Texas river cooter

- **학 명 :** *Pseudemys texana*
- **분 포 :** 미국 텍사스주 중앙부에서 남부
- **등갑 길이 :** 19~32㎝ (최대 33㎝)

텍사스주 고유종으로, 쿠터류에서는 중형이다. 등갑은 달걀 모양이고 완만한 돔 형으로 솟아 있다. 유체일 때 등갑 중앙에 있는 용구는 성체일 때도 희미하게 남는다. 후부 연갑판은 톱니 형태를 취하고 있다. 등갑 색채는 갈색이나 올리브색으로, 각 갑판에는 옅은 황갈색의 원 무늬가 두 개 이상 있고 케이글지도거북과 비슷하다. 머리는 중형이고, 머리 전체나 목 부분, 네발에는 길고 짧은 불규칙한 선이나 얼룩무늬가 여러 개 들어가 있다. 서식지는 비교적 온대 기후의 지역이고, 다소 완만한 흐름을 가진 하천이나 그 주변 수로, 늪과 못에 서식하며 일광욕을 좋아한다. 관련 정보가 부족하고, 산란은 5~6월에 이루어지며, 알은 희고 긴 타원형이면서 탄력 있는 가죽질 난각을 갖는다. 서식지의 중남부에서는 8~9월에 새끼 거북을 볼 수 있다.

◆사육 포인트
리버 쿠퍼보다 높은 온도에서 사육한다. 일광욕도 충분히 할 수 있는 환경을 마련한다.

리오 그란데 쿠터 Rio Grande cooter

- **학 명 :** *Pseudemys gorzugi*
- **분 포 :** 미국 텍사스주에서부터 멕시코 북서부
- **등갑 길이 :** 19~35㎝ (최대 약 40㎝)

리오그란데강 수역의 고유종이다. 등갑은 약간 가늘고 긴 달걀 모양이고, 약간 완만하게 솟아 있는 돔 형이다. 후부 연갑판은 톱니형이지만, 노령 개체일 때는 눈에 띄지 않게 된다. 등갑 색채는 유체일 때 녹색 빛이 돌지만 성체가 되면서 녹갈색 및 올리브색으로 변하나, 적갈색을 띠는 개체도 있다. 각 갑판에는 적갈색이나 암갈색으로 부정형한 원 무늬가 여러 개 나 있다. 머리는 중형이고, 전체적으로 담황색이나 노란색 줄이 몇 개나 들어가 있지만 눈 뒤쪽의 얼룩무늬가 특징적이다. 잘 연구된 건 아니지만, 맑은 하천이나 그 주변의 못과 늪 등에도 서식하고 일광욕을 좋아한다. 번식도 불명인 점이 많고, 식성은 초식 경향이 강한 잡식성으로 알려져 있다.

◆사육 포인트
저온에 다소 약하고, 겨울철에는 20°C 전후로 온도를 유지해서 사육한다.

플로리다 레드벨리 쿠터

Florida red-bellied cooter

- **학 명 :** *Pseudemys nelsoni*
- **분 포 :** 미국 남동부(플로리다반도)
- **등갑 길이 :** 20~30㎝ (최대 34㎝)

미국 고유종으로, 늪거북과의 대형종이다. 등갑은 높은 돔 형으로 솟아 있고 두툼하다. 색채는 검은색이고, 늑갑판에는 굵직한 적갈색이나 암갈색 줄무늬가 들어가는데 노령 개체일 때는 불명료해져서 멜라니즘 현상을 겪는 개체가 많다. 복갑판은 대개 붉은 기가 진하게 도는 오렌지색이다. 머리는 중형이고, 검은색 바탕에 머리 꼭대기나 머리 측면으로 약간 굵은 담황색 줄무늬가 목까지 몇 개나 나 있으며, 아래턱에도 같은 모양의 줄무늬가 몇 개 들어가 있다. 수생 식물이나 쓰러진 나무가 많은 못과 늪, 습지 등의 고인 물이나 물 흐름이 완만한 장소에 주로 서식하면서 일광욕을 좋아한다. 산란은 1년 내내 이루어지는데, 여기에 미시시피악어의 둥지를 자주 이용하는 것으로 알려져 있다. 1회 산란 수는 6~31개로, 연간 산란 횟수는 3~6회다. 알은 긴 타원형이고 가죽질의 희고 탄력 있는 난각을 갖고 있다. 부화 일수는 60~75일이다. 식성은 초식 경향이 강한 잡식이다.

◆사육 포인트
(일본)간토 지역 이남이라면 겨울철에 무가온 사육도 가능하나, 일광욕을 즐기는 경향이 있어 일광욕하기 좋은 장소를 만들어두는 게 좋다.

※ 레드벨리 쿠터 아속에는, 앨라배마주의 모빌만과 바닥으로 흘러드는 앨라배마강의 하류역과 그 주변에 앨라배마 레드벨리 쿠터가 서식하는데, 여기서는 좁은 지역의 종이어서 생략한다.

북부 레드벨리 쿠터

Northern red-bellied cooter

- **학 명 :** *Pseudemys rubriventris*
- **분 포 :** 미국 북동부
- **등갑 길이 :** 25~35㎝ (최대 40㎝)

미국 고유종으로, 보호종으로 지정되어 있는 연못거북과의 대형종이다. 등갑은 약간 폭넓은 달걀 모양이고, 돔형으로 약간 솟아올라 있다. 등갑의 색은 짙은 올리브색 및 갈색, 암갈색 바탕이고, 늑갑판에는 오렌지색이나 노란색, 붉은색의 약간 굵은 선(제2 늑갑판이 눈에 띔)이 들어가지만, 대형 노령 개체일 때는 등갑 전체가 검은색으로 변하는(멜라니즘화) 개체도 있다. 복갑은 강한 붉은 기가 도는 오렌지색이다. 머리는 중형이고, 머리 꼭대기나 측면에 담황색 줄무늬가 몇 개 나 있다. 주로 저지대에서 물 밑바닥이 진흙질이면서 수생 식물이 많은 큰 하천이나 호수, 늪과 못, 습지 등에 서식하고 일광욕을 즐긴다. 산란은 5~7월로, 1회 산란 수는 10~17개다. 연간 산란 횟수는 불명이다. 알은 긴 타원형이면서 희고 탄력 있는 가죽질이다. 부화 일수는 70~100일이지만, 지역에 따라 이듬해 봄에 알을 까고 지상으로 나온다. 식성은 초식을 좋아하는 잡식성이다.

◆사육 포인트
다른 쿠터속도 마찬가지지만, 이 속끼리의 합사는 잡종화하기 쉬워서 이종 간의 합사는 피한다.

잠경목(Cryptodira) 늪거북과(Emydidae)
닭거북 아과(Deirochelyinae)

슬라이더거북속
(*Trachemys*)

컴벌랜드 슬라이더 Cumberland slider

연못슬라이더(*T. scripta*), 빅 밴드 슬라이더(*T. gaigeae*), 바자 캘리포니아 슬라이더(*T. nebulosa*), 콰트로 시에네가스 슬라이더(*T. taylori*), 야퀴 슬라이더(*T. yaquia*), 오네이트 슬라이더(*T. ornata*), 메소-아메리칸 슬라이더(*T. venusta*), 니카라과 슬라이더(*T. emolli*), 콜롬비안 슬라이더(*T. callirostris*), 마라냥 슬라이더(*T. adiutrix*), 도르비니 슬라이더(*T. dorbigni*), 쿠바 슬라이더(*T. decussata*), 자메이카 슬라이더(*T. terrapen*), 센트럴 안틸리안 슬라이더(*T. stejnegeri*), 히스파니올란 슬라이더(*T. decorata*)의 15종으로 구성되어 있고, 이 속에서 많은 종의 수컷 성체가 어두운색으로 변하는 현상이 생긴다.

연못슬라이더 Pond slider

- **학 명 :** *Trachemys scripta*
- **아 종 :** 노란배거북(*T. s. scripta*), 미시시피붉은귀거북(*T. s. elegans*), 컴벌랜드 슬라이더(*T. s. troostii*)
- **분 포 :** 미국 북동부
- **등갑 길이 :** 18~25㎝ (최대 28㎝)

현재 3종의 아종으로 분류된다. 슬라이더거북속에서는 중형이다. 등갑은 폭넓은 달걀 모양이고, 완만한 돔 형으로 솟아 있다. 유체일 때는 중앙의 용골이 있지만 성장하면서 흐려지고, 노령 개체에서는 완전히 사라진다. 후부연갑판 가장자리는 톱니 모양을 이룬다. 갑판 표면은 비교적 매끄럽고, 이 종을 포함한 닭거북속 아과의 대부분은 등갑과 복갑의 각 갑판은 성장하면서 오래된 갑판이 벗겨져 떨어진다. 갑판 색채는 아종 사이에서도 서로 다르지만, 그 대부분은 나이가 들면서 어두운색으로 변하는 경향을 보인다. 수생 경향이 강한 종이고, 일광욕을 좋아한다. 여러 담수 수역에 서식하고, 특히 미시시피붉은귀거북은 고온 및 저온에 강할 뿐만 아니라 비교적 오염도가 높은 수질에서도 잘 버텨서 세계 곳곳의 아한대부터 아열대까지 널리 귀화하여 그 지역 생태계에 큰 영향을 주고 있다. 식성은 매우 폭이 넓은 잡식성이다. 연못슬라이더속은 위의 3종의 아종으로 구성되어 있으나, 리오그란데붉은귀거북(*T. s. subsp.*)이 새롭게 추가할 가능성도 큰 것으로 보인다.

◆사육 포인트
이 종은 다른 슬라이더속이나 다른 아종과 쉽게 잡종화하는 경향이 있어, 합사는 피한다.

노란배거북 Yellow-bellied slider

- **학 명 :** *Trachemys scripta scripta*
- **분 포 :** 미국 남동부(버지니아 남동부에서부터 플로리다주 북서부)
- **등갑 길이 :** 20~25㎝ (최대 28㎝)

연못슬라이더는 3종의 아종으로 분류되고, 이 종이 기아종이다. 등갑은 약간 긴 타원형이며 편평하게 솟아 있지만, 각 갑판이 약간 볼록 올라가 있는 경향이 있다. 등갑의 색채는 진한 녹색 및 올리브색 바탕에, 늑갑판에는 노란색의 굵은 줄무늬가 눈에 띈다. 복갑은 단일하게 노란색이지만, 좌우 후갑판에 어두운색의 작은 얼룩무늬가 한 쌍 있다. 머리는 중형이고, 색채는 등갑과 거의 동일하며, 후부 측면의 눈과 고막 사이에 노란색으로 굵은 S자 무늬가 나 있다. 저지대에서 흐름이 완만한 하천이나 그 주변 늪과 못의 고인 물에 서식한다. 산란은 지역에 따라 다르지만 1회 산란 수는 2~23개 정도로, 연간 산란 횟수는 2~4회 정도이다. 알은 긴 타원형으로, 부화 일수는 60~80일이다. 식성은 폭넓은 잡식성이다.

◆사육 포인트
성체의 사육은 쉽지만, 유체는 다소 저온에 약해서 겨울철에는 가온 사육을 한다.

미시시피붉은귀거북 Red-eared slider

- **학 명 :** *Trachemys scripta elegans*
- **분 포 :** 미국 중앙부에서 중남부
- **등갑 길이 :** 20~25㎝ (최대 28㎝)

전 세계의 아한대부터 열대까지 널리 다수 이입되어(일본에서는 유체가 '청거북'이라는 이름으로 유명하다) 정착했다. 복갑은 약간 가늘고 긴 타원형이고 편평하게 솟아 있다. 복갑의 색채는 담녹색 및 암녹색으로, 각 갑판에는 노란색의 가느다란 선이 몇 개나 들어가 있고, 그 외에도 길고 가느다란 선이 여러 개 복잡하게 얽혀 있다. 수컷은 노령화되면서 멜라니즘화(검은색으로 변함) 하는 경향이 강하고, 다른 종처럼 보이기도 한다. 머리는 중형이고, 색채는 회녹색 및 녹색, 진한 녹색 등이면서 측두부의 눈 뒤쪽에는 붉은색이나 진한 오렌지색의 굵은 선(이름의 유래)이 있는 게 특징이다. 그 외로 목 부분이나 네발, 꼬리도 머리와 같은 색이면서 불규칙한 노란 줄무늬가 많이 들어가 있다. 생태는 기아종과 거의 동일하다.

미시시피붉은귀거북(유체)

빅 밴드 슬라이더 Big bend slider

빅 밴드 슬라이더 Big bend slider

- **학 명 :** *Trachemys gaigeae*
- **아 종 :** 빅 밴드 슬라이더(*T. g. gaigeae*), 나자스 슬라이더(*T. g. hartwegi*)
- **분 포 :** 미국(텍사스주, 뉴멕시코주의 일부), 멕시코 북부
- **등갑 길이 :** 18~22㎝ (최대 30㎝)

2종의 아종으로 분류되고, 슬라이더속에서는 중형종이다. 등갑은 약간 폭이 넓은 타원형이고 다소 편평하게 솟아 있다. 색채는 올리브색 및 진한 녹색으로, 각 갑판에는 비교적 작게 오렌지색이나 어두운색의 부정형한 곡선과 얼룩이 들어가 있지만 아종에 따라 그 형태는 다르다. 머리는 중형이고 거의 배갑과 같은 색이며, 고막 약간 위로 도드라지게 오렌지색 혹은 노란색 얼룩무늬가 있는데, 그 얼룩무늬 눈 사이에 같은 색으로 작은 얼룩무늬가 나 있는 게 특징이다. 수컷의 발톱은 길어지지 않는다. 주로 하천 주변의 못과 늪 등에 서식하고, 하천에는 적다. 산란은 알려진 바가 부족하고, 6월 전후에 이루어진다. 1회 산란 수는 6~11개로, 알은 긴 타원형이다. 식성은 잡식성이다. 나자스 슬라이더의 서식 환경, 생태에 대해서도 정보가 부족하다.

◆사육 포인트
유체는 겨울철에 20°C 전후로 가온 사육을 한다.

오네이트 슬라이더 Ornate slider

- **학 명 :** *Trachemys ornat*
- **분 포 :** 멕시코 중부 태평양 연안
- **등갑 길이 :** 25~35㎝ (최대 38㎝)

슬라이더속에서는 대형종이다. 등갑은 약간 가늘고 긴 타원형이고, 약간 높은 돔 형으로 솟아 있다. 유체일 때는 녹색 바탕에, 각 늑갑판이나 연갑판에 1개의 노란색 고리 중앙으로 어두운색 작은 반점이 들어가 있는 눈 무늬를 하고 있다. 성장하면서 등갑의 바탕색이 올리브색이나 암록색으로 변화하면 늑갑판의 눈 무늬가 흐려지지만, 연갑판의 눈 무늬는 어두운색 반점으로 비교적 진하게 남는다. 해발고도 300m 이하의 저지대에 분포하고, 하천이나 그 주변 못과 늪 등에 서식한다. 서식지의 남부 개체군은 형태가 다른 점도 많고, 훗날 아종으로 지정될 가능성이 있다.

◆ 사육 포인트
같은 속의 종에 비해 약간 저온에 약하고, 다소 가온하여 사육한다.

이스턴 쿠바 슬라이더 Eastern Cuban slider

쿠바 슬라이더 Cuban slider

- **학 명 :** *Trachemys decussata*
- **아 종 :** 이스턴 쿠바 슬라이더(*T. d. decussata*), 웨스턴 쿠바 슬라이더(*T. d. angusta*)
- **분 포 :** 쿠바, 영국령 케이맨제도
- **등갑 길이 :** 28~35㎝ (최대 39㎝)

슬라이더속에서는 대형종이다. 등갑은 약간 가느다란 달걀 모양이고, 돔 형으로 약간 솟아 있다. 등갑의 색채는 올리브색이나 갈색, 녹색 빛이 도는 회갈색 등이고, 유체일 때 눈 형태의 무늬나 줄무늬가 옅게 들어가지만 성체가 돼서는 무늬가 없어지는 게 일반적이다. 머리는 약간 대형으로, 색채는 등갑과 거의 같다. 눈 뒤쪽의 굵은 얼룩무늬는 유체일 때 노란색이나 오렌지색이지만, 성체일 때는 칙칙한 회갈색이 된다. 수컷의 앞다리 발톱은 길게 굴곡져 있고, 높은 확률로 멜라니즘화 한다. 저지대의 하천이나 그 주변의 늪과 못, 습지 등 안정된 수량이 있고, 수생 식물이나 쓰러진 나무, 바위가 많은 곳에서 주로 살며 일광욕을 즐긴다. 산란은 4~7월로, 1회 산란 개수는 2~7개. 연간 산란 횟수는 1~3회다. 알은 긴 타원형으로, 부화는 부화 온도에 의해 좌우되지만 거의 55~75일이다. 식성은 폭넓은 잡식성이다.

웨스턴 쿠바 슬라이더 Western Cuban slider

◆사육 포인트

튼튼한 종이며, 사육하기 쉽다.

자메이카 슬라이더 Jamaican slider

- **학 명 :** *Trachemys terrpen*
- **분 포 :** 자메이카, 바하마제도의 일부로 이입 및 정착
- **등갑 길이 :** 28~35㎝ (최대 32㎝)

자메이카섬 고유종이며 중형종이다. 등갑은 약간 폭이 넓은 달걀 모양이고 살짝 솟아오른 돔 형인데, 유체일 때 볼 수 있는 가운데 용골은 성체가 되면 희미해진다. 등갑 색채는 회갈색 같은 어두운 배색으로, 유체일 때 가진 등갑이나 복갑 무늬는 사라지는 게 일반적이다. 수컷의 등갑에서 일어나는 멜라니즘화는 검게 변하는 게 아니라 이음매만 회백색으로 어두워진다. 물 밑바닥이 진흙질이고 부초나 수생 식물이 많은 작은 하천이나 수심이 얕은 늪과 못, 저수지 등 다양한 환경에 서식하며, 기수역에서도 관찰된다. 산란은 5~6월로, 1회 산란 수는 2~6개다. 연간 산란 횟수는 여러 번이고, 부화 일수는 55~75일 정도다. 식성은 잡식성이다.

◆ 사육 포인트

같은 속의 종에 비해 약간 저온에 약하므로, 따뜻하게 사육한다.

푸에르토리코 슬라이더 Puerto Rican slider

센트럴 안틸리안 슬라이더

Central Antillean slider

- **학 명 :** *Trachemys stejnegeri*
- **아 종 :** 푸에르토리코 슬라이더(*T. s. stejnegeri*), 도미니카 슬라이더(*T. s. vicina*), 이나과 슬라이더(*T. s. malonei*)
- **분 포 :** 푸에르토리코, 히스파니올라섬의 북부 및 동부, 바하마제도 등
- **등갑 길이 :** 18~24㎝ (최대 27.3㎝)

현재 3종이 발견된 약간 작은 소형종이다. 등갑은 달걀 모양이고 살짝 솟아오른 돔 형이며, 유체일 때 가운데 용골을 가지고 있으나 성체가 되면 사라진다. 등갑 색채는 회색 및 갈색, 올리브색으로, 유체일 때 가진 흐린 눈 모양의 무늬나 줄무늬는 성체가 되면서 사라진다. 수컷 성체는 멜라니즘화 하여 색채는 짙어지거나 검은색이 되고, 앞다리의 발톱이 길다. 머리는 약간 크고 회색이나 올리브색을 띠고 있으며, 눈 뒤쪽에 적갈색이나 오렌지색의 약간 폭넓은 선이 나 있다. 수생 식물이 무성하고 흐름이 완만한 하천이나 지수역의 여러 환경에서 서식하고, 기수역에서도 관찰된다. 산란은 4~7월로, 1회 산란 수는 3~14개. 연간 산란 횟수는 1~2회다. 알은 긴 타원형으로, 부화 일수는 55~80일이다. 식성은 잡식성이다.

도미니카 슬라이더 Dominican slider

◆사육 포인트

거북을 처음 들였을 때, 사육 환경에 익숙해질 수 있도록 피난처를 설치해 이용한다.

하이티 슬라이더 Haitian slider

- **학 명 :** *Trachemys decorata*
- **별 명 :** 히스파니올라 슬라이더
- **분 포 :** 하이티 서부 및 남부에서부터 도미니카 공화국 남서부
- **등갑 길이 :** 20~28㎝ (최대 34.1㎝)

히스파니올라섬 고유종이며, 중형종이다. 등갑은 약간 타원형이고 살짝 솟아 올라간 돔 형인데, 유체일 때 보였던 가운데 용골은 성체가 되면서 사라진다. 등갑 색채는 회갈색 및 갈색, 진한 올리브색이고 유체일 때 눈 모양 무늬는 성체가 됐을 때 사라진다. 머리는 중형이고, 머리 배면은 회색이면서 유체일 때의 녹색이 옅어질 때도 있다. 머리 측면 상부의 눈 뒤편에서 목 부분까지 쭉 뻗은 담황색이나 황녹색의 밝은 줄무늬는 비교적 폭이 좁으나 성체가 되어서도 남는다. 기수역을 포함한 저지대에만 분포하고, 물 밑바닥이 진흙질이며 수생 식물과 부초가 많으며 물 깊이가 있는 완만한 하천이나 하구, 그 주변의 늪과 못 등에 서식하면서 일광욕을 즐긴다. 산란은 4~7월로, 1회 산란 수는 6~18개. 연간 산란 횟수는 1~4회. 알은 긴 타원형이고 탄력이 있는 가죽질의 난각을 갖는다. 부화 일수는 60~80일 정도로 알려져 있다. 식성은 유체일 때 동물성 먹이를 주로 먹는 경향이 강하지만, 성체가 되어서는 식물성 먹이를 주로 먹는 잡식성이다.

◆ 사육 포인트
성미가 거칠고 다루는 데 주의해야 한다. 여러 마리를 함께 기르는 것에도 주의가 필요하다.

메소-아메리카 슬라이더

Meso-American slider

- **학 명 :** *Trachemys venusta*
- **아 종 :** 멕시코 오네이트 슬라이더(*T. v. venusta*), 와스테크 슬라이더(*T. v. cataspila*), 그레이 슬라이더(*T. v. grayi*), 우리그 슬라이더(*T. v. uhrigi*), 유카탄 슬라이더(*T. v. iversoni*), 파나마 슬라이더(*T. v. panamensis*)
- **분 포 :** 중앙아메리카, 콜롬비아 북서부
- **등갑 길이 :** 25~45㎝ (최대 60㎝)

현재는 6종의 아종으로 분류되어 있지만, 앞으로의 조사에 따라 더욱 많은 아종으로 분류될 가능성이 높다. 특히 기아종인 멕시코 오네이트 슬라이더가 가장 분포 범위가 넓고, 북부 개체나 남부 개체 사이의 형태 차이나 남부 개체군 사이에서도 지역 차가 인정되고 있다. 중형에서 대형에 이르는 슬라이더류로, 그레이 슬라이더가 가장 크고 최대 등갑 길이가 60㎝에 이르며, 와스테크 슬라이더가 최대 등갑 길이 33㎝로 아종 중에서는 가장 소형이다. 등갑은 약간 편평한 것부터 비교적 완만하게 높은 돔 형까지 있고, 유체일 때 늑갑판에는 또렷한 눈 모양의 무늬가 들어가지만 성장하면서 흐려진다. 수컷은 성장과 함께 멜라니즘화가 일어나지 않고, 암컷은 수컷보다 대형화하면서 몸의 높이가 두꺼워지는 경향이 있다. 머리는 중형이고, 눈 뒷부분에서 뻗은 밝은색의 선은 아종이나 지역에 따라 다르다. 비교적 흐름이 완만한 큰 하천이나 그 주변 호수 등에 서식하고, 일광욕을 좋아한다. 일반적으로 우기에 교미하고 건기에는 산란하는데, 1회 산란 수는 8~30개 정도다. 연간 산란 횟수는 1~6회 정도이고, 알은 긴 타원형이다. 부화 일수는 70~90일 정도다. 식성 관련 정보는 부족하지만, 초식 경향이 강한 잡식성으로 보인다.

◆사육 포인트
유체는 저온에 약해서 20°C 전후를 유지하는 가온 사육을 한다.

와스테크 슬라이더 Huastecan slider

그레이 슬라이더 Gray's slider

우리그 슬라이더 Uhrig's slider

멕시코 오네이트 슬라이더 Mexican ornate slider

니카라과 슬라이더 Nicaraguan slider

- **학 명 :** *Trachemys emolli*
- **분 포 :** 니카라과의 마나과호수, 니카라과부터 코스타리카까지의 니카라과호수 및 그 주변 수역
- **등갑 길이 :** 28~35㎝ (최대 37.2㎝)

약간 대형인 슬라이더. 등갑은 타원형이고 약간 솟아올라 있으며, 유체일 때는 짙은 녹색이나 올리브색 바탕에 밝은 오렌지색이나 노란색의 굵은 무늬가 나 있다. 늑갑판에만 눈 모양의 무늬가 들어가 있고, 다른 갑판의 눈 모양 무늬는 일그러져 있다. 성장하면서 등갑의 색채는 진해지고, 무늬는 흐려지지만 비교적 잘 남는다. 머리는 약간 대형이고, 측두부의 눈 뒤쪽에는 또렷하게 굵은 줄무늬가 뚝뚝 끊어지는 형태로 많고, 타원형 반점을 이룰 때도 있다. 호수나 하천의 얕은 수심에서, 물 밑바닥이 진흙질이고 수생 식물이 많은 환경을 좋아한다. 산란은 건기에 이루어지고, 1회 산란 횟수는 15~25개. 그 이외의 정보는 부족한 상태다.

◆ 사육 포인트

유체는 실내에서 가온 사육을 한다.

콜롬비아 슬라이더의 수컷

콜롬비아 슬라이더 Colombian slider

베네수엘라 슬라이더 Venezuelan slider

콜롬비아 슬라이더 Colombian slider

- **학 명 :** *Trachemys callirostris*
- **아 종 :** 콜롬비아 슬라이더(*T. c. callirostris*), 베네수엘라 슬라이더(*T. c. chichiriviche*)
- **분 포 :** 콜롬비아 북부, 베네수엘라 북서부
- **등갑 길이 :** 25~30㎝ (최대 32.5㎝)

슬라이더류에서는 중형이다. 등갑은 약간 가는 타원형이고 다소 솟아올라 있으며, 대형 암컷 성체일 때는 두껍다. 유체일 때는 진한 녹색이나 올리브색을 띠고, 각 갑판에는 오렌지색 및 노란색, 황록색 무늬가 들어가면서 각 늑갑판에는 눈 모양 무늬가 있지만, 성체일 때는 진한 올리브색 및 갈색, 암갈색 바탕으로 변하면서 무늬의 색도 흐려지는데 특히 수컷이 어두운색으로 변한다. 머리는 대형이고, 측두부 위쪽에는 진한 오렌지색이나 적갈색의 굵은 선 무늬가 있으며, 주둥이 아랫부분에는 노란색 반점 무늬나 짧은 선이 들어가지만 이는 아종에 따라 다르다. 다양한 열대성 기후에서 호수, 늪과 못 등의 지수역에 있는 쓰러진 나무나 바위에 즐겨 살고 일광욕을 좋아한다. 산란은 12~4월로, 1회 산란 수는 9~25개다. 연간 산란 횟수는 2~4회. 알은 일반적으로 달걀형이며, 탄력이 있는 가죽질의 난각을 갖는다. 부화 일수는 65~92일. 유체일 때는 육식 경향이 강하지만, 성장하면서 초식을 많이 섭취하는 잡식성이 된다.

◆사육 포인트

유체는 실내에서 가온 사육을 한다.

사우던 도르비니 슬라이더 Southern D'Orbigny's slider

도르비니 슬라이더 D'Orbigny's slider

- **학 명 :** *Trachemys dorbigni*
- **아 종 :** 사우던 도르비니 슬라이더(*T. d. dorbigni*), 노던 도르비니 슬라이더(*T. d. brasiliensis*)

슬라이더속에서는 소형으로, 연못슬라이더속 중에서 가장 남쪽에 분포한다. 등갑은 타원형인데, 수컷의 등갑은 편평하지만 암컷은 비교적 높은 돔 형이다. 유체는 짙은 녹색이나 암갈색을 띠면서 늑갑판의 눈 모양 무늬는 제1 늑갑판에서는 선명하지만 그 외에는 작은데, 성체가 되면서 색은 어두워지고 무늬는 흐려지나 완전히 사라지지는 않는다. 머리는 중형이고, 측머리 위쪽의 어두운 오렌지색이나 어두운 노란색의 굵은 선은 뒤쪽으로 가면서 가늘어지고 목 부분으로 이어진다. 아래턱 입아귀 근처에는 한 쌍의 검은색 테가 둘린 밝은색 반점이 있는 게 특징이다. 서식지는 온난습윤기후에서, 저지대부터 구릉지까지 지역을 흐르는 하천이나 호수, 늪과 못 등의 완만한 흐름을 가진 수역 중 수생 식물이 많은 장소에 서식한다. 일광욕을 좋아한다. 번식에 관해서는 정보가 부족하다. 식성은 육식 경향이 강한 잡식성으로 보인다.

◆사육 포인트
저온에는 강하지만, 유체는 겨울철에 실내에서 20°C 전후로 가온 사육을 한다.

잠경목(Cryptodira) 늪거북과(Emydidae)
닭거북 아과(Deirochelyinae)

지도거북속(*Graptemys*)

북부지도거북(*G. geographica*), 바버지도거북(*G. barbouri*), 앨라배마지도거북(*G. pulchra*), 에스캄비아지도거북(*G. ernsti*), 패스커굴라지도거북(*G. gibbonsi*), 케이글지도거북(*G. caglei*), 텍사스지도거북(*G. versa*), 가짜지도거북(*G. pseudogeographica*), 미시시피지도거북(*G. kohnii*), 오치타지도거북(*G. ouachitensis*), 까만혹지도거북(*G. nigrinoda*), 노란혹지도거북(*G. flavimaculata*), 고리지도거북(*G. oculifera*)의 13종으로 구성되어 있다. 네발에 가느다란 줄무늬가 있고, 배갑 갑판에 동심원이나 그물 같은 줄무늬가 등고선처럼 들어가 있다.

북부지도거북 Northern map turtle

- **학 명 :** *Graptemys geographica*
- **분 포 :** 캐나다 남동부, 미국 중부부터 북동부
- **등갑 길이 :** 11~24㎝ (최대 27㎝)

지도거북속 중에서는 비교적 대형종. 등갑은 달걀 모양이고 여기에 명료한 용골을 갖고 있지만, 그 단면은 낮은 지붕형이다. 후부 연갑판의 톱니형 돌기는 작다. 등갑 색체는 갈색이나 올리브색 바탕에, 담황색의 부정형한 가는 그물 모양 무늬(유체일 때는 선명하다)로 덮여 있다. 머리는 크며 머리에서 목 부분으로 이어지는 노란색 가는 줄무늬로 덮여 있고, 눈 뒷부분의 측두부 위쪽에는 삼각형 혹은 주먹밥 모양 같은 밝은색 반점이 들어가 있다. 수생 경향이 강하고, 흐름이 완만한 하천이나 그 주변 물에서 쓰러진 나무 등이 있어 숨을 곳이 많은 환경에 서식하고 일광욕을 즐긴다. 한랭지에서는 겨울잠을 잔다. 산란은 5~7월로, 1회 산란 개수는 9~17개다. 연간 산란 횟수는 2회. 알은 긴 타원형으로, 얇고 탄력이 있는 가죽질 난각을 갖는다. 부화 일수는 75일 전후다. 식성은 수생 곤충이나 갑각류, 조개류 등 육식 경향이 강한 잡식성이다.

◆사육 포인트
지도거북류는 전체적으로 일광욕을 좋아해서 충분히 일광욕도 할 수 있고, 맑은 물을 갖춘 환경이 필요하다.

바버지도거북 Barbour's map turtle

- **학 명 :** *Graptemys barbouri*
- **분 포 :** 미국 남동부
- **등갑 길이 :** 9~30㎝ (최대 33㎝)

지도거북속 중에서는 대형종으로, 암컷은 머리가 거대해진다. 등갑은 달걀 모양이고, 단면은 약간 높은 지붕형이다. 유체일 때는 각 추갑판의 용골 뒷부분의 돌기가 뚜렷하고, 돌기 끝이 검다. 이 돌기는 수컷에서는 비교적 남는 편이지만, 대형인 암컷에는 잘 남지 않는다. 연갑판 후부의 톱니형 돌기도 유체일 때는 크고 뚜렷하지만, 성체일 때는 작다. 등갑 색채는 갈색이나 올리브색 바탕에, 각 갑판에 연한 노란색의 변형된 U자나 C자 무늬가 크게 들어가 있다. 머리는 크고, 주둥이와 눈을 도려낸 것처럼 마스크형 무늬가 나 있는 게 특징이다. 물에 대한 의존도가 높고, 수량이 많으며 비교적 흐름이 완만한 맑은 하천 중 숨을 곳 많은 수역이나 일광욕하기 좋은 장소에 주로 서식한다. 산란은 6~7월로, 1회 산란 수는 8~9개이며 연간 산란 횟수는 2~4회다. 알은 긴 타원형이고 얇으면서 탄력 있는 흰색 가죽질 난각을 갖는다. 부화 일수는 60일 전후로 알려져 있다. 식성은 육식 경향이 강한 잡식성이다.

◆사육 포인트
유체일 때는 곤충류를 좋아한다.

앨라배마지도거북 Alabama map turtle

- **학 명 :** *Graptemys pulchra*
- **분 포 :** 미국(앨라배마주, 조지아주)
- **등갑 길이 :** 10~25㎝ (최대 27.3㎝)

지도거북속 중에서는 비교적 대형종이다. 등갑은 약간 긴 달걀 모양이고 높이는 낮으며, 단면은 지붕형이다. 유체일 때는 각 추갑판의 용골 뒷부분에 또렷한 어두운색 혹 형태의 돌기가 나 있지만, 성체일 때는 거의 사라진다. 등갑 색채는 짙은 올리브색 바탕에 흐린 어두운색으로 둘러싸인 담황색 가는 그물 무늬가 들어가 있는데 이는 성장하면서 흐려지고, 연갑판에는 같은 색으로 가느다란 눈 모양 무늬가 나 있다. 머리는 크고 특히 암컷의 머리는 거대해진다. 바버지도거북과 형태는 다르지만, 주둥이나 눈을 도려낸 것처럼 마스크형 무늬가 들어가 있다. 생태 환경은 바버지도거북과 같다. 산란은 5~8월로, 1회 산란 수는 4~6개다. 알은 긴 타원형이고, 10월에 부화가 이루어지는 것으로 보인다. 식성은 조사가 부족하나, 육식성 경향이 강한 잡식성이다.

에스캄비아지도거북 Escambia map turtle

- **학 명 :** *Graptemys ernsti*
- **분 포 :** 미국(앨라배마주, 플로리다주)
- **등갑 길이 :** 9~25㎝ (최대 28.5㎝)

지도거북속 중에서는 비교적 대형종이다. 등갑은 약간 긴 타원형이고, 약간 낮은 돔 형으로 솟아 있다. 유체일 때 각 추갑판의 용골 후부에는 뚜렷한 어두운색 혹 형태 돌기가 있지만, 성체가 되면 용골만 남게 된다. 등갑 색채는 짙은 올리브색 바탕에, 옅은 어두운색으로 둘러싸인 담황색 벌레 먹은 무늬가 나 있지만 이는 성장과 함께 흐려진다. 각 연갑판에는 같은 색의 굵은 L자 무늬가 있고, 후부 연갑판은 유체일 때 톱니형이지만 성체가 되면서 눈에 띄지 않게 된다. 머리 위쪽 눈 사이의 노란색 얼룩무늬에서 주둥이를 향한 쪽은 포크처럼 세 갈래로 갈라져 있는 게 특징이다. 서식지는 바버지도거북과 거의 비슷하다. 산란은 4~7월이고, 1회 산란 수는 4~7개다. 연간 산란 횟수는 6~7회다. 알은 긴 타원형으로, 얇고 탄력 있는 흰 가죽질의 난각을 갖고 있다. 부화 일수는 74~79일의 사례가 있다. 식성은 육식 경향이 강한 잡식성이다.

패스커굴라지도거북 Pascagoula map turtle

- **학 명 :** *Graptemys gibbonsi*
- **분 포 :** 미국(미시시피주, 루이지애나주)
- **등갑 길이 :** 9~25㎝ (최대 29.5㎝)

지도거북속 중에서는 비교적 대형종이다. 등갑은 높게 솟아 있고, 가운데는 용골이 있는 돔 형이다. 유체는 각 추갑판의 용골 뒷부분에 가시 모양 돌기가 검게 두드러져 있지만, 성장과 함께 낮은 혹 형태가 되고 어두운색으로 용골만 남는다. 각 늑갑판에는 노란색으로 벌레 먹은 무늬(C형 무늬가 될 때도 있음)가 있고, 등갑 색채는 올리브색인데 각 연갑판에는 같은 색의 굵은 L자, 혹은 I자 무늬가 들어가 있으며, 후부 연갑판에는 톱니 모양의 돌기가 있다. 머리는 대형이고, 특히 암컷의 머리가 거대화한다. 머리의 눈 뒤편 무늬는, 눈을 따라가는 형태의 무늬와 고막 위쪽의 얼룩무늬로 나뉜다. 생태나 번식에 관한 정보가 부족하며, 앨라배마지도거북과 거의 비슷한 것으로 여겨진다.

케이글지도거북 Cagle's map turtle

- **학 명 :** *Graptemys caglei*
- **분 포 :** 미국(텍사스주 중남부)
- **등갑 길이 :** 9~18㎝

지도거북속 중에서는 소형종이다. 등갑은 달걀 모양이고 비교적 편평하게 솟아 있다. 가운데 용골은 유체일 때 비교적 발달하지만, 돌기는 작고, 성체일 때는 거의 눈에 띄지 않게 된다. 후부 연갑판의 후연부에 있는 톱니 모양 돌기도 성장하면서 둔화한다. 등갑 색채는 밝은 녹색이고, 각 갑판에는 어두운색으로 테가 둘린 부정형 모양의 담황색 그물 무늬가 여러 개 있으며, 그 중심은 더욱 옅은 노란색의 긴 타원형 반점이 있는데, 그 사이에는 같은 색의 고리 무늬가 2~3중으로 (연갑판에는 1개) 들어간다. 머리는 비교적 소형으로, 짙은 올리브색 및 녹색이다. 머리 배면에는 황백색의 V자 무늬가 들어가며, 그 양 끝은 눈 뒷부분에서 아래쪽이나 아랫부분까지 굽어진다. 비교적 온난한 서식지에 살며, 겨울에도 따듯한 날에는 활동한다. 하천 주변의 늪과 못이나 평온한 지류가 흐르는 유역에서 쓰러진 나무가 많고, 일광욕하기 좋은 환경을 좋아하며, 수생 경향이 강하다. 산란은 늦봄에서 초여름에 이루어지고, 1회 산란 수는 1~6개다. 연간 산란 횟수는 2~3회. 늦여름에서 가을에 부화하는 것으로 알려져 있다. 식성은 수생 곤충을 먹는 경향이 강하다.

텍사스지도거북 Texas map turtle

- **학 명 :** *Graptemys versa*
- **분 포 :** 미국(텍사스주 중부)
- **등갑 길이 :** 8~15㎝ (최대 21.4㎝ 전후)

지도거북속 중에서는 소형종이다. 등갑은 달걀 모양이고 비교적 편평하게 솟아 있다. 가운데의 용골은 선명하지만, 성체가 되면 혹 형태의 돌기는 없어진다. 각 갑판은 솟아올라 있고, 특히 앞쪽의 이음매 골이 깊어 눈에 띈다. 등갑 색채는 올리브색 바탕에, 각 갑판에는 노란색으로 불규칙한 그물 무늬가 여러 개 들어가 있으며, 그물 무늬 중심에는 작은 노란색 반점을 감싸듯 고리 무늬가 있고, 그 무늬는 노령 개체에서도 비교적 남는 편이다. 후부 연갑판의 후연부에 있는 톱니형 돌기는 성장하면서 둔화한다. 머리는 비교적 소형이고 색채는 거의 등갑과 같으며, 목 부분으로 향하는 가느다란 줄무늬가 여러 개 들어가 있고, 특히 눈 뒤쪽에는 밝은 노란색의 굵은 선이 < 모양으로 나 있다. 생태나 식성 등은 케이글지도거북과 비슷한 것으로 보이며 분포는 겹치지 않는다. 번식에 관해서는 정보가 부족한 편이다.

가짜지도거북 False map turtle

- **학 명 :** *Graptemys pseudogeographica*
- **별 명 :** 북부가짜지도거북
- **분 포 :** 미국 중북부
- **등갑 길이 :** 14~25㎝ (최대 27㎝)

머리가 작은 형태를 지닌, 지도거북속 중에서는 최대 크기다. 등갑은 달걀 모양이고, 가운데의 용골은 유체일 때는 높지만 성체가 되면서 완만해진다. 용골 뒷부분에는 작지만 선명한 어두운색 가시 모양 돌기가 있지만, 성체가 되면 둔화한다. 후부 연갑판의 후연부에 있는 톱니형 돌기는 성체가 되어서도 비교적 남는 편이다. 등갑 색채는 올리브색이나 회갈색 바탕에, 각 갑판에는 가늘고 흐릿한 담황색 그물 무늬가 들어가 있고, 각 갑판에는 어두운색 얼룩이 있다. 머리는 약간 소형이고, 등갑보다는 약간 진하나 같은 색이며, 담황색이나 회백색의 가느다란 줄무늬가 들어간다. 머리 꼭대기 양쪽 옆으로 나 있는 밝은 담황색의 약간 굵은 얼룩무늬는, 그 안쪽 끝부분부터 가느다란 선이 후두부로 가면서 V자를 그리듯 나 있지만 서로 이어지지는 않고, 목 부분으로 흘러간다. 흐르는 물을 좋아하는 경향이 있고, 수초가 많은 하천을 중심으로 주변 늪과 못 등에 서식한다. 일광욕을 좋아한다. 산란은 5~7월이고, 1회 산란 횟수는 8~22개. 연간 산란 횟수는 통상적으로 2회다. 알은 긴 타원형으로 얇고 탄력이 있는 흰 가죽 형태의 난각을 가진다. 부화 일수는 52~85일. 식성은 잡식성이다.

◆사육 포인트
곤충류 말고도 수초류도 잘 먹는다.

미시시피지도거북 Mississippi map turtle

- **학 명 :** *Graptemys kohnii*
- **분 포 :** 미국(텍사스 중남부)
- **등갑 길이 :** 13~25㎝ (최대 25㎝ 전후)

지도거북속 중에서는 유일하게 동공에 어두운색 가로선이 없다. 갑의 형태는 가짜지도거북과 유사하며, 가짜지도거북과 비교하자면 등갑의 색은 담회색에 가까운 바탕색이고 이는 유체일수록 그 경향이 강하다. 등갑의 담황색 그물 무늬는 유체일 때 선명하지만, 성체가 되면서 흐려진다. 머리의 눈 뒤쪽에는 한 쌍의 비교적 넓은 밝은색 무늬가 있는데, 일반적으로 이 무늬의 아랫부분은 눈 아래까지 뻗고, 머리 꼭대기 쪽은 가늘게 목 부분으로 향한다. 눈의 홍채는 흰색이나 회백색이다. 수생 식물이 무성하게 자라는, 흐름이 완만한 하천이나 그 주변의 지수역 등을 주요 서식지로 삼으며 특히 일광욕이나 산란에 적합한 모래땅을 좋아한다. 산란은 6월 전후로, 1회 산란 수는 2~8개 이상. 연간 산란 횟수는 2~3회. 알은 긴 타원형으로, 얇고 탄력이 있는 흰 가죽질 난각을 갖는다. 부화 일수는 52~85일. 식성은 잡식성이다.

◆ 사육 포인트
수초류 외에 채소류도 먹는다.

오치타지도거북 Ouachita map turtle

사빈지도거북 Sabine map turtle

오치타지도거북 Ouachita map turtle

- **학 명 :** *Graptemys ouachitensis*
- **아 종 :** 오치타지도거북(*G. o. ouachitensis*), 사빈지도거북(*G. o. sabinensis*)
- **분 포 :** 미국 중남부
- **등갑 길이 :** 10~24㎝ (최대 24㎝ 전후)

2종의 아종으로 분류된다. 사빈지도거북은 기아종인 오치타지도거북보다 약간 소형이다. 등갑은 달걀 모양이고 갑의 높이는 미시시피지도거북이나 가짜지도거북보다 높다. 추갑판의 용골은 명료하고, 용골 뒷부분에는 가시 형태의 돌기가 나 있으며, 용골 혹은 가시형 돌기 부분은 어두운색을 띤다. 등갑의 색채는 올리브색이나 갈색이고, 여기에 노란색이나 옅은 오렌지색의 약간 큰 그물 무늬가 들어가 있는데 이는 성장하면서 불명료해진다. 머리는 약간 소형이고 눈 뒷부분의 굵고 밝은색 무늬는 가늘고 긴 타원형으로, 사빈지도거북에서는 타원형이나 원형을 취한다. 생태 환경이나 식성은 미시시피지도거북이나 가짜지도거북과 비슷하다. 산란은 5~6월로, 1회 산란 개수는 8~17개. 연간 산란 횟수는 2~3회다. 알은 긴 타원형이고, 얇으면서 탄력이 있는 흰 가죽질 난각을 갖는다. 부화 일수는 60~75일 전후다.

고리지도거북 Ringed map turtle

- **학 명 :** *Graptemys oculifera*
- **분 포 :** 미국(미시시피주, 앨라배마주)
- **등갑 길이 :** 8~22㎝ (최대 22㎝ 전후)

고리지도거북, 노란혹지도거북, 까만혹지도거북의 3종으로 고리지도거북 그룹을 형성하는데, 이 중 하나다. 등갑은 달걀 모양이고 약간 낮은 용골이 있으며, 특히 제2, 3 추갑판의 용골 위의 검은색 돌기가 크고, 톱니형인 끝부분은 뒤쪽으로 굽어진다. 등갑 색채는 올리브색 느낌의 회갈색으로, 각 늑갑판에는 노란색이나 오렌지색의 굵은 고리 무늬가 선명하게 있고, 다른 2종과 구별하기 쉽다. 머리는 소형이고, 머리 배면의 줄무늬는 개체 변이가 다양하나 통상적으로 좌우 대칭을 이룬다. 헤엄을 잘 치고 비교적 흐름이 빠르고 일광욕과 산란에 적절한 모래가 쌓인 장소를 좋아한다. 산란은 주로 6월에 이루어지고, 1회 산란 수는 2~4개. 연간 산란 횟수는 약 2회. 알은 긴 타원형이고, 얇고 탄력이 있는 흰 가죽질의 난각을 가진다. 부화 일수는 60~70일. 식성은 곤충을 주로 먹는 경향이 있는 강한 잡식성이다.

노란혹지도거북 Yellow-blotched map turtle

- **학 명 :** *Graptemys flavimaculata*
- **분 포 :** 미국(미시시피주)
- **등갑 길이 :** 8~17㎝ (최대 17.5㎝)

고리지도거북 그룹 중 한 종이다. 형태는 고리지도거북과 비슷하다. 등갑 색채는 올리브색이나 짙은 갈색 바탕에, 각 등갑판에 노란색이나 오렌지색의 큰 얼룩무늬가 들어가서 다른 두 종과 구분하기 쉽다. 제1~3 추갑판의 용골 뒷부분의 검은색 돌기는 굵직한 톱니형으로, 후부 연갑판도 마찬가지로 톱니 모양이다. 머리는 소형이고, 눈 뒤쪽의 밝은 색채로 된 얼룩무늬는 머리 꼭대기 쪽 끝에서 가느다란 줄무늬로 목까지 이어지는 게 일반적이다. 주로 하천 본류에 서식하고, 서식 환경은 고리지도거북과 비슷하지만 특히 물속에 쓰러진 나무가 많은 장소를 좋아한다. 번식에 관해 알려진 바가 적고, 산란은 5~8월로 보이며 1회 산란 수는 3~9개다. 연간 산란 횟수는 통상적으로 1회지만 2회일 때도 있다.

북부까만혹지도거북 Northern black-knobbed map turtle

델타지도거북 Delta map turtle

까만혹지도거북 Black-knobbed map turtle

- **학 명 :** *Graptemys nigrinoda*
- **아 종 :** 북부까만혹지도거북(*G. n. nigrinoda*), 델타지도거북(*G. n. delticola*)
- **분 포 :** 미국(미시시피주, 앨라배마주)
- **등갑 길이 :** 10~15㎝

고리지도거북 그룹 중 한 종이다. 2종의 아종으로 구성되어 있으며, 지도거북류에서는 최소종이다. 형태는 고리지도거북과 비슷하고, 등갑의 색은 어두운 올리브색인데, 각 갑판에는 노란색의 크고 가느다란 고리 모양 반점이 들어가지만 이는 성장하면서 흐릿해진다. 머리는 작고 암갈색이나 검은색이다. 약간 폭이 넓은 머리 꼭대기에는 Y자 모양의 무늬가 있고, 그 무늬 양쪽 끝은 눈 뒷부분을 지나 고막 위쪽으로 꺾이는데, 그 주변에는 거의 비슷한 형태의 불규칙한 줄무늬가 몇 개 들어가 있다. 제1~3 추갑판의 용골 뒷부분에서 뒤쪽을 향해 난 검은색 돌기는 혹 모양이지만 그 끝은 약간 뾰족하다. 생태 환경은 고리지도거북 등과 비슷하지만 더 깊고 흐름이 완만한 하천 등에 많다. 산란은 6월이고, 1회 산란 횟수는 3~7개. 연간 산란 횟수는 통상적으로 2회지만 그 이상의 경우도 있다. 알은 긴 타원형이고, 얇고 탄력이 있는 흰 가죽질 난각을 갖는다. 부화 일수는 60~68일이다. 식성은 잡식성이다.

◆ 사육 포인트
소형의 지도거북류 유체는 곤충류를 중심으로 먹이를 준다.

잠경목(Cryptodira) 늪거북과(Emydidae) 닭거북 아과(Deirochelyinae)

다이아몬드백 테라핀속
(*Malaclemys*)

지도거북속과 가장 가까운 관계이며, 1종이 있고, 7종의 아종으로 분류된다. 가장 기수역에 적응한 종으로, 미국 고유종이다.

노던 다이아몬드백 테라핀 Northern diamond-backed terrapin

다이아몬드백 테라핀

Diamond-backed terrapin

- **학 명 :** *Malaclemys terrapin*
- **별 명 :** 다이아몬드거북
- **아 종 :** 노던 다이아몬드백 테라핀(*M. t. terrapin*), 캐롤라이나 다이아몬드백 테라핀(*M. t. centrata*), 텍사스 다이아몬드백 테라핀(*M. t. littoralis*), 오네이트 다이아몬드백 테라핀(*M. t. macrospilota*), 미시시피 다이아몬드백 테라핀(*M. t. pileata*), 맹그로브 다이아몬드백 테라핀(*M. t. rhizophorarum*), 플로리다동부해변 다이아몬드백 테라핀(M. t. tequesta)
- **분 포 :** 미국 북동부에서 남부에 걸친 연안부
- **등갑 길이 :** 11~23㎝ (최대 23.8㎝)

지도거북류에 근연하며, 거의 완전히 기수에 사는 거북이다. 등갑은 약간 가늘고 달걀 모양이고, 살짝 높은 돔형으로 완만히 솟아 있으며, 어느 아종이든 유체일 때는 중앙에 또렷한 용골이 있다. 용골 후부에는 혹 형태의 돌기가 나 있지만, 이는 노던 다이아몬드백 테라핀과 캐롤라이나 다이아몬드백 테라핀의 양쪽 아종 성체에서는 낮게 남는 정도이고 다른 아종도 개체나 연령에 따라 변이 차가 보인다. 등갑 색채나 얼룩무늬에서도 아종 간이나

캐롤라이나 다이아몬드백 테라핀 Carolina diamond-back terrapin

텍사스 다이아몬드백 테라핀 Texas diamond-back terrapin

오네이트 다이아몬드백 테라핀 Ornate diamond-backed terrapin

같은 아종에서도 변이가 있고 식별이 어렵다. 머리는 중형이고 두툼하다. 머리 색채는 대개 주둥이에서 머리 꼭대기 부근까지 어두운색이지만 다른 부분은 밝은 회색이고, 거기에 어두운색과 검은색의 자잘한 얼룩이나 작은 반점이 잔뜩 나 있다. 비교적 염분 농도가 높은 수역을 좋아하며, 연안부의 만조 시에 해수가 흘러드는 못과 늪이나 후미, 작은 만, 하구, 개펄 등에 주로 서식한다. 산란은 4~7월에 이루어지고, 1회 산란 수는 4~22개다. 연간 산란 횟수는 2~5회. 알은 긴 타원형이고, 얇고 탄력이 있는 분홍빛의 흰색 가죽질의 난각을 가진다. 부화 일수는 60~104일. 식성은 육식 경향이 비교적 강한 잡식성이다.

◆ 사육 포인트

성장하면서 초식 경향이 강해지므로 채소류나 수초류 먹이를 많이 주고, 일광욕을 할 수 있는 사육 환경을 준비한다.

미시시피 다이아몬드백 테라핀
Mississippi diamond-back terrapin

미시시피 다이아몬드백 테라핀

맹그로브 다이아몬드백 테라핀
Mangrove diamond-back terrapin

플로리다동부해변 다이아몬드백 테라핀
Florida East Coast diamond-back terrapin

잠경목(Cryptodira)

돌거북(바타거거북)과(Geoemydidae)

바타거거북속(*Batagur*)

1종이 있고, 페인티드 테라핀속과 지붕거북속에 근연한다.

바타거거북 Common batagur

- **학 명 :** *Batagur baska*
- **별 명 :** 네손가락거북
- **분 포 :** 인도 동부부터 베트남 남부, 말레이반도, 수마트라섬
- **등갑 길이 :** 50㎝ 전후 (최대 60㎝ 이상)

1속 1종으로, 대형으로 커지는 수생 거북. 등갑은 약간 가늘고 긴 달걀형이고 완만한 돔 형으로 솟아 있다. 등갑 표면은 매끄럽고, 노령 개체에서는 각 갑판의 접합부는 눈에 띄지 않게 되며, 색채는 회갈색이나 올리브색, 암회색 바탕에 무늬나 반점 등은 없다. 머리는 약간 소형이고, 후두부만 자잘한 비늘로 덮여 있다. 주둥이는 돌출하고, 네발의 발가락은 길며, 물갈퀴가 발달한 데다 앞다리 발톱은 4개인 것으로 근연하는 다른 종과 구별할 수 있다. 기수역의 하구나 약간 내륙에 있는 맹그로브 숲에 주로 서식한다. 산란은 건기에 집단으로 하고, 1회 산란 수는 5~60개. 연간 산란 횟수는 1~3회. 알은 긴 타원형으로 단단하고 흰 난각을 갖고 있다. 부화 일수는 68~112일.

식성은 수생 식물이나 연안 식물 등의 잎과 줄기, 뿌리 등을 중심으로, 수생 동물도 먹는 잡식성이다.

잠경목(Cryptodira)
돌거북(바타거거북)과(Geoemydidae)

페인티드 테라핀속(*Callagur*)

1종이 있다. 바타거거북과에서 최대종으로, 등갑 길이 76㎝에 달하기도 하지만 일반적으로 60㎝ 이하다. 바타거거북속에 특히 근연한 것으로 알려져 있다.

페인티드 테라핀 Painted terrapin

- **학 명 :** *Callagur bonneoensis*
- **분 포 :** 말레이반도, 보르네오섬, 수마트라섬
- **등갑 길이 :** 35~60㎝ (최대 76㎝)

1속 1종의 대형 수생 거북이다. 등갑은 약간 긴 달걀 모양이고 비교적 편평하게 솟아 있으며, 추갑판과 늑갑판에 희미한 용골(늑갑판의 용골은 소실하는 경우도 있음)이 있다. 등갑 색채는 암컷은 암갈색이지만, 수컷은 담갈색 바탕에 용골 부분이 어두운색 선이나 얼룩무늬로 되어 있고, 각 연갑판에는 1개의 어두운색 얼룩무늬가 들어가 있다. 머리는 약간 소형이다. 주둥이는 돌출되어 있는데, 암컷은 이것이 동일한 회색이나 올리브색이지만, 수컷은 주둥이부터 머리 꼭대기에 걸쳐 적갈색이며 번식기에는 선명한 붉은색으로 변한다. 중대형 하천의 하구에 펼쳐진 맹그로브 숲의 기수역에 주로 서식하는데, 유체는 염분 내성이 약해 담수 지역으로 이동하여 산다. 개발 등으로 인해 번식지가 격감해서 데이터가 부족하다. 산란은 집단으로 이루어지며, 1회 산란 수는 12개 전후, 연간 산란 횟수는 여러 회로 알려져 있다.

◆사육 포인트
대형 수조가 필요하며, 수심도 넉넉해야 한다. 수질 안정을 유지하고, 유체는 몸의 건조를 위해 육지를 마련해야 하며 초보자가 키우기에는 적절치 않다.

잠경목(Cryptodira)
돌거북(바타거거북)과(Geoemydidae)

지붕거북속(*Kachuga*)

세줄지붕거북(*K. dhongoka*), 붉은관지붕거북(*K. kachuga*), 버마지붕거북(*K. trivittata*)의 3종으로 분류된다. 최대 등갑 길이가 40㎝를 넘고, 갑은 비교적 가늘고 길며 편평하면서 전체적으로 매끄럽다. 등갑은 제2 추갑판이 가장 높고, 제4 추갑판은 앞쪽에서 한데 모이지 않고 폭이 넓다. 바타거거북속에 특히 근연한 것으로 알려져 있다.

세줄지붕거북 Three-striped roofed turtle

- **학 명 :** *Kachug dhongoka*
- **분 포 :** 인도 북동부, 방글라데시, 네팔 남부
- **등갑 길이 :** 20~40㎝ (최대 48㎝)

최근 지붕거북속(Kachuga)을 없애고, 이 종을 바타거거북속으로 편입하자는 설이 유력하다. 등갑은 달걀 모양이다. 등갑은 비교적 편평하며, 가운데에 약한 용골이 들어가 있고, 특히 제2 추갑판에는 용골 뒷부분에 돌기가 있다. 유체일 때는 추갑판과 늑갑판에 용골이 있지만, 성장하면서 각 늑갑판의 용골은 약간 솟아오르는 정도고, 추갑판에서 제2 추갑판 이외에는 용골이 희미하게 남는 정도만 된다. 등갑 색채는 올리브색이고, 용골 부분이 어두운색 줄무늬나 얼룩무늬로 남는다. 머리는 약간 대형이고, 주둥이는 살짝 뾰족하게 위로 젖혀진다. 머리 후부는 자잘한 비늘로 덮여 있고, 눈 윗부분부터 고막 위까지는 노란색의 가는 선이 들어가 있다. 대형 하천의 해발고도 500m까지 분포하며, 수심이 깊고 맑은 하천이나 그 주변의 수역에 서식한다. 번식은 데이터가 부족한 상태며, 인도에서의 산란은 3~4월에 이루어지는데 1회 산란 수는 16~35개, 알은 긴 타원형이고 단단한 난각을 가지고 있으나 탄력을 가진 난각일 때도 있다. 부화 일수는 55~90일 정도. 식성은 초식 경향이 강한 잡식성이지만, 암컷 성체는 초식 식성을 갖는다.

◆사육 포인트
큰 설비가 필요한데 등갑에 상처를 주는 돌기나 뾰족한 레이아웃은 피하고, 다양한 먹이를 준다.

붉은관지붕거북 Red-crowned roofed turtle

- **학 명 :** *Batagur kachuga*
- **분 포 :** 인도 북동부, 방글라데시, 네팔 남부
- **등갑 길이 :** 30~50㎝ (최대 56㎝)

세줄지붕거북과 마찬가지로, 이 종도 바타거거북속으로 편입하자는 설이 유력하다. 형태는 세줄지붕거북과 비슷하지만, 제2 추갑판의 용골 뒷부분의 돌기는 세줄지붕거북보다 폭이 좁고 날카롭게 보이며, 다른 희미한 용골도 마찬가지다. 등갑 색채는 올리브색이나 암갈색 바탕에, 특징적인 무늬는 없다. 머리는 약간 대형이고, 주둥이의 돌출은 약하고 살짝 뒤집힌 정도다. 머리의 색채는 암수가 서로 다른데, 암컷은 청회색이나 푸른빛이 도는 올리브색이고 목 부분에는 굵은 밝은 회색 줄이 5개 정도 들어간다. 한편 수컷은 주둥이부터 머리 꼭대기까지 붉은색을 띠고, 목 부분의 선은 노란색이나 빨간색이며, 번식기에 더 선명해진다. 해발고도 300~500m 정도의 흐름이 빠르고 수심이 깊은 대형 하천에서 모래 둔치가 있는 수역을 좋아한다. 번식에 관해서는 데이터가 부족하고, 산란은 3~4월이다. 1회 산란 수는 15~30개. 알은 긴 타원형이고 5~6월에 부화한다. 식성은 식물 경향이 강하지만, 유체는 육식 경향이 강한 잡식이다.

잠경목(Cryptodira)
돌거북(바타거거북)과(Geoemydidae)

작은지붕거북속
(*Pangshura*)

갈색지붕거북(*P. smithii*), 아삼지붕거북(*P. sylhetensis*), 인도지붕거북(*P. tecta*), 인도텐트거북(*P. tentoria*)의 4종으로 분류되고, 최대라도 등갑 길이는 26.5㎝를 넘지 못한다. 등갑 중앙에는 1개의 세로줄이 들어가 있고, 제3 추갑판이 가장 높으며 뒷부분 가운데가 돌기 형태로 튀어나와 있으나, 제4 추갑판은 가늘고 길며 앞부분에서 거의 뾰족한 모양새로 제3 추갑판과 접해 있다.

갈색지붕거북 Brown roofed turtle

흰발지붕거북 Pale-footed roofed turtle

갈색지붕거북 Brown roofed turtle

- **학 명 :** *Pangshura smithii*
- **아 종 :** 갈색지붕거북(*P. s. smithii*), 흰발지붕거북(*P. s. pallidipes*)
- **분 포 :** 파키스탄, 인도 북부, 네팔 남부, 방글라데시
- **등갑 길이 :** 18~20㎝ (최대 23㎝)

2종의 아종으로 분류된 소형의 지붕거북이다. 등갑은 약간 가늘고 긴 달걀 모양이고, 다른 종과는 달리 편평하다. 등갑 가운데의 용골은 선명하지만, 용골 위에 있는 돌기는 낮다. 등갑 색채는 아종 간이나 산지, 개체에 따라 변이가 크지만, 갈색지붕거북(*P. s. smithii*)은 어두운색이고, 흰발지붕거북(*P. s. pallidipes*)은 밝은색 경향을 보인다. 두 아종에서 갈색지붕거북(*P. s. smithii*)은 복갑에 큰 검은 반점이 있고 네발과 머리, 생식기는 어두운색이지만, 흰발지붕거북의 복갑에는 검은 반점이 없고 네발과 머리, 생식기는 밝은색이어서 서로 구분은 되나, 양쪽 아종 모두 특징이 균일하다고 할 수는 없다. 비교적 얕고 흐름이 완만한 진흙질 바닥의 하천이나 그 주변 수역의 늪과 못에 서식하고, 일광욕을 즐긴다. 번식에 관해서는 정보가 부족하며 산란은 8~11월이다. 1회 산란 수는 3~11개로, 연간 산란 횟수는 2회 이상이다. 알은 구형에 가까운 타원형이다. 식성은 잡식성이지만 암컷 성체에서는 초식 경향이 강하다.

◆사육 포인트
물온도는 너무 낮추지 말고, 육지 쪽에 따뜻한 장소를 늘 설치해둔다.

아삼지붕거북 Assam roofed turtle

- **학 명 :** *Pangshura sylhetensis*
- **분 포 :** 방글라데시 북부, 인도 북동부
- **등갑 길이 :** 15~20㎝ (최대 20㎝)

작은지붕거북속 중에서 가장 소형이다. 등갑은 달걀 모양이고 높게 솟아올라 있으며, 가운데에 용골이 있고, 단면은 높은 삼각형 지붕 모양이다. 제3 추갑판이 가장 높고, 용골 뒤쪽으로 돌기가 돌출한다. 후부 연갑판은 또렷한 톱니형을 취한다. 머리는 약간 소형이고, 주둥이는 돌출해 있으며, 색채는 올리브색이나 갈색인데, 후두부에서 눈 아래로 옅은 분홍색 및 진한 분홍색, 노란색 등의 < 자 형태의 무늬가 들어간다. 야행성 경향이 강하고, 해발고도 300m 이하의 구릉 지대의 하천이나 그 주변의 늪과 못 등에서 수생 식물이 많은 장소에 서식한다. 번식 생태는 불명이고, 식성은 갈색지붕거북과 비슷하다.

◆사육 포인트
갈색지붕거북과 같다.

인도지붕거북 Indian roofed turtle

- **학 명 :** *Pangshura tecta*
- **분 포 :** 파키스탄 남부, 인도 북부, 방글라데시
- **등갑 길이 :** 15~23㎝ (최대 23㎝)

소형의 작은지붕거북이다. 등갑은 약간 가늘고 긴 달걀 모양이고, 매끄러운 돔 형으로 솟아 있는데 가운데의 용골이 또렷하다. 제3 추갑판이 가장 높고, 약간 폭이 넓은 낮은 돌기가 뒤쪽으로 돌출해 있으며, 단면은 약간 높은 삼각 지붕형이다. 등갑 색채는 갈색이고 제1~3 추갑판의 용골 부분은 오렌지색이나 노란색을 띤다. 머리는 중형이고 주둥이는 돌출해 있으며, 후두부는 큰 비늘로 덮여 있다. 머리 색채는 등갑과 거의 비슷한 색이며, 눈의 거의 정중앙에서 눈을 둘러싸듯 붉은색이나 적갈색 무늬가 후두부 가운데로 흐르는 듯 들어가 있고, 목 부분에는 노란색 및 황갈색의 줄무늬가 많이 나 있다. 비교적 흐름이 완만한 진흙질 바닥의 작은 하천이나 못과 늪, 습지에서 수생 식물이 많은 수역에 서식한다. 산란기는 서식지에 따라 다르고, 1회 산란 수는 3~14개다. 연간 산란 횟수는 여러 번이다. 알은 타원형이고 흰색의 단단한 난각을 가지며, 부화 일수는 70~144일이다. 식성은 갈색지붕거북과 비슷하다.

인도텐트거북 Indian tent turtle

인도텐트거북 Indian tent turtle

- **학 명 :** *Pangshura tentoria*
- **아 종 :** 인도텐트거북(*P. t. tentoria*), 분홍고리텐트거북(*P. t. circumdata*), 노란배텐트거북(*P. t. flaviventer*)
- **분 포 :** 인도 북부 및 동부, 방글라데시
- **등갑 길이 :** 18~25㎝ (최대 26.5㎝)

작은지붕거북속 중에서 최대 크기로, 3종의 아종으로 분류된다. 형태는 인도지붕거북과 비슷하지만, 제3 추갑판의 용골 위쪽 뒷부분의 폭넓은 돌기는 비교적 크다. 등갑의 높이, 그리고 머리의 색채, 얼룩무늬, 모양은 아종 간에 서로 다르다. 후연부는 톱니형을 취하지 않고 매끄럽다. 머리는 중형이고, 주둥이의 돌출 정도는 약하며, 눈 뒷부분이나 후두부에 있는 부정형한 붉은 반점도 아종에 따라 다르다. 후두부는 비교적 큰 비늘로 덮여 있다. 서식 환경은 3종의 아종에 따라 열대 지역, 온대 지역, 건조 지역으로 기후대는 다르지만, 비교적 흐름이 완만한 진흙질 바닥의 작은 하천이나 늪과 못, 습지의 쓰러진 나무, 암석 지대, 둑 등에서 일광욕을 즐긴다. 번식 생태는 불명인 점이 많고 산란기는 10~1월이다. 1회 산란 수는 3~12개. 알은 긴 타원형으로, 희고 단단한 난각을 가진다. 식성은 유체일 때 잡식 경향이 있으나, 성장 단계에서 다양한 초식을 섭취하는 경향이 강해진다.

◆ 사육 포인트

갈색지붕거북과 같다.

분홍고리텐트거북 Pink-ringed tent turtle

노란배텐트거북 Yellow-bellied tent turtle

잠경목(Cryptodira)
돌거북(바타거거북)과(Geoemydidae)

검정늪거북속(*Geoclemys*)

1종이 있고, 바타거거북속에 근연한다.

검정늪거북 Black pond turtle

- **학 명 :** *Geoclemys hamiltonii*
- **분 포 :** 파키스탄, 인도 북부, 네팔 남부, 방글라데시
- **등갑 길이 :** 20~35㎝ (최대 39㎝)

1속 1종으로 분류된 반수생종. 등갑은 타원형이고, 완만한 돔 형(암컷)이나 약간 편평하게(수컷) 솟아 있으며, 추갑판과 좌우 늑갑판에 선명한 용골이 있다. 유체일 때는 이 각 용골 뒷부분이 후방으로 돌출하지만 성장하면서 사라지고, 3개의 큰 이랑 형태의 용골이 된다. 색채는 등갑 전체가 검은색이고, 여기에 흰색이나 크림색, 노란색, 오렌지색 등의 작은 반점이나 방사형 무늬가 많이 들어간다. 목 부분이나 네발, 꼬리는 더 작은 크기의 흰색이나 노란색 반점에 덮여 있다. 머리는 크고, 색채나 작은 반점 무늬는 등갑과 같다. 완만한 흐름의 하천이나 그 주변 늪과 못 등에서, 물이 비교적 맑고 수생 식물이 많이 자라는 수역에서 서식한다. 1년의 2회 산란기가 있는 것으로 보이고, 1회 산란 수는 26~36개. 알은 구형에 가까운 타원형으로 단단하지만 약한 난각을 가진다. 부화 일수는 74일 전후. 식성은 수생 곤충이나 갑각류, 조개류 등의 육식성이다.

잠경목(Cryptodira)
돌거북(바타거거북)과(Geoemydidae)

왕관강거북속(*Hardella*)

1종이 있고, 바타거거북속에 근연한다.

왕관강거북 Crowned river turtle

- **학 명 :** *Hardella thurjii*
- **아 종 :** 갠지스왕관강거북(*H. t. thurjii*), 인더스왕관강거북(*H. t. indi*)
- **분 포 :** 인도 북부, 방글라데시, 파키스탄 남부
- **등갑 길이 :** 15~50㎝ (최대 61㎝)

대형종이지만 암컷이 최대 등갑 길이 61㎝인 것에 비해, 수컷은 최대 등갑 길이 17.5㎝ 전후여서 암수의 덩치 크기 차이가 극단적이다. 등갑은 약간 긴 타원형이고 돔형으로 솟아 있으며, 가운데에는 용골을 가진다. 등갑 색채는 암회색이나 암흑색으로, 외연부는 노란색으로 테가 둘려 있다. 머리는 중형이고, 약간 굵은 노란색이나 담황색의 줄무늬가 주둥이 아래쪽의 눈 사이, 눈 위 앞부분의 눈 사이, 눈의 뒷부분 위에서부터 목으로 흐르는 무늬를 가진다. 두 아종은 등갑 가운데의 용골의 선명한 정도나 각 늑갑판의 용골 형태의 솟은 부분 등으로 식별할 수 있으나 불확실한 점도 있다. 완만한 흐름의 진흙질 바닥을 가진 하천이나 그 주변의 연못 등에서 수생 식물이 무성한 수역에 서식하고, 수생 경향이 매우 강하다. 산란기는 지역에 따라 다르고, 1회 산란 수는 14~19개. 연간 산란 횟수는 불명이다. 알은 달걀 모양이면서 딱딱하고, 부화 일수도 불명이다. 식성은 잡식성이지만 암컷 성체는 초식 경향이 강한 것으로 알려져 있다.

◆사육 포인트
특히 복갑은 상처가 나기 쉬워서, 수조 내에 돌기나 툭 튀어나온 것이 없게 한다. 칼슘이나 비타민류, 미네랄이 풍부한 식물을 먹이로 주는 게 좋다.

잠경목(Cryptodira)
돌거북(바타거거북)과(Geoemydidae)

눈거북속(*Morenia*)

인도눈거북(*M. petersi*), 버마눈거북(*M. ocellata*) 2종이 있으며, 등갑의 각 늑갑판 위에 눈 모양의 무늬 혹은 원 무늬를 가진다. 바타거거북속에 근연한다.

인도눈거북 Indian eyed turtle

- **학 명 :** *Morenia petersi*
- **별 명 :** 벵갈눈거북, 노란거북
- **분 포 :** 방글라데시, 인도 북동부
- **등갑 길이 :** 15~20㎝ (최대 22.2㎝)

눈거북속은 이 종과 버마눈거북(*M. ocellata*)의 2종이 있다. 등갑은 둥그스름한 타원형으로 약간 높은 돔형으로 솟아 있다. 유체일 때 등갑 중앙부 각 추갑판 위의 뒤쪽으로 돌출한 용골은 뚜렷하지만, 노령 개체에서는 눈에 띄지 않게 된다. 등갑 색채는 녹색 빛이 도는 진한 흑갈색이고, 추갑판이나 늑갑판에는 크림색의 원 무늬나 말발굽 무늬, U자형의 무늬가 1개씩 들어가지만 성체가 되면서 불분명해지거나 사라질 때도 있다. 머리는 약간 소형이고 흑갈색이며, 주둥이는 뾰족하고, 머리 측면의 주둥이부터 목 부분까지 노란색 줄무늬가 여러 개나 있다. 수생 식물이 밀집한 지수역의 얕은 늪과 못, 수로 등에 서식하고 일광욕을 좋아한다. 번식 생태에 관해서는 정보가 부족하나, 산란은 12월 말~1월 말이고 1회 산란 개수는 1개다. 연간 산란 횟수는 2회라는 사례가 있고, 알은 긴 타원형에 단단하며 부화 일수는 불명이다. 식성은 주로 수생 식물을 먹는다.

◆사육 포인트
충분한 넓이와 수심 외에도 수질 관리, 고수온(30°C 전후)이 필요하며 합사가 적절치 않은 종이기도 하다.

버마눈거북 Burmese eyed turtle

- **학 명 :** *Morenia ocellata*
- **별 명 :** 벵갈눈테라핀, 버마공작거북
- **분 포 :** 미얀마 남부
- **등갑 길이 :** 15~20㎝ (최대 22㎝)

갑은 폭이 넓고 원형에 가까운 타원형이다. 등갑은 유체일 때 가운데 용골이 솟아올라 있고 단면은 이등변삼각형으로 보이지만, 성체일 때는 완만한 돔형이 된다. 제2, 3 추갑판의 뒷부분은 유체일 때는 뚜렷한 혹 형태지만, 성체가 되면 눈에 띄지 않게 된다. 등갑은 갈색이고, 추갑판과 늑갑판 중앙에는 암갈색에 주변이 황갈색인 큰 눈알 무늬가 한 개씩 들어가지만 노령 개체에서는 흐릿해진다. 머리는 소형이고 주둥이는 비교적 둥글며, 후두부는 자잘한 비늘로 덮여 있다. 머리에서 목 부분까지 희고 가느다란 3쌍의 세로줄 무늬가 있다. 큰 하천 주변에 있는 작은 하천이나 수로, 늪과 못, 습지에 서식한다. 번식 생태는 정보가 부족하다. 식성은 거의 초식성이다.

잠경목(Cryptodira) 돌거북(바타거거북)과(Geoemydidae)

말레이시아자이언트거북속
(*Orlitia*)

1종으로 바타거거북속에 근연한다.

말레이시아자이언트거북
Malaysian giant turtle

- **학 명 :** *Orlitia borneensis*
- **분 포 :** 말레이반도, 보르네오섬, 수마트라섬
- **등갑 길이 :** 60~70㎝ (최대 80㎝ 이상)

돌거북과 최대종. 등갑은 타원형이고 유체일 때 높은 돔 형으로 솟아 있지만, 성장과 함께 갑의 폭이 넓어지면서 높이도 낮아지고 편평해진다. 등갑 색채는 어두운 회색이나 암갈색, 검은색이다. 머리는 비교적 대형이고, 폭이 넓으며 두툼하다. 주둥이는 살짝 뾰족하고, 성체는 균일하게 어두운색이면서 무늬 등은 없다. 수서 경향이 크고, 대형 하천이나 호수와 늪, 하구 근처까지 서식하고 물갈퀴가 잘 발달하여 헤엄도 잘 친다. 번식기 등에 관해서는 불분명한 점이 많고, 1회 산란 수는 12~15개이며, 연간 산란 횟수는 불명이다. 알은 긴 타원형이고 긴 지름 80㎜, 짧은 지름은 40㎜로 크고 단단하지만 약하다. 부화 일수는 불명이고, 부화 개체의 등갑 길이는 약 60㎜. 식성은 잡식성이고 수생 식물이나 수생 동물을 주로 먹는다.

잠경목(Cryptodira)
돌거북(바타거거북)과(Geoemydidae)

달팽이먹이거북속
(*Malayemys*)

말레이달팽이먹이거북(*M. macrocephala*), 메콩달팽이먹이거북(*M. subtrijuga*)의 2종이 있는데, 두 종의 차이는 거의 없고 후에 아종으로 보게 될 가능성이 있다. 바타거거북속에 근연한다.

말레이달팽이먹이거북

Malayan snail-eating turtle

- **학 명 :** *Malayemys macrocephala*
- **분 포 :** 타이 서부에서 말레이반도
- **등갑 길이 :** 15~16㎝ (최대 20㎝ 정도)

머리의 얼룩무늬 차이로 2종으로 분류되지만, 훗날에는 아종이 될 가능성도 있다. 등갑은 타원형이고 약간 솟아오른 돔 형인데, 추갑판과 좌우 늑갑판에 뚜렷한 용골이 있다. 등갑 색채는 적갈색이나 밝은 갈색, 어두운 갈색이고, 외연부에는 노란색이나 회색, 흰색 등의 테두리가 있다. 머리는 대형이고, ①검은색 바탕에 머리 측면의 위쪽, ②주둥이 위쪽에서 눈 아래쪽을 지나는 곳, ③눈 뒤쪽에서 고막을 지나는 곳까지 해서 3개의 흰색에 가까운 선명한 선이 나 있다. ②는 주둥이에서 ①과 이어지지 않고, 주둥이 아래의 세로줄 무늬는 2~4개가 있는 게 특징이다. 물 밑바닥이 진흙질이고 흐름이 완만한 작은 하천이나 늪과 못, 수로 등에서, 수생 식물이 많은 수역에 서식한다. 산란은 건기인 12~3월에 이루어지고, 1회 산란 수는 3~4개이며, 연간 산란 횟수는 불명이다. 알은 긴 타원형으로 단단하고, 부화 일수는 평균 167일 정도다. 식성은 주로 고둥이나 쌍각류 조개를 먹는다.

◆사육 포인트
등갑에는 상처가 나기 쉽고 다른 종과의 합사는 피하며, 같은 종끼리라도 주의가 필요하다. 겁이 많아서, 피난처나 부초 등으로 진정하게 해준다.

메콩달팽이먹이거북

Mekong snail-eating turtle

- **학 명 :** *Malayemys subtrijuga*
- **분 포 :** 타이 동부, 캄보디아, 베트남 남부, 자바섬
- **등갑 길이 :** 15~16㎝ (최대 20㎝ 정도)

외부 형태는 말레이달팽이먹이거북과 거의 동일하다. 머리 측면의 선명한 줄무늬는 주둥이 옆에서 ①과 ②가 이어지고, 주둥이 아래의 세로줄 무늬는 6개 이상이어서 두 종의 식별 기준이 된다(①과 ②는 앞 페이지의 말레이달팽이먹이거북의 해설 참조). 생태나 습성에 관해서는 정보 부족이고, 주로 저지대의 늪과 못, 논, 수로 등의 지수역에 서식하며 식성은 말레이달팽이먹이거북과 거의 동일한 것으로 보인다.

◆사육 포인트

말레이달팽이먹이거북과 동일하다.

잠경목(Cryptodira)
돌거북(바타거거북)과(Geoemydidae)

돌거북속(*Mauremys*)

과거의 남생이속, 중국줄무늬목거북속은 분류 재편으로 인해 돌거북속에 포함되었고, 돌거북속은 9종이 있다. 종 간의 잡종이 생기기 쉬워서 이종 간의 합사는 피한다.

남생이 Chinese pond turtle

- **학 명 :** *Mauremys reevesii*
- **별 명 :** 중국연못거북
- **분 포 :** 중국 동부에서 북동부, 한국, 일본, 대만
- **등갑 길이 :** 18~23㎝ (최대 30㎝ 정도)

분류가 여전히 혼란스러운 상태이며, 앞으로 변경될 여지가 있다. 등갑은 약간 긴 타원형이고 비교적 편평하게 솟아 있지만, 암컷은 약간 높은 돔 형을 이룬다. 추갑판과 좌우 늑갑판에는 용골이 있고, 유체일 때는 선명한데 성체가 되어서도 남는다. 등갑 색채는 회갈색 및 암갈색이 일반적이고, 수컷 성체일 때는 온몸에 멜라니즘화(검은색으로 변하는 현상) 하는 개체가 많다. 머리는 약간 대형이지만 암컷 일부에서는 머리가 거대화하는 개체도 있다. 머리 색채는 암갈색이나 회갈색이 일반적이고, 머리 측면에는 담황색의 부정형한 줄무늬나 얼룩무늬가 이곳저곳에 나 있다. 저지대에 사는 성향이 강하고, 비교적 확 트이면서 흐름이 완만한 하천이나 늪과 못 등의 연안에 식물이 많은 환경을 좋아한다. 산란은 6~8월. 1회 산란 수는 4~13개. 연간 산란 횟수는 1~3회. 알은 긴 타원형이고 단단하며, 부화 일수는 60~80일 전후다.

◆ 사육 포인트
유체는 피부가 약한 편이어서 수질 오염으로 피부병이 생기기 쉬우므로, 신선한 물과 충분히 몸을 말릴 수 있는 육지를 설치한다.

붉은목연못거북 Red-necked pond turtle

- **학 명 :** *Mauremys nigricans*
- **분 포 :** 중국 남부(하이난섬 포함), 베트남 북부(중국와 국경 부근)
- **등갑 길이 :** 15~20㎝ (최대 24㎝ 정도)

형태는 중국연못거북과 비슷하지만, 중국연못거북보다 갑의 폭이 넓고 등갑은 암수 모두 약간 솟아 있는 돔형이다. 유체일 때 추갑판과 좌우 늑갑판의 용골은 비교적 뚜렷하지만, 늑갑판의 용골은 다소 이른 단계에서 사라지고 추갑판의 용골만 남게 된다. 등갑 색채도 중국연못거북과 비슷하다. 멜라니즘화는 암수 모두 생기지만, 중국연못거북의 수컷처럼 온몸이 까만색으로 변하지는 않는다. 머리는 약간 대형이지만, 암컷 일부에서는 머리가 거대해지는 개체도 있다. 산지에 사는 경향이 강하고, 저산지나 구릉지의 작은 하천 등에 주로 서식한다. 번식에 관해서는 조사가 부족하고, 사육 환경에서는 1회 산란 수가 2~9개다. 알은 긴 타원형이고 단단하며, 부화 일수는 51~55일이다. 식성은 잡식성이다.

◆사육 포인트
중국연못거북과 동일하다.

일본연못거북 Japanese pond turtle

- **학 명 :** *Mauremys japonica*
- **분 포 :** 일본(혼슈, 시코쿠, 규슈와 그 부속 섬)
- **등갑 길이 :** 14~20㎝ (최대 22㎝ 정도)

일본의 고유종이다. 등갑은 약간 긴 타원형이고 편평하게 솟아 있으며, 추갑판 중앙에 용골이 있다. 유체일 때는 늑갑판에도 약한 용골이 있지만, 성장하면서 사라진다. 등갑의 색은 노란색 및 황갈색, 회갈색, 암갈색 등 변이가 다양하며, 어두운색으로 흐릿한 자잘한 얼룩이 많이 나 있다. 머리는 약간 소형이고, 주둥이는 살짝 튀어나와 있으며, 머리 측면의 눈 뒤쪽 위아래로 황갈색이나 불그스름한 파선 형태의 줄무늬가 여러 개 들어가 있다. 주

로 하천 중상류를 흐르는 물이나 그 주변의 논 등에 서식한다. 산란은 6~8월. 1회 산란 수는 1~12개로, 연간 산란 횟수는 1~3회다. 알은 긴 타원형이고 단단하며, 부화 일수는 70일 전후다. 식성은 잡식성이다.

유체

◆사육 포인트

저온에 강하고, 신선한 물과 충분한 일광욕을 할 수 있는 환경을 갖춘다.

베트남연못거북 Vietnamese pond turtle

- **학 명 :** *Mauremys annamensis*
- **분 포 :** 베트남 중부
- **등갑 길이 :** 18~20㎝ (최대 28.5㎝)

베트남 고유종이다. 등갑은 약간 긴 타원형이다. 등갑은 약간 편평하고 완만한 돔 형으로, 일반적으로 등갑에 3개의 용골이 있지만, 노령 개체에서는 추갑판에만 남을 때도 있다. 등갑 색채는 암회색이나 짙은 암갈색이고, 명확한 무늬는 없다. 머리는 중형이고, 주둥이에서 머리 배면의 바깥둘레를 따라 목 부분까지 향하는 선, 주둥이에서 눈을 가로질러 목으로 향하는 선, 주둥이에서 눈 아래를 지나 목 아랫면으로 가는 선 등, 세 쌍의 약간 굵은 담황색 줄무늬가 눈에 띄지만 개체에 따라 줄의 폭이나 모양새가 다르다. 생태나 습성에 관해서는 조사가 부족하지만 노란연못거북과 비슷한 것으로 보이며, 저지대의 작은 하천이나 못과 늪 등에 서식한다. 식성은 잡식성이다.

◆사육 포인트
비교적 사육하기 쉽지만, 수질 오염에 유의하고 충분한 일광욕을 할 수 있게 고려한다.

아시아노란연못거북 Asian yellow pond turtle

류큐노란연못거북 Ryukyu yellow pond turtle

노란연못거북 Yellow pond turtle

- **학 명 :** *Mauremys mutica*
- **아 종 :** 아시아노란연못거북(*M. m. mutica*), 류큐노란연못거북(*M. m. kami*)
- **분 포 :** 중국 남부, 대만, 베트남 북부, 일본(야에야마 제도)
- **등갑 길이 :** 18~20㎝ (최대 20.5㎝ 정도)

류큐노란연못거북은 본래 서식지가 아닌 오키나와 본섬이나 그 주변의 외딴 섬 일부에 이입, 정착했다. 등갑은 약간 긴 타원형이고 편평하거나 완만한 돔 형으로 솟아 있으며, 등갑 면은 매우 매끄럽다. 유체일 때 3개의 용골이 있지만, 성체가 되면 추갑판의 용골만 희미하게 남을 뿐이다. 등갑 색채는 회색이나 밝은 갈색, 어두운 갈색이지만 부분적으로 명암이 있고, 아종 간이나 개체 차이가 다양하다. 머리는 중형이고, 눈 뒤로 약간 폭이 굵은 담황색이나 갈색의 선이 고막까지 나 있다. 온대 지역부터 아열대 지역의 온난 습윤한 곳에서, 저지대부터 저산지까지 있는 다양한 수역에 서식한다. 일반적으로 6~7월에 산란하고, 1회 산란 수는 1~6개. 연간 산란 횟수는 1~3회. 알은 긴 타원형으로 단단하고, 부화 일수는 60~80일 전후다. 식성은 잡식성이다.

◆ 사육 포인트
번식기에 공격성이 강해지고, 수컷을 여러 마리 사육하는 것은 피한다.

동부카스피거북 Eastern Caspian turtle

카스피거북 Caspian turtle

- **학 명 :** *Mauremys caspica*
- **별 명 :** 줄무늬목거북
- **아 종 :** 동부카스피거북(*M. c. caspica*), 점박이배카스피거북(*M. c. ventrimaculata*), 지벤로크카스피거북(*M. c. siebenrocki*)
- **분 포 :** 카스피해 중부 및 남부 연안, 이란, 이라크, 시리아 북부, 튀르키예 동부 등
- **등갑 길이 :** 20~23㎝ (최대 25㎝ 정도)

3종의 아종으로 분류되고, 발칸 테라핀이나 아종 간의 교잡 개체도 관찰된다. 등갑은 가늘고 긴 타원형이고 편평하게 솟아 있다. 추갑판에 희미한 용골이 있는데, 유체일 때는 늑갑판에도 용골이 비교적 선명하게 있으나 이른 시기에 사라진다. 등갑 색채는 황갈색이나 올리브색, 암갈색이고, 각 갑판에는 밝은색의 복잡한 그물 무늬를 가지고 있지만 발칸 테라핀보다 선명하지는 않다. 머리는 소형이고, 머리 측면에 목 부분으로 이어지는 가느다란 담황색이나 노란색 줄무늬를 5개 이상 가진다. 다양한 수역에 서식하고, 그중에는 기수역도 포함된다. 일광욕을 좋아하는 반수생종. 산란은 6~7월이고, 1회 산란 수는 4~6개. 연간 산란 횟수는 2회. 알은 긴 타원형이고 단단하지만 약하다. 부화는 가을비가 내린 후 지상으로 알을 까고 나온다. 식성은 동물식으로 알려져 있으나, 사육 환경에서는 과일이나 잎채소 등도 먹는다.

◆사육 포인트
신선한 물과 충분한 일광욕을 할 수 있는 육지 설치가 필요하다.

발칸 테라핀 Balkan terrapin

- **학 명 :** *Mauremys rivulata*
- **별 명 :** 서부카스피거북
- **분 포 :** 크로아티아 남부부터 발칸반도, 불가리아 남부, 튀르키예부터 이스라엘 북부의 지중해 연안부
- **등갑 길이 :** 25~30㎝ (최대 35㎝)

카스피거북과 닮았지만, 돌거북속 중에서는 대형이다. 형태는 카스피거북과 닮았고, 색채는 올리브색이나 회갈색, 암갈색이다. 유체일 때는 카스피거북보다 작고 부정형한 모양에, 오렌지 색 등의 밝은색의 그물 무늬가 각 갑판에 들어가 있지만 성장하면서 명료함이 떨어진다. 머리는 소형이고, 머리 측면의 눈 뒤쪽으로 5개 이상이 되는 노란색 줄무늬가 목 부분까지 이어지지만, 분포범위가 넓어서 동부나 서부에서는 색채 등이 서로 다르다. 서식지는 주로 온난한 지중해성 기후이며, 저지대의 다양한 수역(기수역을 포함)에서 찾아볼 수 있고 일광욕을 좋아한다. 1년 내내 물이 마르지 않는 수역에서 주로 서식한다. 번식 생태나 식성은 카스피거북과 비슷한 것으로 보인다.

◆사육 포인트
카스피거북과 동일하다.

스페인연못거북 Spanish pond turtle

사하라연못거북 Saharan pond turtle

지중해연못거북 Spanish pond turtle

- **학 명 :** *Mauremys leprosa*
- **아 종 :** 스페인연못거북(*M. l. leprosa*), 사하라연못거북(*M. l. saharica*)
- **분 포 :** 스페인, 포르투갈, 프랑스 남서부, 모로코부터 리비아 북서부의 지중해 연안부
- **등갑 길이 :** 18~20㎝ (최대 25㎝ 정도)

색채 변이가 크고, 과거에는 8종의 아종으로 분류되었지만, 현재는 2종의 아종으로 분류되는 것이 주류다. 형태는 카스피거북과 닮았고 색채는 올리브색이나 회갈색, 암갈색이고, 각 갑판에는 밝은색이나 어두운색으로 부정형한 얼룩무늬가 불규칙하게 들어가 있다. 머리는 중형이고, 머리 측면의 눈과 고막 사이에 밝은색의 동그랗고 작은 반점 혹은 복잡한 줄무늬 등이 들어가는 등 무늬의 변이가 크다. 주로 건기에서도 물이 마르지 않는 다양한(기수역을 포함) 수역에 서식하고, 일광욕을 즐긴다. 산란은 5~6월이고, 1회 산란 수는 4~13개. 연간 산란 횟수는 불명이다. 알은 긴 타원형이고 단단하며, 부화 일수는 65~75일이다. 식성은 육식 경향이 강한 잡식성이다.

중국줄무늬목거북

Chinese stripe-necked turtle

- **학 명 :** *Mauremys sinensis*
- **분 포 :** 중국 남부, 대만, 베트남 북부
- **등갑 길이 :** 18~25㎝ (최대 27㎝ 정도)

1속 1종이다. 등갑은 약간 긴 타원형이고 비교적 편평하게 솟아 있으며, 추갑판과 늑갑판에는 용골이 있는데 이는 유체일 때 비교적 선명하다. 성장하면서 추갑판의 용골은 희미해지지만 비교적 남는 편이고, 늑갑판의 용골은 더 희미해지고 뚝뚝 끊기는 모양새가 된다. 등갑 색채는 올리브색이나 갈색, 검은색이고, 용골 부분에는 밝은 갈색이나 오렌지색 등의 부정형한 얼룩무늬가 있다. 머리는 소형이고, 머리 꼭대기의 색채는 등갑 색과 거의 같으며, 머리 양옆과 머리 측면의 주둥이부터 목 부분까지 담황색의 줄무늬가 많이 들어가 있다. 물 밑바닥이 진흙질이고 흐름이 완만한 하천이나 그 주변의 늪과 못 등에 서식한다. 산란은 지역에 따라 다르고, 필자의 사육 경험에서는 1회 산란 수가 2~18회, 연간 산란 횟수는 2~3회다. 알은 긴 타원형으로 단단하고, 부화 일수는 60일 전후다. 식성은 동물성 먹이를 선호하는 잡식성이다.

옐로마진드상자거북

Yellow-margined box turtle

- **학 명 :** *Cuora flavomarginata*
- **아 종 :** 중국상자거북(*C. f. flavomarginata*), 류큐상자거북(*C. f. evelynae*)
- **분 포 :** 중국 남부, 대만, 일본(이시가키섬, 이리오모테섬)
- **등갑 길이 :** 15~17㎝ (최대 19㎝ 전후)

아종인 류큐상자거북은 일본 국가 지정 천연기념물이다. 등갑은 달걀 모양이거나 타원형이고, 비교적 높은 돔 모양으로 솟아 있다. 등갑 중앙에는 다소 선명한 용골이 있고, 좌우 늑갑판에도 희미한 용골이 있다. 등갑의 색채는 암갈색으로, 초생갑판 주위는 적갈색이며, 가운데의 용골은 노란색이나 담황색을 띤다. 머리는 약간 대형이고, 머리 배면은 암갈색이나 올리브색이지만 변이가 있다. 눈 뒤쪽에서부터 후두부를 두르는 것처럼 밝은 노란색의 약간 굵은 줄무늬가 있지만, 개체에 따라 후두부 중앙에서 줄무늬가 끊어지는 개체도 있다. 삼림 내의 습지를 주요 서식지로 삼고, 그 장소에서부터 삼림 주변의 초지나 경

잠경목(Cryptodira)
돌거북(바타거거북)과(Geoemydidae)

아시아상자거북속(*Cuora*)

옐로마진드상자거북(*C. flavomarginata*), 꽃등상자거북(*C. galbinifrons*), 용골등상자거북(*C. mouhotii*), 암보니아상자거북(*C. amboinensis*), 중국세줄상자거북(*C. trifasciata*), 노란머리상자거북(*C. aurocapitata*), 판상자거북(*C. pani*), 맥코드상자거북(*C. mccordi*), 주상자거북(*C. zhoui*), 운남상자거북(*C. yunnanensis*)의 10종이 있다. 등갑은 전엽, 후엽으로 나뉘어 있고, 경첩으로 이어져서 전엽과 후엽 모두 높은 가동성이 있으며, 머리, 꼬리, 네발을 넣어 완전히 뚜껑을 닫을 수 있는 아시아산 상자거북류다. 그러나 주로 두개골 형태에 기초해서 육서 경향이 강한 옐로마진드상자거북, 꽃등상자거북, 용골등상자거북을 다른 속으로 두자는 제안도 있으나 분류적으로 확정은 되지 않았다.

중국상자거북 Chinese box turtle

작지 등에도 나타난다. 육서 경향이 강하고, 헤엄은 잘 못 친다. 산란은 6~9월이고, 1회 산란 수는 2~6개. 연간 산란 횟수는 2~3회. 알은 긴 타원형으로 단단하며, 부화 일수는 70~90일이다. 식성은 동물의 사체에 몰려들기도 하는, 육식 경향이 강한 잡식성이다.

◆ 사육 포인트
기본적으로 습지에서 살며, 등갑이 잠기는 정도의 깊이로 물에 드나들기 쉽게 사육 환경을 만든다.

류큐상자거북 Ryukyu box turtle

대만産 옐로마진드상자거북 Yellow-margined box turtle

꽃등상자거북 Flowerback box turtle

- **학 명 :** *Cuora galbinifrons*
- **아 종 :** 베트남(검은배)상자거북(*C. g. galbinifrons*), 남베트남상자거북(*C. g. picturata*)
- **분 포 :** 중국 남부, 캄보디아 동부, 라오스 남부, 베트남 중부
- **등갑 길이 :** 16~17㎝ (최대 20㎝ 정도)

아시아상자거북속 중에서는 중형종이다. 등갑은 달걀 모양이나 타원형으로, 매우 높게 솟아오른 돔 형을 취하고 있다. 유체일 때는 등갑 중앙에 희미한 용골을 가지나, 성체가 되어서는 사라질 때가 많다. 등갑의 색은 담갈색 바탕에 어두운색이나 검은색의 복잡한 무늬가 들어가지만, 이는 아종 간에도 변이가 커서 어두운색 무늬가 거의 없는 것부터 많은 면적을 차지하는 것도 있다. 베트남꽃상자거북은 등갑의 높이가 다른 아종에 비해 낮고 복갑은 검다. 캄보디아꽃상자거북은 다른 아종에 비

베트남(검은배)상자거북 Vietnamese box turtle

캄보디아꽃상자거북 Flowerback box turtle

라오스꽃상자거북 Bourret's box turtle

해 등갑이 높고, 복갑의 각 갑판에 약간 큰 검은색 얼룩무늬가 있다. 라오스꽃상자거북은 앞의 2종의 중간쯤 되는 형태를 취하는 특징이 식별하는 기준이 된다. 머리는 중형에서부터 약간 큰 대형까지로, 색채는 아종에 따라 띠무늬나 벌레 먹은 무늬 등 변이가 매우 크다. 낮은 지대부터 비교적 높은 산지의 삼림이나 저목림, 덤불 등의 습지에 주로 서식하고, 육서 경향이 강한 것으로 알려져 있다. 번식이나 식성에 대해 알려진 바가 없고, 사육 환경에서의 1회 산란 수는 1~3개. 알은 긴 타원형이며 단단하고, 부화 일수는 70일 전후로 알려져 있다. 식성은 잡식성이다.

◆사육 포인트
야생 개체의 경우, 구충을 하고 다른 개체와의 합사는 피한다.

용골등상자거북 Keeled box turtle

- **학 명 :** *Cuora mouhotii*
- **아 종 :** 북부용골등상자거북(*C. m. mouhotii*), 남부용골등상자거북(*C. m. obsti*)
- **분 포 :** 인도 동북부, 중국 남부부터 미얀마 동남부, 라오스 북부, 베트남 북부 및 중부
- **등갑 길이 :** 16~18㎝ (최대 20㎝ 정도)

아시아상자거북속 중에서는 중형종이다. 형태적으로 류큐잎거북과 비슷하며, 등갑에는 3개의 용골이 선명하게 들어가 있고, 연갑판 후부는 톱니 모양이지만, 등갑은 약간 높고 다소 폭이 넓은 타원형이다. 등갑 색채는 거의 옅은 황갈색 및 적갈색, 암갈색 등으로, 각 갑판의 접합부는 가느다란 어두운색을 띤다. 복갑판에는 경첩이 있고,

캄보디아꽃상자거북 Flowerback box turtle

남부용골등상자거북 Southern keeled box turtle

북부용골등상자거북 Northern keeled box turtle의 유체

가동성이 좋다. 머리는 약간 대형이다. 후두부 배면은 자잘한 비늘로 덮여 있고, 색채는 담갈색이나 갈색인데 일반적으로 여기에 어두운색의 세세한 벌레 먹은 무늬가 전체적으로 들어가 있다. 구릉 지대에 있는 삼림 내 강가 등 습도가 높은 삼림 지표면을 좋아하고, 육서 경향이 강하다. 번식, 식성은 잘 알려진 바가 없고, 사육 환경에서의 산란은 6~9월에 이루어지며, 1회 산란 수는 1~5개. 알은 긴 타원형으로 단단하고, 부화 일수는 100일 전후다. 식성은 잡식성으로 알려져 있다.

◆ 사육 포인트
온도를 높게 유지하고, 육류(곤충류를 포함), 과일 등 다양한 종류의 먹이를 준다.

암보니아상자거북 Amboina box turtle

- **학 명 :** *Cuora amboinensis*
- **아 종 :** 윌라스상자거북(*C. a. amboinensis*), 서인도네시아상자거북(*C. a. couro*), 말레이상자거북(*C. a. kamaoma*), 버마상자거북(*C. a. liniata*)
- **분 포 :** 인도에서 동남아시아(라오스 이남, 필리핀, 인도네시아 이북)까지의 영역
- **등갑 길이 :** 18~20㎝ (최대 21㎝)

아시아상자거북속 중에서는 가장 분포 지역이 넓다. 등갑은 타원형이고 일반적으로 높은 돔 형을 취하고 있다. 유체일 때는 등갑 중앙과 좌우 늑갑판에 용골이 있지만, 성체일 때는 중앙의 용골은 남지만 늑갑판의 용골은 흔적 정도로 희미하게 남는다. 등갑 색채는 아종이나 개체 간에도 변이가 다양하다. 복갑에는 경첩이 있고, 그 가동성도 뛰어나다. 주로 열대 지역 저지대의 수생 식물이 많은 다양한 수역에 서식하고, 수생 경향이 강하지만 헤엄은 잘 치지 않고 물 밑바닥을 걷듯 이동하는 것 외

월라스상자거북 Wallacean box turtle

에, 육지에서도 활발하게 활동한다. 산란은 4~6월에 이루어지며, 1회 산란 수는 2~3개. 연간 산란 횟수는 2~4회다. 알은 긴 타원형이고 단단하며, 부화 일수는 75일 전후다. 식성은 육식 경향이 강한 잡식성이다. 현지에서는 식용으로 쓰인다.

◆ 사육 포인트
유체 시기는 저온에 약해서 보온 사육을 한다. 성체는 비교적 환경에 적응하지만, 물은 등갑이 잠기는 정도의 수심을 유지한다.

서인도네시아상자거북 West Indonesian box turtle

말레이상자거북
Malayan box turtle

말레이상자거북의 복갑

버마상자거북 Burmese box turtle

중국세줄상자거북

Chinese three-banded box turtle

- **학 명 :** *Cuora trifasciata*
- **분 포 :** 중국 남부, 라오스, 캄보디아, 베트남 북부
- **등갑 길이 :** 18~20㎝ (최대 21㎝ 이상)

아시아상자거북속 중에서는 중형종이다. 등갑은 약간 긴 달걀 모양이고 비교적 편평하게 솟아 있고, 중앙과 좌우 늑갑판 위에 용골이 있다. 등갑 색채는 오렌지색 및 적갈색, 갈색으로, 용골 부분이나 각 연갑판 일부에 어두운 색 무늬가 들어가는 것 말고도 어두운색 줄무늬가 방사형 모양으로 들어갈 때도 있는데, 색채와 무늬, 등갑 형태 등은 산지와 개체 간 변이가 크다. 머리는 약간 소형이고, 머리 배면은 올리브색이나 노란색으로, 머리 측면의 눈과 고막 사이에 갈색의 타원형 모양이 있고, 위턱 위에 있는 노란색 선은 입 아귀 근처까지 굵은 무늬를 이룬다. 아열대성 온난 습윤한 기후에서, 저지대부터 저산지까지의 비교적 물이 맑은 수역이나 그 주변 산림 지표면, 초지 등에 서식한다. 산란은 6~7월이 정점을 이루며, 1회 산란 수는 4개 전후다. 연간 산란 횟수는 1회. 알은 긴 타원형으로 단단하고, 부화 일수는 80~90일. 식성은 육식 경향이 강한 잡식성이다. 중국에서는 식용이나 약용으로 쓰인다.

◆사육 포인트
환경 적응을 잘하지만, 먹이 균형이 나쁘면 체형이 망가지기 쉬우니 다양한 먹이를 준다.

노란머리상자거북 Yellow-headed box turtle

- **학 명 :** *Cuora aurocapitata*
- **분 포 :** 중국(안후이성 남부)
- **등갑 길이 :** 13~15㎝ 이상 (최대 15.6㎝)

아시아상자거북속 중에서는 소형종. 등갑은 약간 긴 달걀형이고 거의 편평하며, 중앙에는 희미한 용골이 있다. 등갑 색채는 전체적으로 어두운색으로, 추갑판이나 늑갑판 일부가 밝은 갈색이나 적갈색이지만, 색이 들어간 방식에도 개체 차이가 있다. 머리는 소형이고 주둥이는 약간 뾰족하며, 머리 전체가 노란색이나 어두운 노란색이면서 머리 측면에 가느다란 줄이 들어간다. 구릉 지대나 저산지의 맑고 작은 하천이나 그 주변 늪과 못 등에 서식하고, 육지에서도 활발히 활동한다. 서식지는 온대기후성으로, 겨울에는 동면한다. 야생 환경에서의 번식은 알려져 있지 않고, 사육 환경에서의 1회 산란 수는 1~3개(최대 5개). 연간 산란 횟수는 2회 전후다. 부화 일수는 66일 전후. 식성에 대해서도 잘 알려지지 않고, 사육 환경에서는 잡식 성향을 보인다. 중국에서는 건강식으로 자주 사용된다.

◆ 사육 포인트

환경 적응을 잘하지만, 야생 개체는 도입 시에 구충한다.

복갑

판상자거북 Pan's box turtle

- **학 명 :** *Cuora pani*
- **분 포 :** 중국(산시성, 쓰촨성 북부, 윈난성 남부)
- **등갑 길이 :** 14~16㎝ (최대 17㎝)

아시아상자거북속 중에서는 소형종. 등갑은 약간 긴 달걀 모양으로 거의 편평하게 솟아 있으며, 중앙에는 약한 용골이 있다. 등갑 색채는 전체적으로 어두운색으로, 추갑판이나 늑갑판 일부가 밝은 갈색이나 적갈색이지만, 색이 들어간 방식에도 개체 차이가 있다. 머리는 소형이고 주둥이는 약간 뾰족하며, 머리 전체가 노란색이나 어두운 노란색이면서 머리 측면에 가느다란 줄이 들어간다. 구릉지대나 저산지의 맑은 작은 하천이나 그 주변 늪과 못 등에 서식하고, 육지에서도 활발히 활동한다. 서식지는 온대기후성으로, 겨울에는 동면한다. 야생 환경에서의 번식은 알려져 있지 않고, 사육 환경에서의 1회 산란 수는 1~3개(최대 5개). 연간 산란 횟수는 2회 전후다. 부화 일수는 66일 전후. 식성에 대해서도 잘 알려지지 않고, 사육 환경에서는 잡식 성향을 보인다. 중국에서는 건강식으로 자주 사용된다.

◆사육 포인트

환경 적응을 잘하지만, 야생 개체는 도입 시에 구충한다.

맥코드상자거북 McCord's box turtle

- **학 명 :** *Cuora mccordi*
- **분 포 :** 중국(장시성, 좡족 자치구)
- **등갑 길이 :** 14~15㎝ (최대 16.5㎝)

미국에서 애완용 동물 개체에 기초하여 기재된 것으로, 정확한 분포는 불분명하다. 등갑은 달걀 모양이고, 아시아상자거북속 중에서도 등갑이 가장 높은 돔 형으로 솟아 있다. 등갑 색채는 적갈색 및 암갈색이다. 머리는 소형이고, 주둥이는 뾰족하며, 머리 배면은 노란색이나 어두운 노란색인데, 등갑 바깥 둘레에는 암보니아상자거북과 비슷하게 어두운색 사이에 낀 밝은 노란색이나 불그스름한 색채의 무늬가 주둥이에서 목 부분까지 이어진다. 자연 속에서의 생태나 습성은 잘 알려지지 않았고, 사육 환경에서는 육서 경향이 강하며 헤엄은 잘 치지 못하나 얕은 물에는 자주 들어가고 건조한 상태를 좋아하지 않는다. 식성은 무척추동물이나 과일을 먹는 것을 보아 잡식성으로 여겨진다.

◆사육 포인트
강한 빛을 싫어하므로 약한 일광욕용 라이트(버스킹 라이트)를 사용하고, 난방용 조명은 빛이 나오지 않는 것을 쓴다.

주상자거북 Zhou's box turtle

- **학 명 :** *Cuora zhoui*
- **분 포 :** 중국(광시성, 좡족 자치구, 윈난성)
- **등갑 길이 :** 14~18㎝ (최대 18㎝)

맥코드상자거북과 마찬가지로 야생 개체의 채집 기록이 없고, 정확한 분포는 불명이다. 등갑은 달걀 모양이고 비교적 편평하다. 등갑 중앙과 좌우 늑갑판에는 희미하게 용골이 있지만, 성체일 때 가운데만 남게 될 때가 많다. 등갑 색채는 암갈색이나 검은색으로, 무늬는 없다. 머리는 소형이고, 주둥이는 뾰족하며, 머리 배면은 올리브색이다. 머리 측면의 위턱에서 고막까지는 담황색이다. 복부 경첩은 약하게 발달했고, 완전히 닫히지 않는다. 생태와 습성에 관해서는 잘 알려지지 않았고, 사육 환경에서는 수생 경향이 강하며 헤엄을 잘 친다. 어둑어둑한 환경을 좋아하고, 야행성 성향이 강한 것으로 보인다. 식성은 동물성 먹이나 과일을 먹는 잡식성으로 여겨진다.

◆사육 포인트
밝은 장소를 싫어하는 경향이 있어서, 부초 등으로 어두운 곳을 만들어주는 게 좋다.

잠경목(Cryptodira)
돌거북(바타거거북)과(Geoemydidae)

나뭇잎거북속
(*Cyclemys*)

갑 형태나 색채, 미토콘드리아와 핵의 DNA 염기 배열을 통해, 아시아나뭇잎거북(*C. dentata*), 서부검은가교나뭇잎거북(*C. atripons*), 동부검은가교나뭇잎거북(*C. pulchristriata*), 에니그마틱나뭇잎거북(*C. enigmatica*), 미얀마갈색나뭇잎거북(*C. fusca*), 아삼나뭇잎거북(*C. gemeli*), 올덤나뭇잎거북(*C. oldhamii*)의 7종으로 분류된다. 그러나 이들의 타입 분류도 아직 조사가 부족한 점이 있어, 조사에 따라 몇 개의 종이 아종으로 바뀔 가능성이 있다.

아시아나뭇잎거북 Asian leaf turtle

- **학 명 :** *Cyclemys dentata*
- **분 포 :** 말레이반도 남부, 인도네시아(수마트라섬, 자바섬), 보르네오섬, 필리핀 남서부의 섬들
- **등갑 길이 :** 18~20㎝ (최대 21㎝)

나뭇잎거북속 중에서는 소형종이다. 등갑은 둥그스름한 타원형이고, 편평하게 솟아 있는 낮은 아치형이다. 후부 연갑판은 톱니형이지만, 노령 개체가 되면 뚜렷하지 않게 된다. 등갑 색채는 어두운색이나 암회색이고, 각 갑판에는 초생갑판을 중심으로 한 가느다란 방사형 무늬가 있다. 복갑은 담갈색이나 황갈색으로, 각 갑판에는 검은 방사형 무늬를 가진 개체가 많다. 머리는 중형이고, 후두부는 자잘한 비늘로 덮여 있으며, 머리 꼭대기는 등

색이 옅은 개체

갑과 거의 같은 색이면서 불규칙한 어두운색 작은 얼룩 무늬(선명치 못할 때도 있음)가 여기저기 흩어져 있고, 머리 측면부터 목 부분까지 선명하고 가는 갈색 줄무늬가 있다. 저지대부터 구릉지의 삼림 내를 흐르는 얕은 작은 하천이나 늪과 못, 습지 등에 서식하고, 반수생이면서 주로 야간에 활동한다. 번식이나 식성은 알려진 정보가 부족하며, 사육 환경에서는 1회 산란 수가 2~4개. 연간 산란 횟수는 4~5개다. 알은 긴 타원형이고 단단하다. 식성은 잡식성이다.

◆ 사육 포인트

밝은 장소를 싫어하는 경향이 있어서, 부초 등으로 어두운 곳을 만들어주는 게 좋다.

서부검은가교나뭇잎거북

Western black-bridged leaf turtle

- **학 명 :** *Cyclemys atripons*
- **별 명 :** 줄무늬나뭇잎거북
- **분 포 :** 타이 남동부, 캄보디아 남서부
- **등갑 길이 :** 19~21㎝ (최대 23.6㎝)

등갑 형태는 아시아나뭇잎거북과 비슷하지만, 아시아나뭇잎거북보다는 약간 가늘고 크다. 등갑 색채는 담갈색이나 올리브색, 밤색 등이고, 각 갑판에는 어두운색의 가느다란 방사형 무늬나 작은 얼룩무늬가 있다. 머리는 중형이고, 머리 꼭대기는 갈색이나 회갈색인데 여기에 자잘하고 불규칙한 작은 반점이 곳곳에 퍼져 있다. 머리 측면에는 눈 뒤쪽에서 목까지 비교적 눈에 띄는 노란색 혹은 불그스름한 노란색의 약간 굵은 줄무늬가 몇 개 들어가 있다. 네발은 튼튼하고, 뒷다리의 물갈퀴는 잘 발달해 있다. 생태나 습성은 알 수 없는 점이 많고, 사육 환경하에서는 반수생이며 육지 성향이 약간 강한 것으로 보인다. 식성은 잡식성이다.

동부검은가교나뭇잎거북

Eastern black-bridged leaf turtle

- **학 명 :** *Cyclemys pulchristriata*
- **분 포 :** 캄보디아 동부, 베트남 중부에서부터 남부까지
- **등갑 길이 :** 19~21㎝ (최대 22.7㎝)

등갑 형태는 서부검은가교나뭇잎거북과 닮았지만, 아시아나뭇잎거북보다는 살짝 크고 둥그스름한 타원형이다. 등갑의 바탕색은 서부검은가교나뭇잎거북처럼 담갈색이나 올리브색, 밤색이지만, 각 갑판의 어두운색 방사형 무늬는 폭이 넓고, 작은 얼룩무늬도 약간 크다. 머리는 중형이고, 머리 꼭대기의 색채나 머리 측면의 줄무늬도 서부검은가교나뭇잎거북과 비슷하지만, 불그스름한 색은 전체적으로 옅다. 네발은 강하고 앞다리보다 뒷다리의 물갈퀴가 더 잘 발달해 있다. 생태나 습성은 잘 알려지지 않았다.

에니그마틱나뭇잎거북

Enigmatic leaf turtle

- **학 명 :** *Cyclemys enigmatica*
- **분 포 :** 말레이섬 남부, 수마트라섬, 자바섬 서부, 보르네오섬 남부
- **등갑 길이 :** 19~21㎝ (최대 23.5㎝)

아시아나뭇잎거북보다 약간 큰 정도로, 형태는 서부 검은가교나뭇잎거북과 비슷하다. 등갑의 색채는 암갈색이나 검은색으로, 약간 불그스름한 빛을 띨 때도 있지만 대개 무늬는 없다. 복갑이 암갈색이나 검은색으로 변하는 타입인데 암갈색 바탕에 유체에서 볼 수 있는 검은색 방사형 무늬를 가진 개체도 있다. 머리는 중형이고, 머리 꼭대기는 무늬가 없는 구리색이나 담갈색이며, 머리 측면이나 목 부분에도 무늬는 없다. 생태나 습성은 잘 알려지지 않았다. 이렇게 복갑이 어둡게 변하는 타입은 이 종 이외에도 아삼나뭇잎거북(*C. gemeli*), 미얀마갈색나뭇잎거북(*C. fusca*), 올덤나뭇잎거북(*C. oldhamii*)의 3종이 있다.

올덤나뭇잎거북 Oldham's leaf turtle

- **학 명 :** *Cyclemys oldhamii*
- **분 포 :** 베트남 중부 및 북부, 라오스, 미얀마 중부 및 남부, 타이 중부 및 북부, 캄보디아 중부 및 북부
- **등갑 길이 :** 20~22㎝ (최대 25.4㎝)

나뭇잎거북속 중에서는 최대종이다. 등갑은 약간 긴 타원형이고 편평한 아치형으로 솟아 있다. 등갑 중앙의 용골은 성체일 때 다른 나뭇잎거북속과 마찬가지로 선명하지 않은 게 일반적이다. 등갑 색채는 암갈색이나 암회색, 검은색이면서 무늬가 없는 게 일반적이다. 복갑은 검은색이나 암갈색, 혹은 암갈색에 검은색 방사형 무늬가 잔뜩 들어가 있기도 하다. 머리는 중형이고, 머리 꼭대기의 색채는 갈색이나 회갈색 바탕에 작은 반점이 불규칙하게 퍼져 있다. 복갑이 어두운색으로 변하는 타입 중에서, 작은 반점이 있는 건 이 종뿐인 것이 특징이다. 생태나 습성은 잘 알려지지 않았다.

아삼나뭇잎거북 Assam leaf turtle

- **학 명 :** *Cyclemys gemeli*
- **분 포 :** 인도 동부, 방글라데시 북부
- **등갑 길이 :** 최대 등갑 길이 23.1㎝

나뭇잎거북속 중에서는 대형이다. 등갑은 약간 긴 타원형이고 낮은 아치형으로 솟아 있다. 등갑 중앙의 용골은 성체일 때 다른 나뭇잎거북속과 마찬가지로 선명해지지 않는다. 후부 연갑판은 또렷한 톱니 형태를 이루지만, 노령 개체가 되면서 마모하여 선명치 못하게 되는 개체가 많다. 등갑 색채는 암갈색 및 검은색으로, 유체일 때 보이는 각 갑판의 가느다란 검은 방사형 무늬는 크면서 무늬가 사라진다. 머리는 중형이고, 주둥이의 돌출은 약하다. 머리 꼭대기에는 반점 등이 없고 회갈색 혹은 갈색만 띠며, 후두부에는 자잘한 비늘이 있다. 네발의 물갈퀴는 다른 나뭇잎거북속과 거의 비슷하고, 앞다리의 물갈퀴는 중간 정도, 뒷다리의 물갈퀴는 앞다리보다 약간 더 발달한 정도다. 생태나 습성은 잘 알려지지 않았다.

잠경목(Cryptodira)
돌거북(바타거거북)과(Geoemydidae)

아시아큰연못거북속(*Heosemys*)

4종이 있다. 노란머리사원거북은 한때 노란머리사원거북속에 속했으나, 분자계통학적인 연구 결과로 이 속으로 옮겨졌다.

유체 복갑

가시거북 Spiny turtle

- **학 명 :** *Heosemys spinosa*
- **분 포 :** 말레이반도, 수마트라섬, 보르네오섬, 필리핀 남동부의 섬들
- **등갑 길이 :** 18~20㎝ (최대 22.5㎝)

유체나 젊은 개체의 모든 연갑판 가장자리에 날카로운 돌기를 가진 것으로 유명하다. 갑판은 둥그스름한 타원형이고 비교적 편평하게 솟아 있다. 중앙에는 다소 명료한 담갈색 용골이 있고, 연갑판은 톱니형이다. 특히 유체일 때는 큰 톱니형을 갖고 그 끝부분은 바늘처럼 뾰족하지만, 노령 개체일 때 이는 점점 눈에 띄지 않게 된다.

등갑의 색채는 붉은빛이 진한 갈색이나 황갈색이다. 복갑의 각 갑판에는 초생갑판에서 시작한 검은색 방사형 무늬가 밀집되어 있다. 머리는 약간 소형이고, 머리 배면은 갈색이나 회갈색, 암갈색으로, 젊은 개체까지는 고막 위에 모가 난 담황색 혹은 오렌지색 반점이 있고, 입아귀부터 뒤쪽을 향해 같은 색의 선이 들어가지만 성체가 되면 흐려지거나 사라진다. 저지대부터 저산지의 구릉지 등의 열대우림이나 열대 몬순림 내부의 습윤한 산림 지표면에 서식한다. 육서 경향이 강하다(유체는 반수생). 번식 생태는 불명인 점이 많고, 식성은 과일을 주로 먹는 초식 경향이 강한 잡식성이다.

◆사육 포인트
단독 사육을 하고, 특히 다른 종과의 합사를 피한다. 보온은 필요하지만 건조는 피한다.

아시아큰연못거북 Giant Asian pond turtle

- **학 명 :** *Heosemys grandis*
- **분 포 :** 미얀마, 타이(북부 제외), 라오스 남부, 캄보디아, 베트남 남부, 말레이반도
- **등갑 길이 :** 35~40㎝ (최대 43.5㎝)

일본에서는 잘 알려져 있긴 하나 생태에 대한 정보는 부족하다. 등갑은 약간 긴 타원형이고 편평하게 솟아 있다. 등갑 중앙의 용골은 성체일 때도 선명하게 남으며, 후부 연갑판은 뚜렷한 톱니형이다. 등갑 색채는 적갈색이나 갈색으로, 각 갑판의 접합부는 어두운색이다. 복갑의 각 갑판에는 초생갑판에서 시작한 어두운색의 가느다란 방사형 무늬가 나 있다. 머리는 중형이고, 암갈색이나 회갈색 바탕에 황갈색이나 담갈색, 회갈색의 흐릿한 크고 작은 벌레 먹은 무늬가 들어간다. 해안선에서부터 저산지 구릉지까지의 하천이나 늪과 못, 습지 등 여러 얕은 수역에 서식하고, 물가 주변 육지에서도 자주 보인다. 자연 속에서의 번식은 알 수 없고, 사육 환경에서는 1회 산란 수가 1~8개다. 연간 산란 횟수는 여러 번이다. 알은 긴 타원형으로 단단하지만 약한 흰색 난각을 가진다. 부화 일수는 100일 전후라는 보고가 있다. 식성은 잡식성이다.

◆ 사육 포인트

비교적 저온에는 강하지만, 수온은 15°C 이하로 낮아지지 않게 하는 것이 좋다. 대형종이어서 사육에 적합한 공간을 확보하도록 한다.

아라칸숲거북 Arakan forest turtle

- **학 명 :** *Heosemys depressa*
- **분 포 :** 미얀마
- **등갑 길이 :** 22~25㎝ (최대 26.3㎝)

미얀마 서부의 아라칸산맥 주변에만 서식하는 미얀마 고유종이다. 등갑은 약간 긴 타원형이고 비교적 편평하게 솟아 있다. 등갑 중앙에는 다소 선명한 용골을 가지고, 연갑판 후부는 약한 톱니형이다. 색채는 밝은 갈색 바탕에, 방사형 무늬를 기반으로 부정형한 형태의 여러 검은색 무늬가 있다. 머리는 중형이고 회갈색이나 갈색, 암갈색이며, 머리 꼭대기는 더 검은색을 띠는 경향이 있으나 명확한 무늬는 없다. 상록수림이나 대나무 숲 내부, 혹은 그 주변에 서식하면서 습도가 높은 환경을 좋아하는 육서 경향이 강한 종으로 알려져 있다. 생태나 습성은 잘 알려지지 않았고, 식성은 사육 환경에서는 동물성 먹이를 좋아하는 잡식성이다.

노란머리사원거북

Yellow-headed temple turtle

- **학 명 :** *Heosemys annandalii*
- **분 포 :** 라오스 남부, 베트남 남부, 캄보디아, 타이
- **등갑 길이 :** 40~50㎝ (최대 50.6㎝)

아시아큰연못거북속 중에서 최대로, 유일하게 수생 경향이 강하다. 등갑은 약간 긴 타원형이고 편평하거나 혹은 완만하게 솟아올라 있으며, 중앙부에는 약한 파선형 또는 연속한 형태의 용골이 있다. 후부 연갑판은 약한 톱니형을 이룬다. 등갑과 복갑 모두 색채는 전체가 검은색이나 흑갈색으로, 무늬는 없다. 머리는 중형이고, 암갈색 바탕에 노란색의 자잘한 얼룩무늬로 덮여 있어서 머리가 다소 밝은색으로 보이며, 눈 뒤쪽부터 고막 위를 지나는 탁한 노란색의 약간 두꺼운 줄무늬도 있다. 저지대의 비교적 완만한 흐름을 가진 하천이나 늪과 못 등, 연안이 식물로 뒤덮인 수역에 주로 서식하고, 물에 대한 의존도가 높다. 자연 속에서의 번식은 불명이며, 사육 환경(필자)에서의 산란은 12~2월, 1회 산란 수는 10개 전후다. 연간 산란 횟수는 2회 정도. 알은 긴 타원형이고 단단하다. 식성은 식물성 먹이를 선호하는 경향이 강하지만, 사육 환경에서는 육류도 비교적 잘 먹는다.

◆사육 포인트

부초를 즐겨 먹는다.

잠경목(Cryptodira)

돌거북(바타거거북)과(Geoemydidae)

술라웨시숲거북속
(*Leucocephalon*)

1종이 있고, 아시아큰연못거북속이나 나뭇잎거북속에 근연한다.

술라웨시숲거북 Sulawesi forest turtle

- **학 명 :** *Leucocephalon yuwonoi*
- **분 포 :** 인도네시아(술라웨시섬 북부 미나하사반도)
- **등갑 길이 :** 28~30㎝ (최대 30㎝ 정도)

술라웨시섬 북부 미나하사반도의 고유종으로 1속 1종이다. 등갑은 약간 긴 타원형이고 편평하게 솟아 있으며, 중앙에는 비교적 선명한 용골이 있고 늑갑판에도 약한 용골이 자리한다. 후연갑판이나 전연갑판에는 톱니형 돌기가 있는데, 전연갑판의 돌기는 성장하면서 작아진다. 등갑 색채는 옅은 황갈색이나 갈색, 암갈색이고, 여기에 부정형한 어두운색 얼룩무늬가 나 있다. 그 무늬 변이는 크지만, 아시아큰연못거북처럼 방사형 무늬는 없다. 머리는 약간 대형이고, 색채는 회갈색이나 암갈색, 어두운색 바탕에 크고 작은 어두운 얼룩을 가지지만 그 변이는 매우 크다. 위턱과 아래턱의 각질 부분은 옅은 담황색으로, 목 부분은 흰색이다. 생태나 습성은 잘 알려지지 않았고, 이차림 내 하천 유역의 얕은 물웅덩이에서 확인된 기록이 있는 정도고, 육서 경향이 강한 반수생종으로 알려져 있으며, 사육 환경에서는 과일을 즐겨 먹는 잡식성이다.

◆사육 포인트

거북을 처음 들였을 때 원충이나 기생충이 많아 구충이 필요하다. 유체는 곤충류를 잘 먹는다. 입체적인 움직임을 보이며, 사육장은 반드시 뚜껑을 닫아둔다.

잠경목(Cryptodira)
돌거북(바타거거북)과(Geoemydidae)

말레이시아납작껍데기속(*Notochelys*)

1종이 있다. 성장하면서 복갑에 경첩이 발달하지만, 그 가동성은 낮다. 나뭇잎거북속에 근연하는 것으로 보인다.

말레이시아납작껍데기거북

Malayan flat-shelled turtle

- **학 명 :** *Notochelys platynota*
- **분 포 :** 말레이반도, 보르네오섬(서부 제외), 인도네시아(수마트라섬, 자바섬)
- **등갑 길이 :** 28~30㎝ (최대 32㎝)

다른 거북의 추갑판이 일반적으로 5장인 것에 비해, 이 종은 6~7장이다. 등갑은 약간 길고 둥그스름한 타원형이다. 등갑은 편평하고, 유체일 때 가운데 용골은 선명하게 눈에 띄지만, 성체가 되면 살짝 흔적만 남고 추갑판은 거의 편평해진다. 또한 유체일 때 전·후부 연갑판에서 볼 수 있는 선명한 톱니형 돌기는 성체가 되면, 후부 연갑판만 비교적 발달한 상태로 남는다. 머리는 중형이고 색채는 회갈색이나 암갈색이다. 눈 위에서 머리 측면 위쪽, 목 부분까지, 그리고 입 아귀에서 목까지 이어지는 두 줄의 부정형한 황갈색이나 담갈색 줄무늬를 가진다. 비교적 해발고도가 낮은 원생림이나 자연도가 높은 이차림 내부를 흐르는, 얕은 여울이나 얕은 지수역 등의 주변에 서식하고 수생 식물이 많은 환경을 좋아한다. 유체는 수생 경향이 강하지만 성체일 때는 거의 육서 경향을 띠게 된다. 생태나 습성은 잘 알려지지 않았고, 식성은 사육 환경에서는 과일이나 수생 식물을 좋아하는 잡식성이다.

◆ 사육 포인트

앞서 본 다른 숲거북을 기르는 환경에서도 사육할 수 있으나, 이 종도 입체적인 행동을 하므로 사육장은 꼭 뚜껑을 닫는다.

잠경목(Cryptodira)
돌거북(바타거거북)과(Geoemydidae)

가짜눈돌거북속(*Sacalia*)

2종이 있고, 나뭇잎거북속이나 아시아큰연못거북속에 근연한다.

빌 아이드 거북 Beale's eyed turtle

- **학 명 :** *Sacalia bealei*
- **분 포 :** 중국 남부
- **등갑 길이 :** 13~15㎝ (최대 16㎝)

나뭇잎거북속에 근연하는 그룹이다. 등갑은 약간 가늘고 긴 둥근 타원형이고 낮게 솟았으며, 중앙의 용골은 희미하게 남아 있다. 등갑 색채는 황갈색이나 갈색, 암갈색 바탕에, 검고 작은 얼룩무늬나 혹은 이들이 이어져 벌레 먹은 무늬를 이루기도 한다. 머리는 약간 대형이고, 머리 배면은 황갈색이나 올리브색이다. 머리 꼭대기에는 어두운색의 자잘한 반점이 밀집되어 있다. 후두부 배면의 뒷부분에는 눈 모양의 무늬가 2쌍 있는데, 앞쪽의 눈 무늬는 뒤쪽의 눈 무늬보다 불분명하고 대개 형태가 일그러져 있다. 암수에서도 등갑 색채나 머리, 목 부분 무늬의 색채나 명암 등이 서로 다르다. 자연 속에서의 생태나 습성은 잘 알려지지 않았고, 삼림 내의 시냇물이나 주변의 습지, 습원림 내부의 얕은 개울 등에 서식한다. 사육 환경에서 관찰했을 때 반수생의 주행성 특성을 보이며, 사육 중에는 1회의 산란 수는 2~6개. 알은 긴 타원형으로 흰색의 단단하지만 약한 난각을 가지는 것으로 보고된 바가 있다. 식성은 잡식성이다.

◆사육 포인트
비교적 저온에 강하고, 아열대인 지역에서는 가온하지 않고도 사육할 수 있으나 유체는 실내 사육을 하며 다소 가온을 한다. 성미가 거칠어서 여러 마리를 함께 사육하거나 다른 종과의 합사는 피한다.

네눈박이거북 Four-eyed turtle

- **학 명 :** *Sacalia quadriocellata*
- **분 포 :** 중국 남부
- **등갑 길이 :** 13~14㎝ (최대 14.5㎝)

최대 등갑 길이는 빌 아이드 거북보다 소형이다. 형태는 빌 아이드 거북과 비슷하지만, 등갑 색채는 갈색이나 짙은 올리브색으로, 각 갑판에는 작은 얼룩무늬가 곳곳에 퍼져 있으나 그게 더 적은 개체도 있다. 머리는 약간 대형이다. 머리 꼭대기는 암갈색이나 검은색이고 얼룩무늬 등은 없다. 후두부 배면의 뒷부분에는 눈 모양의 무늬가 2쌍 있는데, 앞쪽과 뒤쪽 눈 무늬 모두 비슷하게 선명하다. 암수에서도 등갑 색채나 머리, 목 부분 무늬의 색채나 명암 등이 서로 다르다. 해발고도 100~400m의 저산지나 구릉지의 시냇물이나 그 주변에 서식한다. 자연 속에서의 번식 행위는 불명이고, 사육 환경에서는 반수생의 주행성으로 1회 산란 수는 2~6회라는 보고가 있다. 식성은 잡식성이다.

◆ 사육 포인트

빌 아이드 거북과 동일하다.

인도검은거북 Indian black turtle

- **학 명 :** *Melanochelys trijuga*
- **별 명 :** 인도연못테라핀
- **아 종 :** 반도검은거북(*M. t. trijuga*),
  코친검은거북(*M. t. coronata*),
  버마검은거북(*M. t. edeniana*),
  방글라데시검은거북(*M. t. indopeninsularis*),
  파커검은거북(*M. t. parkeri*),
  스리랑카검은거북(*M. t. thermalis*)
- **분 포 :** 인도, 스리랑카, 네팔, 방글라데시, 미얀마
- **등갑 길이 :** 30~35㎝ (최대 38.3㎝)

인도산거북속은 인도검은거북과 세줄언덕거북(Melanochelys tricarinata) 2종이 있다. 등갑은 약간 긴 타원형이고 편평하게 솟아 있다. 일반적으로 가운데와 좌우 늑갑판에 3개의 용골을 가지나, 노령 개체는 늑갑판의 용골이 희미해질 때도 있다. 등갑의 색채는 다갈색이나 어두운색, 검은색이고, 용골 부분에 밝은

잠경목(Cryptodira)
돌거북(바타거거북)과(Geoemydidae)

인도산거북속(*Melanochelys*)

2종이 있고, 인도검은거북(*M. trijuga*)은 물과 육지 모두에 사는 반수생종이고, 세줄언덕거북(*M. tricarinata*)은 육서종이다. 여기서는 다루지 않았으나, 인도에서는 이 속 이외에도 1종만 있는 지팡이거북속(*Vijayachelys*)이 있다.

코친검은거북 Cochin black turtle

버마검은거북 Burmese black turtle

색이나 노란색, 어두운색이 돌 때도 있다. 머리는 중형이고, 머리 배면은 갈색이나 어두운색, 검은색이며 아종이나 개체에 따라 부정형한 얼룩무늬나 굵은 줄무늬 등을 가진다. 열대다우림이나 열대 몬순 지대의 저지대부터 1,000m 전후 구릉지까지의 습지나 못과 늪 등, 수생 식물이 무성한 수역을 좋아하고 수생 경향이 강하다. 1회 산란 수는 3~8개이며, 연간 산란 횟수는 불명이다. 알은 구형에 가까운 타원형이고 단단하며, 부화 일수는 120~180일 정도다. 식성은 식물성 먹이를 선호하는 잡식성이다.

◆사육 포인트

반수생 거북의 일반적인 사육법을 활용하면 되지만, 내한성이 강하지 않아 다소 보온이 필요하다. 번식기에 수컷의 성미가 거칠어지는 경향이 있어 여러 마리를 함께 사육하는 데 주의가 필요하다.

방글라데시검은거북
Bangladesh black turtle

파커검은거북
Parker's black turtle

스리랑카검은거북
Sri Lanka black turtle

세줄언덕거북 Tricarinate hill turtle

- **학 명 :** *Melanochelys tricarinata*
- **분 포 :** 인도 동북부, 네팔 남부
- **등갑 길이 :** 최대 17.4㎝

인도산거북속에서는 소형이다. 등갑은 긴 타원형이고 완만한 돔으로 솟아 있으며, 제2, 3 정갑판은 수평에 가깝다. 추갑판 중앙과 좌우 늑갑판에는 3개의 용골이 있다. 등갑 전체는 흑갈색으로, 갑연부와 용골 부분은 황갈색이다. 머리는 중형이고 등갑과 거의 같은 색이지만, 주둥이 부분 뒤에서 눈 위 뒤쪽으로 진한 갈색의 줄무늬가 있고, 그 뒤편으로 목까지 이어지는 같은 색 줄이 들어간다. 갠지스강 유역과 브라마푸트라강 유역의 저지대나 구릉지, 히말라야산맥의 저산지 등의 삼림, 숲과 그 주변부의 초지 등의 습도 높은 환경에 주로 서식한다. 생태나 습성은 잘 알려지지 않았고, 사육 환경에서는 어류, 과일, 채소 등을 먹는 사례가 있어서 잡식성으로 추정된다.

잠경목(Cryptodira)
돌거북(바타거거북)과(Geoemydidae)

검은늪거북속(*Siebenrockiella*)

■ 2종이 있다.

수컷

암컷

유체

검은늪거북 Black marsh turtle

- **학 명 :** *Siebenrockiella crassicollis*
- **분 포 :** 인도차이나반도, 말레이반도, 보르네오섬, 수마트라섬, 자바섬
- **등갑 길이 :** 18~20㎝ (최대 20㎝)

1속 2종으로 분류된다. 사육 환경에서는 50년 이상 생존한 사례가 있다. 등갑은 약간 긴 타원형이고 편평하게 솟아 있으며, 중앙부와 좌우 늑갑판에 용골이 있지만, 늑갑판의 용골은 성장하면서 사라진다. 후부 연갑판은 비교적 발달한 톱니형이다. 등갑 색채는 전체가 검은색이다. 머리는 약간 대형이고, 머리 배면은 검은색이나 암회색이다. 후두부 좌우에 흰색의 또렷한 반점이 있지만, 수컷 성체에서는 사라진다. 수생 경향이 강하다. 저지대나 구릉지의 운하나 작은 하천 등에서 탁한 진흙질 바닥의 환경이 있는 곳을 좋아하고, 헤엄보다는 물 밑바닥을 걷는다. 말레이시아에서는 4~6월에 산란하며, 1회 산란 수는 3~4개다. 연간 산란 횟수는 여러 번이다. 알은 긴 타원형이고 단단하다. 식성은 물 밑바닥에서 조개류나 갑각류 등을 포식하는 육식 경향이 강한 잡식성이다. 지역에 따라 식용으로 쓰이기도 한다.

◆ 사육 포인트
저온에 약하고, 사육은 수온을 30°C 전후를 유지한다.

필리핀숲거북 Philippine forest turtle

- **학 명 :** *Siebenrockiella leytensis*
- **별 명 :** 팔라완숲거북
- **분 포 :** 필리핀(팔라완섬 및 그 주변 섬)
- **등갑 길이 :** 20~25㎝ (최대 30㎝ 이상)

모식표본이 레이테섬으로 되어 있지만, 레이테섬에는 분포하지 않는다. 등갑은 볏섬 모양이고 완만한 돔 모양으로 솟아 있으며 두툼하다. 등갑 색채는 갈색이고, 매끄러운 표면에는 무늬가 없다. 후부 연갑판은 큰 톱니형이다. 머리는 크고, 주둥이는 돌출해 있으며, 머리 측면에는 분홍색이나 붉은 기가 있는 벌레 먹은 무늬가 여러 개 있고, 후두부에서 입아귀 뒤쪽까지 들어가 있는 흰색의 약간 굵은 목걸이 모양의 선이 눈에 띈다. 삼림 내의 흐름이 완만한 비교적 수심 있는 하천, 호수와 늪 등에 서식하고, 수생 경향이 강하며 헤엄을 잘 친다. 생태나 습성에 관한 정보는 적고, 1회 산란 수는 1~2개인데 알은 긴 타원형이며 단단하지만 약한 난각을 갖는다. 식성은 수생 동물을 중심으로 조류나 과일도 먹는 잡식성이다.

잠경목(Cryptodira)

돌거북(바타거거북)과(Geoemydidae)

산거북속(잎거북속)(*Geoemyda*)

2종이 있다. 소형종이고 육서 경향이 강하며 삼림에 산다.

유체

류큐잎거북 Ryukyu black-breasted leaf turtle

- **학 명 :** *Geoemyda japonica*
- **분 포 :** 일본(오키나와제도 북부 및 도카시키섬, 구메섬)
- **등갑 길이 :** 12~14㎝ (최대 18㎝ 이하)

오키나와제도의 고유종으로, 유일한 일본 재래종이다. 등갑은 달걀 모양이고 편평하게 솟아 있으며, 중앙과 좌우 늑갑판에 용골이 있지만 특히 중앙의 용골이 뚜렷하다. 후부 연갑판은 톱니형이지만, 노령 개체일 때는 마모되어 있을 때가 많다. 등갑 색채는 변이가 다양하지만, 일반적으로 밝은 갈색이나 암갈색이며 용골 부분의 갑판에 어두운색 무늬가 들어가 있을 때가 많다. 오키나와섬에서는 일반적으로 이 거북을 '얀바루가미'라고 부르고, 등갑에 이끼가 낀 것을 '쿠로가미', 전체에 붉은 기가 강한 개체를 '아카가미'라고 부른다. 단순히 '야마가미'라 불리는 것은 오키나와섬에 귀화한 류큐노란연못거북을 가리키지만 최근 그 명칭이 혼동되고 있다. 머리는 중

형이고, 머리 배면의 색채는 등갑과 거의 같은 색이다. 머리 측면에서 목 부분까지는 뚝뚝 끊기는 줄무늬가, 위턱에는 복잡한 무늬가 들어가 있는데, 그 색채는 황갈색 및 갈색, 적갈색, 붉은색 등 개체에 따라 변이가 크다. 저지대부터 산지까지 널리 서식하는데, 산지에 사는 성향이 강하고, 튼튼한 네발 덕분에 거의 수직의 경사면도 올라가며, 경사면을 주요 휴식 장소로 삼는다. 여름철 고온기에는 못 등의 물가에 모이고, 겨울철 저온기에는 주로 산봉우리를 따라 있는 바위굴이나 틈새, 양치류로 된 덤불숲 등에 몸을 숨겨 월동하는데 일부 활동하는 개체도 보인다. 산란은 5월 말에서 9월 초순. 그중에서 7~8월이 정점으로, 1회의 산란 수는 1~3개. 연간 산란 횟수는 여러 번이다. 알은 긴 타원형으로 단단하고, 부화 일수는 80일 전후. 식성은 잡식성이지만, 먹이가 되는 육서 조개류나 절지동물이 극도로 줄어드는 겨울철에는 무화과 열매를 주로 먹는 등 과일 섭취 식성이 강해진다.

스팽글리거북 Black breasted leaf turtle

- **학 명 :** *Geoemyda spengleri*
- **별 명 :** 베트남잎거북
- **분 포 :** 중국 남부, 베트남
- **등갑 길이 :** 10~15㎝

등갑은 약간 가늘고 긴 타원형이다. 등갑은 매우 편평하고, 중앙부와 좌우 늑갑판에는 약간 발달한 용골이 있다. 후부 연갑판은 뚜렷한 톱니형이다. 등갑 색채는 밝은 갈색 및 황갈색이고, 붉은 기가 돌 때도 있다. 용골의 측면은 어두운색이나 검은색이다. 머리는 약간 대형이고, 머리 배면은 어두운색이나 암갈색일 때가 많으며, 유체나 암컷에는 머리 꼭대기 양쪽에 약간 굵은 노란색이나 흰색 줄무늬가 후두부까지 들어가 있지만, 수컷의 성숙 개체에서는 이것이 사라진다. 산지나 구릉지의 자연도가 높은 삼림 내의 지표면에 서식하고, 육서 경향이 강하다. 고온에는 비교적 약하고, 겨울철에는 겨울잠을 잔다. 자연계에서의 생태나 습성은 잘 알려지지 않았다. 사육 환경에서는 1회 1~2개의 알을 낳고, 부화 일수는 70~80일 정도로 여겨진다. 식성도 사육 환경에서는 여러 곤충류나 과일류를 먹는 것으로 보아 잡식성으로 추측된다.

◆사육 포인트
시원한 환경을 좋아하고, 여름의 고온을 피한다. 지표 곤충을 좋아하는 경향이 있고, 그런 먹이를 사용할 때는 정기적으로 변을 검사해서 구충한다.

잠경목(Cryptodira)
돌거북(바타거거북)과(Geoemydidae)

미국산거북속
(Rhinoclemmys)

점박다리나무거북(*R. punctularia*), 고랑나무거북(*R. areolata*), 마라카이보나무거북(*R. diademata*), 검은나무거북(*R. funerea*), 콜롬비아나무거북(*R. melanosterna*), 큰코나무거북(*R. nasuta*), 페인티드나무거북(*R. pulcherrima*), 갈색나무거북(*R. annulata*), 멕시코점박나무거북(*R. rubida*)의 3개 그룹의 총 9종으로 구성된다.

점박다리나무거북 Spot-legged wood turtle

- **학 명 :** *Rhinoclemmys punctularia*
- **별 명 :** 기아나산거북
- **아 종 :** 동부점박다리거북(*R. p. punctularia*), 어퍼오리노코점박다리거북(*R. p. flammigera*)
- **분 포 :** 남미 북부 연안부
- **등갑 길이 :** 20~24㎝ (최대 24.8㎝)

일본에서는 '기아나산거북'으로 알려져 있으며, 2종의 아종으로 분류된다. 등갑은 약간 긴 달걀 모양이다. 등갑은 높은 돔 형으로 솟아 있고, 등갑 중앙에 용골이 있다. 유체의 등갑 색채는 적갈색이나 황갈색, 구리색이지만 성장하면서 점점 어두운색이나 검은색으로 변한다. 머리는 중형이다. 머리 배면은 검은색이고, 머리 꼭대기와 후두부에 붉은색이나 노란색으로 팔八 자 무늬가 있는데, 개체에 따라 머리 꼭대기의 무늬 끝부분이 이어져 있거나 말발굽 형태가 될 때도 있다. 머리 측면에는 노란색의 불규칙한 벌레 먹은 무늬가 나 있다. 네발은 검은색이고 자잘한 노란색 줄무늬가 뚝뚝 끊기는 모습에서 이름이 유래됐다. 삼림의 물가 주변 등 이외에도 여러 담수역에 서식한다. 뒷다리의 물갈퀴는 발달해서 헤엄도 잘 치지만, 육상에서도 활발히 활동할 수 있다. 생태나 습성에 대해서는 정보가 부족하고, 1회 산란 수는 1~2개. 1년에 여러 번 산란하고, 알은 크고 긴 타원형이며, 단단하지만 약한 난각을 가진다. 부화 일수는 90일 전후. 식성은 초식 경향이 강한 잡식성이다.

◆사육 포인트
반수생 거북에 알맞게 육지를 설치하고, 겨울철 보온에 신경 쓴다.

고랑나무거북 Furrowed wood turtle

- **학 명 :** *Rhinoclemmys areolata*
- **분 포 :** 멕시코 남동부, 벨리즈, 과테말라 북동부
- **등갑 길이 :** 18~20㎝ (최대 20.7㎝)

미국산거북속에서는 중형이다. 등갑은 달걀 모양이고 완만한 돔 형으로 솟아 있으며, 비교적 매끄러운 갑판을 가진다. 등갑 색채는 유체일 때 각 갑판에 어두운색 테두리가 둘린 붉은색이나 노란색 작은 반점이 들어가 있기도 하지만, 성장하면서 사라지면서 전체적으로 암갈색 및 올리브색, 회갈색이 된다. 머리는 약간 소형이고, 주둥이는 덜 뾰족하다. 머리 배면은 어두운색이나 검은 보라색으로, 눈 뒤쪽 윗부분부터 목 측면과 후두부 위쪽 목 부분까지 어두운색 테두리가 둘려 붉은빛이 도는 노란색 선이 팔 자 무늬로 들어가는데, 그 외에도 아래턱 측면에서 목 측면으로 어지러운 어두운색 얼룩이 이곳저곳 퍼져 있다. 자연도가 높은 삼림에 접한 사바나의 초지, 덤불숲, 저목림 등에 주로 서식하고, 그런 환경의 습지나 얕은 물에서도 보이는데 육지성 경향이 강하다. 번식 생태는 분포 범위가 넓고 조사된 바가 부족하지만, 산란은 5~7월로 1회 산란 수는 1~2개다. 알은 크고 긴 타원형이고 단단하지만 약한 흰색 난각을 가지며, 산란 횟수는 여러 번으로 보인다. 부화 일수는 서식지 환경에 따라 다른 것으로 추정된다. 식성은 초식 경향이 강한 잡식성이다.

◆ 사육 포인트
꼼꼼하게 보온하고, 고습도의 환경을 유지하는 동시에 넓고 얕은 물을 설치한다.

마라카이보나무거북

Maracaibo wood turtle

- **학 명 :** *Rhinoclemmys diademata*
- **분 포 :** 베네수엘라, 콜롬비아
- **등갑 길이 :** 20~24㎝ (최대 25.4㎝)

미국산거북속에서는 가장 분포 범위가 좁고, 베네수엘라의 마라카이보 호수 북동쪽을 제외한 연안부, 그리고 콜롬비아 북동부에 걸친 지역의 담수역에 국소 분포할 뿐이다. 등갑은 약간 긴 타원형이고 편평하면서 매끄럽게 솟은 돔 형이다. 색채는 어두운 회갈색이나 흑갈색이다. 머리는 중형이고 주둥이는 뾰족하지 않고 둥그스름하다. 머리 배면은 검은 보라색이고, 머리 꼭대기부터 후두부에 걸쳐 노란색의 부정형한 말발굽 무늬가 선명하게 들어가 있으며, 그 무늬가 마치 왕관처럼 보인다. 머리 측면의 눈 뒤쪽에도 연속 혹은 뚝뚝 끊기는 같은 색 줄무늬가 있다. 삼림 내의 지표면이나 주변의 늪과 못이나 습지의 물웅덩이, 작은 하천 등 담수역에 서식한다. 뒷다리의 물갈퀴는 발달했고, 반수생이지만 헤엄도 잘 친다. 생태나 습성에 관해서는 정보가 부족하고, 1회에 가늘고 길며 큰 알을 1~3개 낳는다. 산란은 구멍을 파지 않고 나무뿌리나 풀숲 안에, 땅이 갈라진 틈새에 직접 산란하는 것으로 보인다. 식성은 초식 경향이 강한 잡식성이다.

◆사육 포인트
고랑나무거북처럼 사육해도 되지만, 일광욕을 할 수 있는 환경도 준비한다. 같은 종이나 다른 종과의 합사는 피한다.

검은나무거북 Black wood turtle

- **학 명 :** *Rhinoclemmys funerea*
- **분 포 :** 온두라스 남부부터 파나마
- **등갑 길이 :** 25~30㎝ (최대 33㎝)

미국산거북속에서는 최대종이다. 등갑은 약간 긴 타원형이고, 유체일 때 아주 편평했던 등갑도 성장하면서 높아진다. 등갑 색채는 암회색이나 흑갈색이다. 머리는 중형이고, 주둥이는 뾰족하지 않고 둥그스름하다. 눈의 홍채는 검은색이다. 머리 배면은 검은색이나 검은 보라색이고, 머리 측면의 눈 뒷부분에서 목 측면으로 어두운 색으로 테가 둘린 오렌지색이나 노란색 줄무늬가 들어가며, 목 측면이나 아래턱에 어두운색 작은 반점이 여러 개나 있다. 복갑은 어두운색이고, 중앙에 밝은색 선이 들어가 있다. 열대우림의 저지대나 삼림 내부의 하천, 시냇물, 늪과 못, 습지 등에 서식하고, 속 중에서는 수생 경향이 가장 강하다. 생태나 습성에 관한 정보는 적고, 산란기는 4~7월이며 1회 산란 수는 2~3개다. 연간 산란 횟수는 1~4회다. 알은 긴 타원형이고 단단하지만 약한 흰색 난각을 갖는다. 식성은 초식 경향이 강한 잡식성이다.

콜롬비아나무거북 Colombian wood turtle

- **학 명 :** *Rhinoclemmys melanosterna*
- **분 포 :** 파나마 북부, 콜롬비아 북부 및 서부, 에콰도르 북서부
- **등갑 길이 :** 23~29㎝ (최대 29㎝)

미국산거북속에서는 검은나무거북 다음으로 큰 대형종이다. 등갑은 약간 긴 타원형이고, 약간 높은 돔 형에서부터 다소 편평하게 솟은 개체도 있다. 등갑 색채는 회갈색이나 검은색, 흑갈색이다. 머리는 중형이고, 주둥이는 약간 뾰족하다. 머리 배면은 검은색이나 흑갈색으로, 주둥이 좌우 뒤편에서 목까지 걸쳐 밝은 노란색 줄무늬가 들어간다. 이 선의 색은 지역에 따라 황록색이나 오렌지색, 붉은색 등 변이가 다양하다. 눈의 홍채는 노란색 혹은 녹색 빛이 도는 흰색이다. 이 종은 사바나 기후대에서부터 열대 몬순 기후대까지 다양한데, 그런 기후대의 사바나나 삼림 내의 각종 담수역에 서식하고 때로는 기수역에서 관찰될 때도 있다. 수생 경향이 강하고, 뒷다리의 물갈퀴는 잘 발달해 있다. 생태나 습성에 관한 정보는 적고, 콜롬비아에서 산란은 매년 이루어지는 것으로 보인다. 1회 산란 수는 1~2개다. 산란 횟수는 1년에 여러 번이고, 알은 크고 긴 타원형이며 단단하고 약한 흰색 난각을 갖는다. 산란 구멍은 파지 않고 낙엽이나 부엽토를 살짝 덮기만 한다. 식성은 식물성 먹이를 선호하는 잡식성이다.

◆ 사육 포인트
반수생 거북에 맞는 설비로 육지를 설치하고, 겨울철 보온에 신경 쓴다.

페인티드나무거북 Painted wood turtle

- **학 명 :** *Rhinoclemmys pulcherrima*
- **아 종 :** 게레로나무거북(*R. p. pulcherrima*), 온두라스나무거북(*R. p. incisa*), 중앙아메리카나무거북(*R. p. manni*), 멕시코나무거북(*R. p. rogerbarbouri*)
- **분 포 :** 멕시코 북서부부터 코스타리카
- **등갑 길이 :** 16~20㎝ (최대 21.4㎝)

미국산거북속에서는 가장 색채가 풍부한 종을 포함한 4종의 아종으로 분류된다. 등갑은 편평하고 비교적 폭이 넓고, 둥그스름한 타원형인 게레로나무거북, 멕시코나무거북(양쪽 모두 멕시코 고유종) 중에서 전자는 일반적으로 회갈색 등갑이고, 늑갑판에는 어두운색으로 둘러싸인 붉은색이나 오렌지색의 작은 반점을 가지며, 머리의 주둥이에는 붉은색 선이 여러 개 들어가 있다. 또한 머리 꼭대기나 머리 측면에는 같은 색의 반점이 곳곳에 있다. 후자의 등갑은 갈색이나 어두운색으로, 어두운색 머

온두라스나무거북 Honduras wood turtle

중앙아메리카나무거북 Central American wood turtle

멕시코나무거북 Mexican wood turtle

리 꼭대기에는 붉은색으로 가느다란 팔 자 무늬가 들어가 있다. 온두라스나무거북은 북부 및 남부의 개체군에서는 갑의 높이가 다른데, 남부 개체군의 갑이 높다. 중앙아메리카나무거북의 등갑은 높은 돔 형으로, 갈색이나 암갈색 바탕색에 각 갑판에는 붉은색이나 황갈색의 크고 화려한 눈알 모양 무늬가 1개씩 있다. 머리 꼭대기나 머리 측면에도 붉은색의 길고 짧은 가는 줄무늬가 여러 겹이나 들어간다. 또한 다른 속과는 달리 발가락 사이에 물갈퀴가 잘 발달하지 않은 점이나, 머리에 몇 개의 줄무늬가 들어간 것, 위턱에 갈고리가 없는 것으로 구분할 수 있다. 해안선의 저지대 및 저산지의 하천에 인접한 산림 지표면이나 초지에 서식하고, 육서 경향이 강하지만 비교적 습도가 높은 환경을 좋아하며, 물속에서도 적극적으로 다닌다. 식성은 초식 경향이 강한 잡식성이다.

◆사육 포인트

저온에 약하고, 충분한 보온을 유지한다.

멕시코점박나무거북

Mexican spotted wood turtle

- **학 명 :** *Rhinoclemmys rubida*
- **아 종 :** 오악사카나무거북(*R. r. rubida*), 콜리마나무거북(*R. r. perixantha*)
- **분 포 :** 멕시코 남서부
- **등갑 길이 :** 15㎝ 전후 (최대 23㎝)

미국산거북속에서는 최소종으로, 멕시코 고유종이다. 등갑은 약간 긴 달걀 모양으로 약간 편평하게 솟아 있다. 등갑 색채는 추갑판이나 연갑판이 밝은 갈색이나 어두운 갈색을 띠고, 늑갑판은 짙고 어두운색이다. 각 늑갑판의 초생갑판 중앙에는 노란색이나 갈색의 작은 반점이 나 있다. 머리는 중형이고, 주둥이는 약간 튀어나와 있다. 주둥이에는 노란색이나 담갈색, 적갈색 등 두 줄의 선이 들어가 있고, 머리 배면에는 같은 색으로 부정형한 모양의 U자 무늬나 혹은 머리 중앙의 불연속적인 줄무늬 등 개체 차이가 나는 무늬가 있다. 머리 측면도 목 부분까지 이어지는 같은 색의 뚝뚝 끊기는 선이 여러 개 들어간다. 태평양 쪽의 해안선 근처 저지대 및 저산지, 구릉지의 암석 지대가 섞인 삼림 지표면에서, 비교적 건조한 삼림 내에 서식하고 물에는 거의 들어가지 않지만 습한 환경을 좋아한다. 육서 경향이 강한 종으로, 건기에는 휴면하고 우기에 활발히 활동한다. 생태나 습성에 관한 정보는 적고, 식성은 초식 경향이 강한 잡식성이다.

◆사육 포인트

넓고 얕은 물을 설치하고, 어느 정도 건조한 환경과 습도가 약간 높은 환경을 만든다.

거북류의 사육

거북류의 사육

동물을 사육할 때 가장 중요한 건 '사육장 내부를 간소화하고, 사육하기 쉽게 하는 일'이다. 그러려면 사육 개체에 필요한 비품류의 사용 목적과 필요성을 이해하는 게 중요하다.

기본적으로 거북을 사육할 때, 준비해야 할 것은

① 사육장
② 물그릇
③ 바닥재
④ 물
⑤ 최고최저온도계 또는 수온계(자동온도조절기 포함)

위의 다섯 가지다. 물론 등갑 형성에 필수적인 태양광 혹은 파충류용 조명을 쬐게 하는 것도 중요하지만, 햇볕이 닿는 장소에서 키운다면 그럴 필요가 없다.

사육장 내부는 건조하게 하고(수생종은 건조한 육지), 항상 신선한 물에 몸을 담글 수 있게 정돈해 두어야 한다. 매일 돌보는 작업은 비교적 간단하다. 그렇다고 해서 매일 정해진 시간에 똑같은 먹이만 주고 사육장 바닥에 모래와 자갈을 넣어두면, 그곳에서 잡균이 발생하는 온상이 되어, 결과적으로 사육 환경 청결 유지가 귀찮아져서 금방 질리게 되고 만다. 그러다 문득 살펴보면 남은 먹이나 똥이 바닥재에 뒤섞여 있고, 거북도 어디 있는지 모습이 잘 보이지 않는 경우도 흔해진다.

그럴 때 여러 가지로 생각해 볼 수 있는 사육 방법이나 거북의 생태, 형태를 통해서 내 나름의 사육 즐거움을 찾는 게 사육을 더 오래 이어가는 동기가 되지 않을까.

사육장의 조건과 크기

예를 들어 사육장을 일반적으로 판매하는 수조를 사용하는 게 아니라, 물에 의존도가 높은 수생종 거북이라면 수심은 낮아도 등갑 길이만큼, 육지 면적은 적어도 사육 개체의 크기만큼, 사육 용기의 높이는 육지 윗면에서 사육 개체 몸 전체 길이의 2배(뚜껑을 닫는다면 등갑 길이만큼)만큼, 물이 있는 면적은 사육 개체 면적의 6배만큼을 대략적인 기준으로 삼는다. 한편 육지 의존도가 높은 종이라면 사육 용기의 높이는 적어도 사육 개체 등갑 길이의 1.5배(측면이 철망인 경우, 반드시 뚜껑을 달아야 한다), 육지 면적은 적어도 사육 개체의 6배, 물그릇은 적어도 사육 개체의 1.5배가 좋다. 수심은 육지 의존도가 높은 늪거북류라면 등갑 전체가 물에 잠길 정도(등갑의 일부가 항상 건조된 상태면 등갑이 햇볕에 타는 원인이 된다)로, 땅거북류라면 연갑판이 물에 잠길 정도로(마실 물만 있어서는 탈피에 지장을 줄 수 있다) 하면 된다.

사육장은 이러한 조건을 갖추기만 한다면 직접 만들어도 좋고, 물이 새지 않는 용기(예를 들어 의상 케이스, 컨테이너 박스, 시멘트 반죽할 때 쓰는 용기 등) 등을 사용하는 것도 좋다. 가공하기도 쉽고, 바닥에 구멍을 뚫어 싱크대 호스나 세탁기 배수 호스 등으로 연결할 수 있어 물 교환도 쉽다. 물에 의존도가 높은 종은 수조의 70퍼센트만 물을 넣고, 망으로 된 덮개를 꼭 설치하여 더위도 해소할 수 있게 하며, 수면에는 고정된 육지를 만들어주는 게 좋다. 그렇게 하면 거북이 수중을 자유롭게 헤엄치는 광경(수중에 한 곳 정도 몸을 쉴 장소를 만들어주는 것도 좋다)을 즐길 수 있다.

사육장의 예시

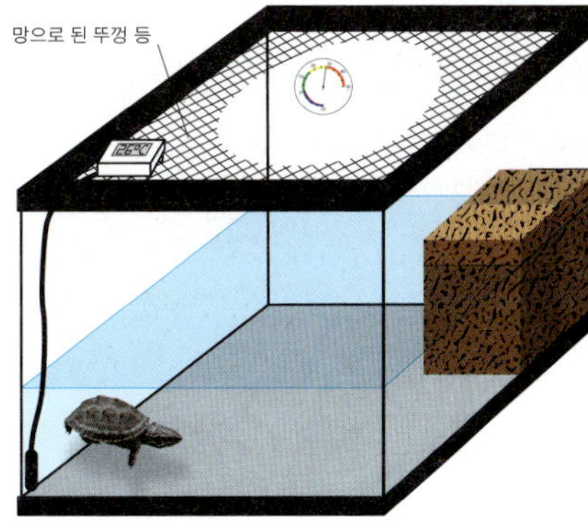

물 의존도가 높은 거북의 사육 환경 예시

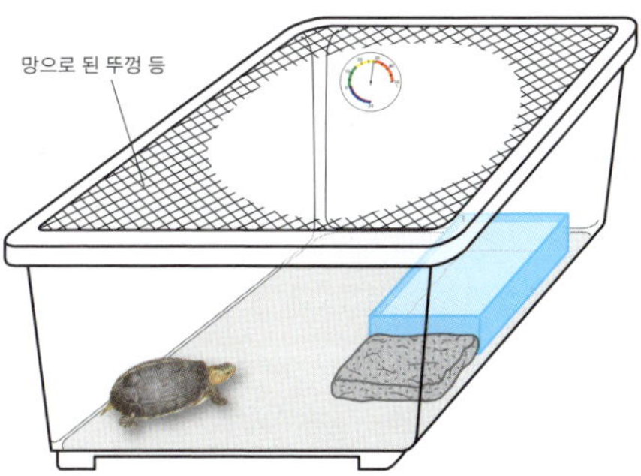

육지 의존도가 높은 거북의 사육 환경 예시

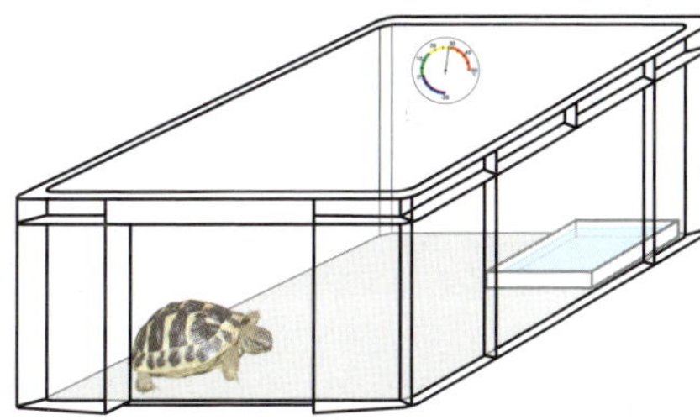

땅거북류의 사육 환경 예시

야외 사육 장소

거북을 야외에서 키울 때도 여러 장소가 해당할 수 있고, 키우는 방법도 하나가 아니다. 야외를 크게 분류하자면 옥상, 베란다, 정원으로 나눌 수 있는데 각각 공간적으로 여러 경우가 생길 수 있다. 여기서는 기본적인 사항에 대해 언급해 보고자 한다.

우선 옥상은 일반적으로 주변이 콘크리트 벽으로 둘러싸여 있어서, 여름에는 햇볕 때문에 극도의 고온 상태가 되기 쉽고 겨울에는 반대로 싸늘하게 부는 바람으로 극도의 저온이 되기 쉽다. 그 외에도 얼마든지 옥상에 대한 부적절한 점을 꼽을 수 있다. 이런 이유로 인해, 옥상은 동물을 키우는 데 적합한 장소가 아니며 추천하지 않는다.

베란다는 공공 아파트나 맨션 등, 이 장소 역시도 각각 다양한 공간을 고려해 볼 수 있는데 일반적인 아파트나 맨션의 베란다는 좁고, 개중에는 베란다에 아예 풀어놓고 기르는 사람도 종종 있다. 그러나 그곳에는 세탁기나 빨래 건조대 등이 있고 전기 배선이나 세제 및 표백제를 사용하는 장소이기도 해서 거북류에는 위험하다. 또한 바닥은 콘크리트여서 거북류의 발톱이 쉽게 갈린다는 단점만이 아니라,

파충류용 사육 케이스의 예시

직접 만든 땅거북용 사육장

거북이가 베란다 모서리를 타고 올라가 낙하할 사고도 자주 발생한다. 그뿐만 아니라 이웃집과의 가림판을 밀어(등갑 길이 20㎝ 정도의 거북은 블록 1개 정도의 물건은 비교적 쉽게 움직인다), 이웃집이 잘 키우는 화분을 먹어치우는 사례도 몇 번 들은 적이 있다. 분뇨 문제도 잊으면 안 되고, 비교적 큰 물그릇도 준비해야 하니 풀어놓고 키우는 것은 추천하지 않는다. 베란다에서 키울 때는 거북이에게 허용되는 공간을 정해 막아두고(막아두는 데 쓰는 벽은 거북이가 올라가지 못하는 재료, 혹은 윗면에 안쪽을 향한 철책을 설치한다), 바닥 면에는 발톱이 갈리지 않도록 고무 매트나 베니어판을 깐다. 수생종의 경우, 시멘트를 반죽할 때 쓰는 플라스틱 통이나 목욕 통 등을 준비하면 좋다. 그리고 베란다는 자외선을 통과하는 벽재로 둘러싸, 통째로 온실처럼 만드는 방법도 있다.

또한 베란다 사육은 공간 문제로 거북을 위해 넓게 쓸 수 없는 경우가 많다. 소형 거북류는 물가 옆에 육지를 마련해 주기 쉽지만, 남생이 정도의 크기가 되면 그러기 어렵다. 게다가 그 안에서 번식까지 고려한다면, 아래쪽의 물가와 위의 육지를 판(적어도 수용하는 거북의 폭 정도의 크기) 등으로 다리를 잇는 방식이 좋다. 물에서 위로 10㎝ 정도 높은 위치에 물의 면적보다 작게 산란에 필요한 크기의 육지용 용기를 설치하고, 육지 앞뒤로 다소의 공간을 만들어 물 쪽으로 태양광이 들어갈 수 있게 한다. 다리로 쓰는 판은 경사면(경사 각도는 45도 이하로 한다)으로 되어 있지만, 올라가기 쉽도록 몇 줄의 가느다란 살을 붙여놓으면 거북도 오르내리기 편해진다. 처음에는 몇 번 정도 거북을 위쪽 육지에 두어, 아래쪽 물로 내려갈 수 있도록 유도하면 자연히 육지와 물을 오갈 수 있게 될 것이다. 당연하지만 전체적으로 철망 등을 둘러 도망가지 못하게 하는 것이 좋지만, 앞면과 윗면은 열 수 있게 해두면 작업하기 쉽다. 아래에 물이 있는 곳도 배수나 청소가 잘되도록 지면의 높이보다 높은 위치에 만들어두는 것도 꼭 기억하자! 물이 있는 곳의 배수는 물 공간 바닥에 구멍을 뚫어 수도관 연결부품을 수중 본드 등

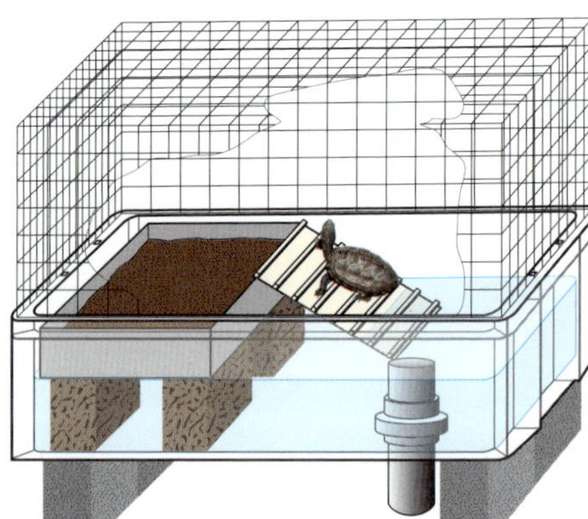

베란다에서의 사육 예시

정원에서의 사육 예시

으로 고정하고, 거기에 맞는 수도관을 '수심+연결부품 삽입'의 길이만큼 잘라 끼우기만 해도 수위를 유지할 수 있다. 이렇게 하면 배수를 할 때 그 관을 뽑기만 해도 편하게 배수할 수 있다. 또한 그런 배수를 할 수 없는 경우에는 가정용 수중 펌프를 사용하고, 쓰레기 등은 망으로 건지면 좋다.

흔히 정원 사육을 할 때 거북을 풀어두고 기르는 광경을 종종 보는데, 어디로 갔는지 알 수 없다면 사육하는 의미도 없고 도난이나 도망의 원인이 된다. 특히 구멍을 파는 종은 낙반에 의한 사고를 일으켜 산 채로 묻힐 가능성도 생각해 볼 수 있다. 개, 쥐, 고양이, 맹금류, 까마귀, 그리고 최근에는 일본에 토착화한 외래종인 흰코사향고양이나 미국너구리 등에 의한 피해도 고려해 둬야 한다! 자, 그럼 정원에 연못을 만들려 할 때, 많은 이들이 구멍부터 파려고 할 것이다. 그러나 그래서는 배수가 어렵고 시공도 복잡해지므로 연못은 지표면보다 '연못 깊이+배수관 지름+10㎝' 정도 높여 시공하고, 배수는 90도로 이어 L자 모양으로 조립해서 연못 바닥에 해당하는 위치에 수도관 연결부품을 붙인다. '필요한 수심+연결부품'에 삽입하는 길이만큼 수도관을 잘라 끼우면 수심도 확보할 수 있고, 그 위쪽으로 비가 내려 물이 넘쳐도 수심은 유지할 수 있다. 배수할 때는 수심을 유지하는 수도관만 빼면 단번에 배수가 된다. 연못 주변과 육지 공간은 블록으로 둘러, 그 주변에 철망으로 울타리를 설치한다. 육지에는 땅을 연못보다 5㎝ 정도 낮게 해서 비가 올 때도 연못에 탁한 물이 들어가지 않게 하고, 주변을 두른 철망 위에 떼어낼 수 있는 망을 걸쳐두면 다른 동물로 인한 피해도 피할 수 있다. 정원에 따로 공간을 만들 때는 지표면에서 깊이 50㎝의 홈을 파고 거기에 블록을 늘어놓은 다음, 그 위에 칸막이용 철망 등을 설치하고 다시 흙으로 덮으면 구멍을 파 거북이 도망가는 것을 거의 막을 수 있다. 그뿐만 아니라 사육장에는 겨울용 난방을 틀 수 있는 작은 방(온실) 설치를 추천하지만, 새끼 거북의 경우에는 생후 2~3년 동안은 실내 사육을 한다.

물

수생종 사육에 대해 흔히 '석회 제거는 안 해도 되는가?' '천연수는 어떻게 입수할 수 있을까?' 등의 질문을 받는다. 석회나 염소를 제거할 때 필요한 건 세밀한 아가미로 호흡하는 동물(어류나 수서갑각류 등)을 기를 경우이고, 폐호흡을 하는 동물(포유류나 조류, 파충류 등)에는 필요하지 않다. 따라서 염소 농도가 높은 지역 때문에 걱정이라면 하룻밤 물을 담아뒀다가 쓰기만 해도 좋고, 일반적으로는 특수한 거북류만 제외하고 수돗물을 그대로 써도 괜찮다.

육지(바닥재)

물에 의존도가 높은 종의 '육지'는

① 물 밖으로 올라가기 쉽다

② 몸은 안정시킬 수 있다

③ 건조하기 쉽고, 등갑 말리기나 일광욕 등을 할 수 있다(번식을 고려할 경우 제외)

④ 공간은 사육 개체 수만큼의 넓이(다소 겹쳐도 괜찮다)

와 같으면 된다. 물 바닥에 흔히 넣는 모래나 자갈은 전혀 의미가 없으며, 오히려 물갈이가 힘들고 잡균의 온상이 되기 쉽다. 또한 일반적으로 사용되는 여과기는 쓰레기 제거에는 도움이 되나, 세균 제거에는 효과가 없다. 육지에 의존도가 높은 종이나 육서종은 발이 미끄러지지 않는 재질이면 되지만, 육지에서 주로 식사와 배설을 하므로 모래나 자갈, 흙 등은 청소가 번거롭기만 해서, 번식을 고려하지 않는 경우에는 높은 흡수성과 청소가 쉽고 단기간에 보온성을 가지며 거북이 걷기 쉽도록 단단하고

털이 짧은 매트. 생필품샵이나 파충류 샵 같은 곳에서 입수할 수 있다.

짧은 털을 가진 매트(사람용)를 추천한다. 펫 시트를 사용하는 경우도 찾아볼 수 있지만, 금방 구깃구깃 해지기도 하고 그걸 양면테이프로 고정하면 거북이 잘못 섭취할 수 있고 붙어버릴 위험이 있어서 권하지 않는다.

온도계 혹은 수온계

변온 동물을 사육할 때, 사육 동물을 둘러싼 온도 및 습도나 수온을 제대로 알지 못하고 키우는 사람이 상당히 많다. 변온 동물은 그 동물을 둘러싼 서식 환경의 온도에 의해 체온이 변화하는 동물이며(일반적으로 주변 온도보다 체온이 1~2℃ 정도 높은 것으로 여겨진다), 서식 환경에 따라 겨울잠이나 여름잠을 자는 종도 적지 않다. 흔히 오해하는 것으로는, 일본 등과 같이 온대 지역에 서식하는 변온 동물은 일반적으로 겨울철에 동면하는 것으로 널리 알려져 있으며, 열대 지역의 변온 동물이라도 추우면 동면할 거라고 생각하는 사람도 있다. 그러나 열대 지역이나 아열대 지역의 변온 동물은 동면이라는 생리를 갖지 않으므로 저온에 장시간 노출되면 죽음에 이를 수도 있다. 반대로 아열대 이북의 변온 동물은 여름잠(모든 종이 그런 건 아니지만)이라는 생

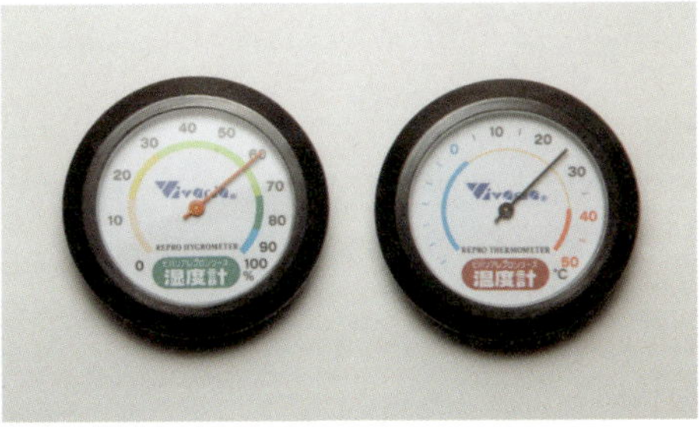

온도계와 습도계

온습도계

리를 갖고 있지 않다. 이런 겨울잠과 여름잠을 인공적으로 그 조건을 만들어내는 것은 대체로 어려워서, 겨울잠을 자는 동물은 난방을 해주고 여름잠을 자는 동물은 냉방 혹은 시원한 장소로 옮겨 사육하는 것이 무난하다. 특히 새끼 거북류는 몸이 작아서 온도 변화의 영향을 받기 쉽다는 점을 염두에 두고, 아무리 저온에 강한 종이라고 해도 겨울철에는 실내에 수용하여 사육 개체가 먹이를 먹기 좋은 상태로 해서, 생후 3년 정도까지는 이 방법으로 기르는 것을 추천한다.

이러한 난방이나 냉방 기구의 설치나 가동할 시기를 이해한 다음에 필요한 것이 바로 온도계다. 하루의 온도 변화를 아는 것이 중요한데, 하루의 최고 최저온도를 계측할 수 있는 최고최저온도계(대형 마트나 철물점 등에서 구입 가능하다) 설치는 변온 동물 사육에 필수적이다. 파충류 사육용의 온도계도 전문점 등에서 입수할 수 있다. 그 외로 온도계를 설치하는 의미로는, 사육 동물의 식사에 가장 적합한 온도를 파악하는 것, 그리고 전문가 등에게 사육 관련 상담을 할 때 받을 수 있는 질문인 '탈피 주기', '번식기의 각 공정' 등에 꼭 필요한 기구 중 하나라는 것이다.

난방기구

최근 냉방 및 난방기구는 대개 전기를 사용하는 제품이 많은데, 현재의 동물 사육 세계에서는 무의식적으로 전기 사용에 의지하는 경우가 많은 것 같다. 그런 와중에 사고나 자연재해가 자주 발생하는 오늘날, 송전이 멈추기라도 하면 오랫동안 소중히 키운 동물 사육이 중지되는 사태가 벌어질 수 있다. 특히 겨울철 정전은 파충류에게 치명적이다. 따라서 전기를 사용하지 않는 석유 난로(등유를 미리 사두거나 판매점 위치 확인이 필요)나 일시적이라면 손난로(24시간 사용 가능한 것으로)를 준비해 두는 걸 권한다.

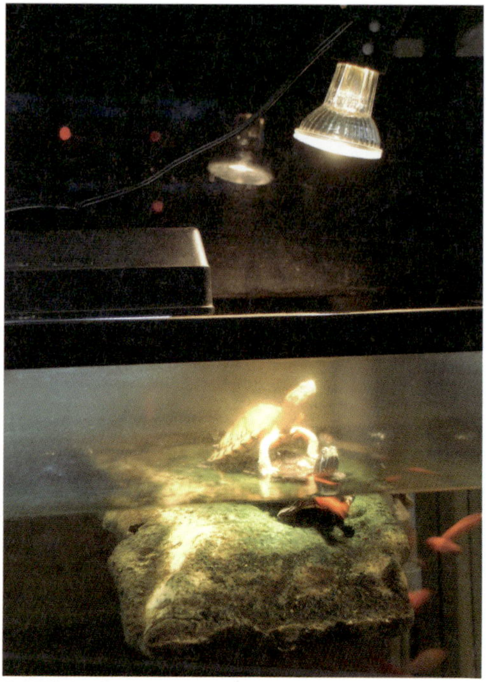

육지를 향해 조명을 설치한다

육지를 향해 조명을 설치한다

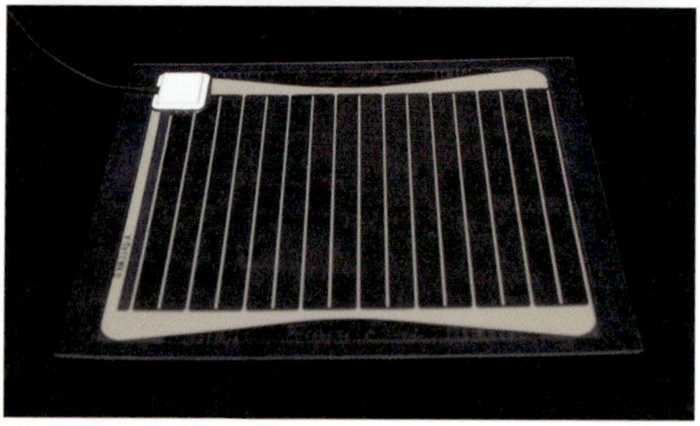

파충류 사육용으로 파는 시트 히터

파충류 사육용의 난방기구

수중 히터(전용 커버를 끼운 상태)

파충류용 자동 온도 조절기. 사용하기 쉬운 제품

난방 및 냉방 방법

파충류가 가장 건강이 나빠지는 시기는 환절기이며, 추워지고 나서 난방을 시작하면 늦으므로 난방 설치는 사육 동물의 식욕이 떨어지는 시기에 설치하는데, 난방기구에 자동 온도 조절기를 연결하여(최근에는 자동 온도 조절기가 내장된 제품이 많다) 놓치기 쉬운 일출 전 저온 시기에 대비한다. 반대로 난방은 식욕이 안정되는 최저온도가 될 때까지 유지하다가 끄는 게 좋다. 온풍이나 냉풍은 직접 사육 용기에 접하지 않게 하고, 일단 벽 등에 맞게 해서 간접적으로 만든다.

사육을 위한 먹이

사육 상담을 할 때, 거북의 먹이는 구입할 때 가게에서 소개한 인공 사료만 주면 될 거라고 오인하거나 인간용으로 가공하거나 조리한 것을 주면 된다고 착각하는 사람을 자주 접한다. 이런 오해로 인하여 단순히 결정한 먹이를 줘서는 영양 균형이 나빠져서 순조롭게 성장할 수 없고, 사육용 물이 더러워지기 쉽기에 사육에 즐거움을 찾기 어려운 상황이 발생하게 되어 금방 사육을 포기하는 경우가 많은 것 같다. 우리 주변에서 찾아볼 수 있는 먹이 조건으로는 무첨가물, 조리하지 않은 것, 떫은맛이나 요소 尿素가 적은 것, 저지방 등, 한마디로 '날 것' 및 마른 식품 등이 먹이로 사용할 수 있는 식재료다. 예를 들자면

① 육류

뼈가 붙은 닭고기(가슴살 제외), 닭의 간, 닭의 심장, 닭 모래주머니, 소고기(붉은 살), 말고기, 병아리, 메추라기 등 지방이 적은 것.

② 어류

담수어 · 해수어(작은 것은 통째로, 큰 것은 토막 내서), 각종 물고기 알 등, 생선은 지방이 적은 것.

③ 마른 식품

말린 멸치, 마른 새우 등 작은 것을 그대로 사용할 수 있다.

④ 과일류

사과, 귤, 바나나, 무화과, 딸기, 복숭아, 수박, 키위, 망고 등, 단맛이 있는 계절 과일이면 되는데, 사람이 먹는 것은 완숙이 되지 않은 것이 많으므로 가게에서 다소 흠이 난 것으로 판매하는 것이면 된다.

⑤ 채소류

소송채(일본 원산의 잎채소), 배추, 양배추류, 양상추류 등.

⑥ 뿌리채소류

고구마, 감자, 참마 등을 찐 것이나 당근 등.

⑦ 버섯류

목이버섯이나 그물버섯류, 만가닥버섯류 등의 식용 버섯류.

⑧ 야생초류

휴일 등에 야외로 나가 채취할 수 있는 것. 질경이, 괭이밥, 민들레, 방가지똥 종류(국화과의 야생초류), 수초, 잔디, 칡, 엉겅퀴류 등. 농약이나 살충제 살포를 조심해서 교외 공원 등에서 채집할 수 있는 것이더라도 중성세제로 씻어서 주는 것이 좋다.

⑨ 꽃 종류

관엽식물의 꽃 종류는 대부분 사용이 가능하다.

⑩ 곤충류

메뚜기류, 사마귀류, 매미류, 잠자리류, 도롱이벌레 등.

⑪ 수서 곤충류

잠자리 유충류, 물여우류(날도랫과에 속한 곤충), 실지렁이, 붉은 장구벌레 등.

⑫ 양서류

개구리류.

⑬ 어류

각종 강 물고기 등을 채집할 수 있다. 기생충 등이 걱정될 때는 일단 냉동한 다음 해동 후에 주면 된다.

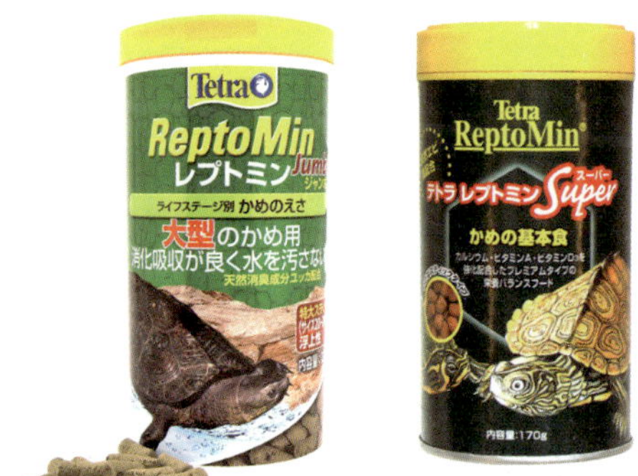

거북용 인공 사료.
양식귀뚜라미나 밀웜 등 곤충류도 먹이로 쓸 수 있다.

지렁이. 거북을 정원에 풀어 키우면 스스로 지렁이를 포식해서 먹기도 한다.

양식귀뚜라미나 밀웜 등 곤충류도 먹이로 쓸 수 있다.

실지렁이

이처럼 거북의 먹이로 우리가 일상식으로 채집할 수 있는 것들이 다양한데 이걸 먹을지, 잘 먹긴 하는지, 사육 개체가 좋아하는지 싫어하는지, 먹이 조합 등을 연구함으로써 흥미나 재미로 이어지게 될 것이다. 인공 사료도 나쁜 것이 아니라 이런 먹이 중 하나로 쓰면 좋다. 또한 먹이를 그냥 주기만 하는 게 아니라 무엇을 얼만큼의 양으로 주고, 먹은 양이 어느 정도 되는지 파악하는 것 역시 중요하므로 기록해 두면 두고두고 도움이 된다.

[역자 의견]

야생에서 채집하는 물고기나 곤충류의 경우 기생충 감염 우려나 중금속 감염, 농약이나 살충제 감염의 우려가 있다.

특히 야생 곤충의 경우 잠자리나 사마귀처럼 육식성 곤충은 기생충 감염의 우려가 높으므로 주지 않는 것이 좋다. 먹이용으로 인공적으로 번식된 귀뚜라미나 밀웜 슈퍼밀웜 등을 주는 것이 기생충 감염이나 중금속 오염에 안전하다. 이걸 먹을지, 잘 먹긴 하는지, 사육 개체가 좋아하는지 싫어하는지, 먹이 조합 등을 연구함으로써 흥미나 재미로 이어지게 될 것이다. 인공 사료도 나쁜 것이 아니라 이런 먹이 중 하나로 쓰면 좋다. 또한 먹이를 그냥 주기만 하는 게 아니라 무엇을 얼만큼의 양으로 주고, 먹은 양이 어느 정도 되는지 파악하는 것 역시 중요하므로 기록해 두면 두고두고 도움이 된다.

입수하기 쉬운 야생초 중 하나인 거지덩굴.
씻어서 사용하는 게 좋다.

먹이용의 금붕어나 강 물고기는 전문점 등에서 판매하는 경우도 많다.

거북에 관한 일본 법률

◎ 거북류를 구입·사육할 때 관련 법률·조례

천연기념물 … 일본 국내에서 접촉, 포획, 사육이 금지된 법률. 국가 지정·광역자치단체 지정 등이 있다.

→ 국가 지정 천연기념물

류큐상자거북·류큐잎거북·남생이(야마구치현 하기시 미시마의 거북 서식지)·붉은바다거북(시즈오카현 오마에자키시 오마에자키의 바다거북 및 산란지)(도쿠시마현 카이후군 미나미정 오하마 해안의 바다거북 및 산란지)

→ 기초자치단체 지정 천연기념물

붉은바다거북(미야자키현의 산란지)

◎ 특정외래생물법

채집·사육·양도·번식·운반·수입·야외 방출 등이 금지되어 있다.

→ 늑대거북과(늑대거북·악어거북)

◎ 동물취급업 … 동물을 판매·보관·대여·훈련·전시·양도하는 경우 동물취급업 등록이 필요하다. 또한 대면 판매가 의무화되어 있으며, 통신판매(온라인 판매)는 금지된다.

◎ 워싱턴 조약(CITES) … 국제적인 야생동물의 상거래를 규제하는 조약. 일본 국내에서 부속서I에 등재된 종을 사육할 경우 등록증이 필요하다(방사거북 등).

류큐잎거북【국가 지정 천연기념물】

늑대거북【특정외래생물법】

방사거북【CITES 부속서 I 등재종】

【인용 · 참고문헌 자료】

安川雄一郎(2000~2017)：「カメ類の各属と自然史」爬虫・両生類情報誌クリーパー (創刊号~76号) ／クリーパー社

エクストラ・クリーパー (2006~2009) 01~04号／クリーパー社

爬虫・両生類情報誌クリーパー (2000~2017) 創刊号~77号／クリーパー社

海老沼剛(2011)：「爬虫両生類パーフェクトガイド 水棲ガメ」／誠文堂新光社

海老沼剛(2012)：「世界の爬虫類ビジュアル図鑑」／誠文堂新光社

海老沼剛(2014)：「フォトガイドシリーズ リクガメ」／誠文堂新光社

海老沼剛(2009)：「爬虫類・両生類ビジュアル大図鑑」／誠文堂新光社

川添宣広(2010)：「爬虫・両生類飼育ガイド ホシガメ」／誠文堂新光社

千石正一監修(1996)：「爬虫類・両生類800種図鑑」／ピーシーズ

千石正一総監修(2005)：「HER・PET・OLOGY 水棲ガメの世界 3」／誠文堂新光社

小家山仁(2000)：「カメディカ カメの家庭医学」／アートヴィレッジ

小家山仁・浅野龍司・浅野妃美・村杉栄治(1996)：「爬虫類・両生類の臨床指針」／インターズー

徳永 卓也(1996)：「カメの医・食・住」／どうぶつ出版

高田 榮一(1973)：「爬虫類図鑑」／朝日ソノラマ

高田 榮一(1976)：「大自然の驚異爬虫類生態図鑑」／朝日ソノラマ

高田 榮一(1997)：「爬虫類ウォッチング」／平凡社

高田 榮一・大谷勉(2011)：「原色爬虫類・両生類検索図鑑」／北隆館

当山 昌直(1997)：「沖縄の帰化動物(36~41p)」／沖縄出版

当山 昌直(1987)：「中国産セマルハコガメの計測値」『AKAMATA』49／沖縄両生爬虫類研究会

本多 正尚(2009)：「ヤエヤマイシガメの藪地島からの記録」『AKAMATA』20, 38／沖縄両生爬虫類研究会

ブリタニカ国際地図(1974)／TBS・ブリタニカ

THE HAMLYN PUBLISHING GROUP LIMITED(1972)「THE BOOK OF REPTILES」Hamlyn

Rod Patterson(1987)「REPTILES OF SOUTHERN AFRICA」STRUIK

J. C. DANIEL(1983)「INDIAN REPTILES」BOMBAY NATURAL HISTORY SOCIETY

BILL BRANCH'S(1988)「SNAKES AND OTHER REPTILES of SOUTHERN AFRICA」New Holland

INDRANEIL DAS(1985)「INDIAN TURTLES A FIELD GUIDE」WORLD WILDLIFE FUND－INDIA

WIROT NUTAPHAND(1979)「THE TURTLES OF THAILAND」STAMFARM ZOOLOGICAL GARDEN

ANGUS AND ROBERTSON PUBLISHERS(1978)「TORTOISES OF AUSTRALIA」John Cann

DR. PETER C. H. PRITCHARD(1979)「Encyclopedia of TURTLES」T.F.H.

ROGER CONANT(1973)「A FIELD GUIDE REPTILES AND AMPHIBIANS OF EASTERN/CENTRAL NORTH AMERICA」HOUGHTON MIFFLIN COMPANY

ROBERT C. STEBBINS(1966)「A FIELD GUIDE TO WESTERN REPTILES AND AMPHIBIANS」HOUGHTON MIFFLIN COMPANY

JOHN L. BEHLER(1979)「FIELD GUIDE TO NORTH AMERICAN REPTILES&AMPHIBIANS」KNOPF

[색 인]

학명 색인 …… 319

이 책에서 사용한 학명을

속명

종소명

아종명

의 순서대로 표기했다. 1종뿐인 속은 종소명을 속명과 이어서 쓴다.

영명(우리말) 색인 …… 323

이 책에서 사용한 종의 영명과 우리말 이름을 표기했다.

학명색인

A

Acanthochelys
macrocephala 085
pallidipectoris 086
radiolata 087
spixii 088
Actinemys marmorata 189
marmorata 189
pallida 189
Amyda cartilaginea 166
Apalone
ferox 176
mutica 176, 177
calvata 177
mutica 177
spinifera 176, 179
aspera 179
emoryi 179
guadalupensis 179
hartwegi 179
pallida 179
spinifera 179
Astrochelys
radiata 032, 033
yniphora 032

B

Batagur
baska 237
kachuga 240
Batrachemys
heliostemma 098
nasutus 096
raniceps 097
tuberculatus 099

C

Callagur bonneoensis 238
Caretta caretta 182
Carettochelys insculpta 180
Chelus fimbriatus 100
Chelodina
canni 105
gunaleni 107
longicollis 109
mccordi 104
mccordi 104
roteensis 104
novaeguineae 103
oblonga 110
reimanni 108
timorensis 106
Chelonia mydas 181
agassizii 181
mydas 181
Chelonoidis
carbonaria 028
denticulata 029
nigrita 027
petersi 030
Chelydra
acutirostris 155
rossignonii 154
serpentina 152
osceola 152
serpentina 152
Chersina angulata 034
Chitra
chitra 167
chitra 167
javanensis 167
indica 167, 168
vandijki 167
Chrysemys picta 198
bellii 198

dorsalis 198
marginata 198
picta 198
Claudius angustatus 151
Clemmys guttata 190
Cuora
amboinensis 160, 263, 268
amboinensis 268
couro 268
kamaoma 268
liniata 268
aurocapitata 263, 271
flavomarginata 262, 263
evelynae 262
flavomarginata 262
galbinifrons 263, 264
picturata 264
galbinifrons 264
mccordi 263, 273
mouhotii 263, 266
mouhotii 266
obsti 266
pani 263, 272
trifasciata 263, 270
yunnanensis 263
zhoui 263, 274
Cyclanorbis
elegans 161
senegalensis 161
Cyclemys
atripons 275, 277
dentata 275
enigmatica 275, 279
fusca 275, 279
gemeli 275, 279, 281
oldhamii 275, 279, 280
pulchristriata 275, 278
Cycloderma
aubryi 162, 163
frenatum 162

D

Deirochelys reticularia 188, 196
chrysea 196
miaria 196
reticularia 196
Dermatemys mawii 124
Dermochelys coriacea 185
Dipsochelys
arnoldi 023
dussumieri 022, 023
hololissa 023
Dogania subplana 172

E

Elseya
branderhorsti 114
novaeguineae 115
Elusor macrurus 122
Emydoidea blandingii 188
Emydura
macquarii 118
emmotti 118
krefftii 118
macquarii 118
nigra 118
subglobosa 120
subglobosa 120
worrelli 120
victoriae 121
australis 121
Emys
orbicularis 186, 187
capolongoi 186
colchica 186
eiselti 186
fritzjuergenobsti 186
galloitalica 186
hellenica 186
hispanica 186
iberica 186
ingauna 186
lanzai 186
luteofusca 186
occidentalis 186
orbicularis 186
persica 186
trinacris 187
Eretmochelys imbricata 184
Erymnochelys madagascariensis 083

G

Geochelone
elegans 025
platynota 026
sulcata 024
Geoclemys hamiltonii 246
Geoemyda
japonica 296
spengleri 298
Glypyemys
insculpta 191
muhlenbergii 191
Gopherus
agassizii 057
berlandieri 057
flavomarginatus 057
polyhemus 057, 058
Graptemys
barbouri 221, 222
caglei 221, 226
ernsti 221, 224
flavimaculata 221, 232
geographica 221
gibbonsi 221, 225
kohnii 221, 229
nigrinoda 221, 233
delticola 233
nigrinoda 233
oculifera 221, 231
ouachitensis 221, 230
ouachitensis 230
sabinensis 230
pseudogeographica 221, 228
pulchra 221, 223
versa 221, 227

H

Hardella thurji 247
indi 247
thurjii 247
Heosemys
annandalii 285
depressa 284
grandis 283
spinosa 282
Homopus
areolatus 035
boulengeri 035
femoralis 035
signatus 035
cafer 035
signatus 035
solus 035
Hydromedusa
maximiliani 089
tectifera 089, 090

I

Indotestudo
elongata 052
forsteni 052, 053
travancoria 052, 054

K

Kachug
dhongoka 239
kachuga 239
trivittata 239
Kinixys
belliana 039
belliana 039
nogueyi 039
erosa 039, 041
homeana 039, 040
lobatsiana 039
natalensis 039
spekii 039
Kinosternon

acutum 138
arizonense 130
baurii 128
chimalhuaca 134
creaseri 139
flavescens 129
herrerai 132
hirtipes 135
chapalaense 135
hirtipes 135
magdalense 135
megacephalum 135
murrayi 135
tarascense 135
integrum 133
leucostomun 141
leucostomum 141
postinguinale 141
oaxacae 140
scorpioides 142
abaxillare 142
albogulare 142
cruentatum 142
scorpiodes 142
sonoriense 131
longifemorale 131
sonoriense 131
subrubrum 126
hippocrepis 126
steindachneri 126
subrubrum 126

L

Lepidochelys
kempii 183
olivacea 183
Leucocephalon yuwonoi 286
Lissemys
punctata 164
andersoni 164
punctata 164
scutata 165

M

Macrochelodina
expansa 111
parkeri 113
rugosa 112
Macroclemys
temminckii 156
Malaclemys terrapin 234
centrata 234
littoralis 234
macrospilota 234
pileata 234
rhizophorarum 234
tequesta 234
terrapin 234
Malacochersus tornieri 038
Malayemys
macrocephala 250
subtrijuga 250, 251
Manouria
emys 055
emys 055
phayrei 055
impressa 055, 056
Mauremys
annamensis 256
caspica 258
caspica 258
siebenrocki 258
ventrimaculata 258
japonica 254
leprosa 260
leprosa 260
saharica 260
mutica 257
kami 257
mutica 257
nigricans 253
reevesii 252
rivulata 259
sinensis 261
Melanochelys
tricarinata 290, 291, 293
trijuga 290, 291
coronata 290
edeniana 290
indopeninsularis 290
parkeri 290
thermalis 290
trijuga 290
Morenia
ocellata 248
petersi 248
Myuchelys georgesi 117

N

Natator depressus 181
Nilssonia
formosa 171
gangeticus 171
hurum 171
leithii 171
nigricans 171
Notochelys platynota 287

O

Orlitia borneensis 249

P

Palea steindachneri 173
Pangshura
smithii 241
pallidipes 241
smithii 241
sylhetensis 241, 242
tecta 241, 243
tentoria 241, 244
circumdata 244
flaviventer 244
tentoria 244
Pelochelys
bibroni 169
cantorii 169, 170
signifera 169
Pelodiscus sinensis 174
Pelomedus subrufa 060
nigra 060
olivacea 060
subrufa 060
Peltocephalus
dumerilianus 084
Pelusios
adansonii 063
bechuanicus 077
broadleyi 064
carinatus 073
castaneus 067
castanoides 068
castanoides 068
intergularis 068
chapini 070
cupulatta 069
gabonensis 065
nanus 066
niger 075
rhodesianus 072
sinuatus 074
subniger 062
parietalis 062
subniger 062
upembae 071
williamsi 076
laurenti 076
lutescens 076
williamsi 076
Phrynops
geoffroanus 094
geoffroanus 094
tuberosus 094
gibbus 091
heliostemma 098
hilarii 093
nasutus 096
raniceps 097
tuberculatus 099
vanderhaegei 092
williamsi 095
Platemys platycephala 102
melanonota 102
platycephala 102
Platysternon
megacephalum 158
megacephalum 158
peguense 158
shiui 158
Podocnemis
erythrocephala 078,

079
expansa 078
lewyana 078
sextuberculata 078, 080
unifilis 078, 081
vogli 078, 082
Psammobates
geometricus 036
oculifer 036
tentorius 036, 037
tentorius 037
trimeni 037
verroxii 037
Pseudemys
alabamensis 200
concinna 200, 201
concinna 201
floridana 201
suwanniensis 201
gorzugi 200, 204
nelsoni 201, 205
peninsularis 200, 202
rubriventris 201, 206
texana 200, 203
Pyxis
arachnoides 042
arachnoides 042
brygooi 042
oblonga 042
planicauda 044

R

Rhinoclemmys
annulata 299
areolata 299, 300
diademata 299, 301
funerea 299, 302
melanosterna 299, 303
nasuta 299
pulcherrima 299, 304
incisa 304
manni 304
pulcherrima 304
rogerbarbouri 304
punctularia 299
flammigera 299
punctularia 299
rubida 299, 306
perixantha 306
rubida 306

S

Sacalia
bealei 288
quadriocellata 289
Siebenrockiella
crassicollis 160, 294
leytensis 295
Staurotypus
salvinii 150
triporcatus 149
Sternotherus
carinatus 145
depressus 148
minor 146
minor 146
peltifer 146
odoratus 144
Stigmochelys
babcocki 031
pardalis 031
Stigmochelys pardalis 031

T

Terrapene
calorina 192
bauri 192
calorina 192
major 192
mexicana 192
triunguis 192
yucatan 192
coahuila 192
nelsoni 192
ornata 192, 195
luteola 195
ornata 195
Testudo
graeca 047
anamurensis 047
antakyensis 047
armeniaca 047
boxtoni 047
cyrenaica 047
floweri 047
graeca 047
ibera 047
lamberti 047
marokkensis 047
nabeulensis 047
nikolskii 047
pallasi 047
perses 047
soussensis 047
terrestris 047
zarudnyi 047
hermanni 046
boettgeri 046
hercegovinensis 046
hermanni 046
horsfieldii 051
baluchiorum 051
horsfieldii 051
kazachstanica 051
rustamovi 051
kleimanni 050
marginata 045
marginata 045
weissingeri 045
Trachemys
adiutrix 207
callirostris 207, 219
callirostris 219
chichiriviche 219
decorata 207, 215
decussata 207, 212
angusta 212
decussata 207, 212
dorbigni 207, 220
brasiliensis 220
dorbigni 220
emolli 207, 218
gaigeae 207, 210
gaigeae 210
hartwegi 210
nebulosa 207
ornata 207, 211
scripta 207
elegans 207, 209
scripta 207, 208
troostii 207
stejnegeri 207
malonei 214
stejnegeri 214
vicina 214
taylori 207
terrapen 207, 213
venusta 207, 216
cataspila 216
grayi 216
iversoni 216
panamensis 216
uhrigi 216
venusta 216
yaquia 207
Trionyx triunguis 175

W

Wollumbina
latisternum 116
purvisi 117

영문·우리말 색인

A

Adanson's mud turtle 아단손진흙거북 063, 064
African dwarf mud turtle 아프리카드워프진흙거북 066
African forest turtle 아프리카숲거북 065, 073
African helmeted turtle 늪가로목거북 060
African keeled mud turtle 아프리카용골진흙거북 073
African softshell turtle 나일자라 175
African spurred tortoise 설카타육지거북 024
Alabama map turtle 앨라배마지도거북 221, 223, 225
Aldabra giant tortoise 알다브라코끼리거북 014, 022, 23
Alligator snapping turtle 악어거북 005, 008, 016, 017, 043, 156, 157, 318
Amazon mud turtle 아마존진흙거북 142
Amazon toad-headed turtle 아마존 토드헤드 터틀 97, 98
Amboina box turtle 암보니아상자거북 017, 160, 263, 268, 273
Anamur tortoise 아나무르거북 048
Angulate tortoise 앙굴라타육지거북 034
Antakya tortoise 안타키아그리스육지거북 048
Arakan forest turtle 아라칸숲거북 284
Argentine snake-necked turtle 아르헨티나뱀목거북 089, 090
Arizona mud turtle 애리조나진흙거북 130
Arrau turtle 아라우거북 078
Asian forest tortoise 아시아숲땅거북 017, 055, 056
Asian leaf turtle 아시아나뭇잎거북 275, 276, 277, 278, 279
Asian narrow-headed softshell turtle 아시아좁은머리자라 167
Asian yellow pond turtle 아시아노란연못거북 257
Asiatic softshell turtle 인도차이나큰자라 166
Assam leaf turtle 아삼나뭇잎거북 281
Assam roofed turtle 아삼지붕거북 241, 242
Aubry's flapshell turtle 오브리뚜껑자라 162, 163
Australian snake-necked turtle 오스트레일리아뱀목거북 109

B

Balkan terrapin 발칸 테라핀 258, 259
Bangladesh black turtle 방글라데시검은거북 292
Barbour's map turtle 바버지도거북 221, 222, 223, 224
Beale's eyed turtle 빌 아이드 거북 288, 289
Bell's hinge-back tortoise 벨스경첩육지거북 039
Big bend mud turtle 빅밴드진흙거북 137
Big bend slider 빅 밴드 슬라이더 207, 210
Big-headed Amazon River turtle 큰머리아마존강거북 084
Big-headed pantanal swamp turtle 큰머리판타나우늪거북 085
Big-headed turtle 큰머리거북 005, 008, 158
Black breasted leaf turtle 스팽글리거북 298
Black helmeted turtle 검은늪가로목거북 061
Black marsh turtle 검은늪거북 160, 294
Black pond turtle 검정늪거북 246
Black sea turtle 검은바다거북 181
Black spine-neck swamp turtle 검은가시목늪거북 005, 088
Black wood turtle 검은나무거북 299, 302, 303
Black-knobbed map turtle 까만혹지도거북 221, 231, 233
Black-lined toadhead turtle 블랙라인 토드헤드 터틀 098
Blanding's turtle 블랜딩늪거북 188
Bourret's box turtle 라오스꽃상자거북 265
Branderhorst's snapping turtle 브렌다홀스트투구거북 114, 115
Brazilian radiolated swamp turtle 브라질방사늪거북 87
Brazilian snake-necked turtle 브라질뱀목거북 89
Broad-shelled snake-necked turtle 넓은갑각뱀목거북 111
Brown roofed turtle 갈색지붕거북 241, 242, 243, 244
Burmese big-headed turtle 버마큰머리거북 159
Burmese black turtle 버마검은거북 291
Burmese box turtle 버마상자거북 269
Burmese eyed turtle 버마눈거북 248
Burmese flapshell turtle 버마상자자라 165
Burmese peacock soft-shell turtle 버마공작자라 171
Burmese star tortoise 버마별거북 024, 026

C

Cagle's map turtle 케이글지도거북 203, 221, 226, 227
Cann's snake-necked turtle 칸뱀목거북 105
Cantor's giant softshell turtle 칸토르둥근자라 170
Carolina diamond-back turtle 캐롤라이나 다이아몬드백 테라핀 235
Caspian turtle 카스피거북 258, 259, 260
Central African mud turtle 중앙아프리카진흙거북 70
Central American snapping turtle 중앙아메리카늑대거북 154, 155
Central American wood turtle 중앙아메리카나무거북 305
Central Antillean slider 센트럴 안틸리안 슬라이더 207, 214
Central Asian tortoise 아프가니스탄네발톱땅거북 051
Chaco side-necked turtle 차코가로목거북 086
Chaco tortoise 차코육지거북 030
Chapala mud turtle 차팔라진흙거북 136
Chiapas giant musk turtle 치파스큰사향거북 149, 150
Chicken turtle 닭거북 188, 196
Chinese big-headed turtle 중국큰머리거북 158
Chinese box turtle 중국상자거북 263
Chinese pond turtle 남생이 252
Chinese softshell turtle 중국자라 005, 043, 174
Chinese stripe-necked turtle 중국줄무늬목거북 016, 123, 261
Chinese three-banded box turtle 중국세줄상자거북 263, 270
Cochin black turtle 코친검은거북 291
Colombian slider 콜롬비아 슬라이더 219
Colombian wood turtle 콜롬비아나무거북 299, 303
Common African helmeted turtle 아프리카늪가로목거북 060, 061
Common batagur 바타거거북 237
Common box turtle 상자거북 192, 193
Common musk turtles 커먼 머스크 터틀 144
Common snapping turtle 늑대거북 043, 152, 318
Creaser's mud turtle 크리저진흙거북 139
Crowned river turtle 왕관강거북 247
Cuban slider 쿠바 슬라이더 207, 212
Cumberland slider 컴벌랜드 슬라이더 207
Cyrenaican spur-thighed tortoise 키레나이카그리스육지거북 048

D

D'Orbigny's slider 도르비니 슬라이더 207, 220
Delta map turtle 델타지도거북 233
Desert box turtle 사막상자거북 195
Desert mud turtle 사막진흙거북 131
Diamond-backed terrapin 다이아몬드백 테라핀 234
Dominican slider 도미니카 슬라이더 214

E

East African black mud turtle 동아프리카검은진흙거북 062
East African yellow-bellied mud turtle 동아프리카노란배진흙거북 068
Eastern black-bridged leaf turtle 동부검은가교나뭇잎거북 275, 278
Eastern box turtle 아메리카상자거북 193
Eastern Caspian turtle 동부카스피거북 258
Eastern chicken turtle 동부닭거북 197
Eastern Cuban slider 이스턴 쿠바 슬라이더 212
Eastern Hermann's tortoise 동헤르만육지거북 046
Eastern Leopard tortoise 동레오파드육지거북, 레오파드육지거북 001, 031
Eastern loggerhead musk turtle 동부통나무머리사향거북 146
Eastern mud turtle 동부진흙거북 126, 128, 129
Eastern painted turtle 이스턴 페인티드 거북 199
Eastern river cooter 이스턴 리버 쿠터 201
Eastern snapping turtle 동부늑대거북 152
Eastern Spiny Softshell turtle 동부가시자라 179
Eastern spur-thighed tortoise 이베라그리스육지거북 49
Egyptian tortoise 이집트육지거북 050
Elongated tortoise 엘롱가타육지거북 015, 017, 018, 052, 053
Enigmatic leaf turtle 에니그마틱나뭇잎거북 275, 279
Escambia map turtle 에스캄비아지도거북 221, 224
European pond turtle 유럽연못거북 186, 187

F

False map turtle 가짜지도거북 221, 228, 229, 230
Flat-backed spider tortoise 납작등거미거북 044

Flat-headed turtle 납작머리거북 102
Flattened musk turtle 납작사향거북 148
Florida box turtle 플로리다상자거북 194
Florida chicken turtle 플로리다닭거북 197
Florida East Coast diamond-back terrapin 플로리다동부해변 다이아몬드백 테라핀 236
Florida mud turtle 플로리다진흙거북 127
Florida red-bellied cooter 플로리다 레드벨리 쿠터 200, 205
Florida snapping turtle 플로리다늑대거북 153
Florida softshell turtle 플로리다자라 176
Flowerback box turtle 꽃등상자거북 263, 264, 265, 267
Flower's dwarf tortoise 레판토그리스육지거북 049
Forest hinge-back tortoise 숲경첩육지거북 039, 041
Four-clawed tortoise 네발톱땅거북 051
Four-eyed turtle 네눈박이거북 289
Furrowed wood turtle 고랑나무거북 299, 300, 301

G

Galápagos tortoise 산타크루즈코끼리거북 27
Geoffroy's side-necked turtle 지오프로이 토드헤드 터틀 094
Giant Asian pond turtle 아시아큰연못거북 283
Gibba turtle 깁바거북 091
Gopher tortoise 고퍼거북 057, 058
Gray's slider 그레이 슬라이더 216
Greek marginated tortoise 그리스마지네이트육지거북 045
Greek tortoise 그리스육지거북 045, 047, 050
Green sea turtle 푸른바다거북 018, 181, 182
Guerrero wood turtle 게레로나무거북 305
Guianan toadhead turtle 기아나 토드헤드 터틀 096, 098
Gulf Coast smooth softshell turtle 걸프해안미끈자라 177
Gunalen's snake-necked turtle 그날렌뱀목거북 107

H

Haitian slider 하이티 슬라이더 207, 215
Hawksbill turtle 매부리바다거북 184
Hermann's tortoise 헤르만육지거북 046
Herrera's mud turtle 헤레라진흙거북 132
Hicatee 멕시코강거북 124
Hieroglyphic River cooter 히에로글리픽 리버 쿠터 201
Hilaire's toad-headed turtle 힐레어 토드헤드 터틀 093, 094
Home's hinge-back tortoise 홈즈경첩육지거북 039, 040
Honduras wood turtle 온두라스나무거북 305
Huastecan slider 와스테크 슬라이더 216

I

Impressed tortoise 임프레스거북 055, 056
Indian black turtle 인도검은거북 290, 291
Indian eyed turtle 인도눈거북 248
Indian flapshell turtle 인도상자자라 164, 165
Indian narrow-headed softshell turtle 인도좁은머리자라 167, 168
Indian roofed turtle 인도지붕거북 241, 243, 244
Indian star tortoise 인도별거북 024, 025, 026
Indian tent turtle 인도텐트거북 241, 244
Italian pond turtle 이탈리아연못거북 186
Ivory Coast mud turtle 코트디부아르진흙거북 069

J

Jalisco mud turtle 할리스코진흙거북 134
Jamaican slider 자메이카 슬라이더 207, 213
Japanese pond turtle 일본연못거북 005, 043, 254
Javanese narrow-headed softshell turtle 자바좁은머리자라 167

K

Kazakhstan steppe tortoise 카자흐스탄네발톱땅거북 051
Keeled box turtle 용골등상자거북 263, 266
Kemp's ridley sea turtle 켐프각시바다거북 183
Krefft's River turtle 크레프트강거북 118

L

Lambert's tortoise 램버트그리스육지거북 049
Leatherback sea turtle 장수거북 011, 185
Leopard tortoise 레오파드거북 031
Loggerhead musk turtle 통나무머리사향거북 146
Loggerhead sea turtle 붉은바다거북 182, 184, 318

M

Madagascan big-headed turtle 마다가스카르큰머리거북 083

Madagascar spider tortoise 마다가스카르거미거북 042
Magdalena mud turtle 막달레나진흙거북 136
Malayan box turtle 말레이상자거북 014, 016, 018, 269
Malayan flat-shelled turtle 말레이시아납작껍데기거북 287
Malayan snail-eating turtle 말레이달팽이먹이거북 250, 251
Malayan softshell turtle 납작자라 172
Malaysian giant turtle 말레이시아자이언트거북 249
Mangrove diamond-back terrapin 맹그로브 다이아몬드백 테라핀 236
Manning River snapping turtle 매닝강투구거북 117
Maracaibo wood turtle 마라카이보나무거북 299, 301
Marginated tortoise 마지네이트육지거북 045
Mary River turtle 메리강거북 122
Matamata turtle 마타마타거북 100
McCord's box turtle 맥코드상자거북 263, 273, 274
McCord's snake-necked turtle 맥코드뱀목거북 104, 106
Mekong snail-eating turtle 메콩달팽이먹이거북 251
Meso-American slider 메소-아메리카 슬라이더 207, 216
Mesopotamian tortoise 아랍그리스육지거북 049
Mexican box turtle 멕시코상자거북 194
Mexican giant musk turtle 멕시코큰사향거북 149, 151
Mexican mud turtle 멕시코진흙거북 133
Mexican ornate slider 멕시코 오네이트 슬라이더 217
Mexican rough-footed mud turtle 멕시코거친발진흙거북 135
Mexican spotted wood turtle 멕시코점박나무거북 299, 306
Mexican wood turtle 멕시코나무거북 305
Midland painted turtle 미드랜드페인티드거북 198
Midland smooth softshell turtle 미드랜드미끈자라 177
Mississippi diamond-back terrapin 미시시피 다이아몬드백 테라핀 236
Mississippi map turtle 미시시피지도거북 221, 229, 230
Mississippi mud turtle 미시시피진흙거북 127
Mobile Bay cooter 모빌 베이 쿠터 200
Moorish tortoise 무어그리스거북 047
Moroccan tortoises 모로코그리스육지거북 049
Murray River turtle 머레이강거북 118

N

Narrow-breasted snake-necked turtle 좁은가슴뱀목거북 110
Narrow-bridged musk turtle 좁은골교사향거북 151
New Guinea snake-necked turtle 뉴기니뱀목거북 103, 104, 105, 106, 107
New Guinea snapping turtle 뉴기니투구거북 114, 115
Nicaraguan slider 니카라과 슬라이더 207, 218
North African helmeted turtle 올리브늪가로목거북 061
North Australian snake-necked turtle 북오스트레일리아뱀목거북 112, 113
Northern black-knobbed map turtle 북부까만혹지도거북 233
Northern diamond-backed terrapin 노던 다이아몬드백 테라핀 234
Northern Geoffroy's side-necked turtle 북지오프로이옆목거북 094
Northern Indian flapshell turtle 북인도상자자라 164
Northern keeled box turtle 북부용골등상자거북 267
Northern map turtle 북부지도거북 221
Northern red-bellied cooter 북부 레드벨리 쿠터 201, 206
Northern spider tortoise 북거미거북 042
Northern white-lipped mud turtle 북흰입진흙거북 141
Northwestern pond turtle 북서연못거북 189

O

Oaxaca mud turtle 오악사카진흙거북 140
Okavango mud turtle 오카방고진흙거북 71, 72, 77
Oldham's leaf turtle 올덤나뭇잎거북 275, 279, 280
Ornate box turtle 오네이트상자거북 195
Ornate diamond-backed terrapin 오네이트 다이아몬드백 테라핀 235
Ornate slider 오네이트 슬라이더 207, 211
Ouachita map turtle 오치타지도거북 43, 221, 230

P

Pacific pond turtle 태평양연못거북 189
Painted terrapin 페인티드 테라핀 238
Painted turtle 페인티드거북 198
Painted wood turtle 페인티드나무거북 299, 304
Pale-footed roofed turtle 흰발지붕거북 241

Pallid spiny softshell turtle 옅은색가시자라 178
Pan's box turtle 판상자거북 263, 272
Pancake tortoise 팬케이크육지거북 038
Parker's black turtle 파커검은거북 292
Parker's snake-necked turtle 파커뱀목거북 113
Pascagoula map turtle 패스커굴라지도거북 221, 225
Pátzcuaro mud turtle 파츠쿠아로진흙거북 137
Peninsula black turtle 반도검은거북 290
Peninsula cooter 페닌슐라 쿠터 200, 202
Peters' side-necked turtle 피터스옆목거북 094
Philippine forest turtle 필리핀숲거북 295
Pig-nosed turtle 돼지코거북 008, 009, 180
Pink-ringed tent turtle 분홍고리텐트거북 245
Ploughshare tortoise 쟁기거북 032, 304
Pond slider 연못슬라이더 207
Puerto Rican slider 푸에르토리코 슬라이더 214

R

Radiated tortoise 방사거북 032, 033, 318
Razor-backed musk turtle 레이저백사향거북 005, 014, 145
Red-bellied short-necked turtle 붉은배짧은목거북 120
Red-crowned roofed turtle 붉은관지붕거북 239, 240
Red-eared slider 미시시피붉은귀거북 018, 043
Red-faced turtle 붉은얼굴거북 121
Red-footed tortoise 붉은다리거북 027, 028, 029
Red-headed Amazon River turtle 빨간머리아마존강거북 078, 079
Red-necked pond turtle 붉은목연못거북 253
Reimann's snake-necked turtle 라이먼뱀목거북 107, 108
Ridley sea turtle 각시바다거북 183
Ringed map turtle 고리지도거북 221, 231, 232, 233
Rio Grande cooter 리오 그란데 쿠터 200, 204
River cooter 리버 쿠터 200, 201, 202, 203
Ryukyu black-breasted leaf turtle 류큐잎거북 005, 017, 018, 123, 266, 296, 297, 318
Ryukyu box turtle 류큐상자거북 005, 262, 263, 318
Ryukyu yellow pond turtle 류큐노란연못거북 257

S

Sabine map turtle 사빈지도거북 230
Saharan pond turtle 사하라연못거북 260
Sardinian pond turtle 사르디니아연못거북 186, 187
Savanna side-necked turtle 사바나가로목거북 078, 082
Saw-shelled turtle 톱날투구거북 116
Scorpion mud turtle 전갈진흙거북 142
Senegal flapshell turtle 세네갈뚜껑자라 161
Serrated hinged terrapin 톱니힌지테라핀 074
Serrated tortoise 톱니거북 036
Seychelles yellow-bellied mud turtle 세이셸노란배진흙거북 068
Siamese narrow-headed softshell turtle 태국좁은머리자라 167
Six-tubercled Amazon River turtle 여섯혹아마존강거북 078, 080
Smooth softshell turtle 미끈자라 176, 177
Sonora mud turtle 소노라진흙거북 131
Souss valley tortoise 수스그리스육지거북 049
South American snapping turtle 남아메리카늑대거북 155
Southeastern mud turtle 펜실베이니아진흙거북 127
Southern D'Orbigny's slider 사우던 도르비니 슬라이더 220
Southern Indian flapshell turtle 남인도상자자라 164
Southern keeled box turtle 남부용골등상자거북 267
Southern New Guinea giant softshell turtle 뉴기니큰자라 169
Southern spider tortoise 남거미거북 042
Southern white-lipped mud turtle 남흰입진흙거북 141
Spanish pond turtle 스페인연못거북, 지중해연못거북 260
Speckled cape tortoise 스펙클드케이프육지거북 35
Spider tortoise 거미거북 042
Spiny softshell turtle 가시자라 176, 177, 179
Spiny turtle 가시거북 282
Spot-legged wood turtle 점박다리나무거북 299
Spotted turtle 노란점박이거북 190
Sri Lanka black turtle 스리랑카검은거북 292
Striped mud turtle 줄무늬진흙거북 128
Stripe-necked musk turtle 줄무늬목사향거북 147
Sulawesi forest turtle 술라웨시숲거북 286

T

Tabasco mud turtle 타바스코진흙거북 138, 139

Tent tortoise 텐트육지거북 036, 037
Texas diamond-back terrapin 텍사스 다이아몬드백 테라핀 235
Texas map turtle 텍사스지도거북 221, 227
Texas river cooter 텍사스 리버 쿠터 200, 203
Texas tortoise 텍사스거북 57
Three-striped roofed turtle 세줄지붕거북 239, 240
Three-toed box turtle 세발가락상자거북 194
Timor snake-necked turtles 티모르뱀목거북 106
Travancore tortoise 트래방코르육지거북 052, 054
Tricarinate hill turtle 세줄언덕거북 290, 291, 293
Tuberculate toad-headed turtle 튜버큐레이트 토드헤드 터틀 099
Tunisian tortoise 튀니지그리스육지거북 049

U

Uhrig's slider 우리그 슬라이더 216
Upemba mud turtle 우펨바진흙거북 071

V

Valley of Mexico mud turtle 멕시코벨리진흙거북 135
Vanderhaege's toad-headed turtle 반데르헤게 토드헤드 터틀 092
Variable mud turtle 베리어블진흙거북 071, 072
Venezuelan slider 베네수엘라 슬라이더 219
Vietnamese big-headed turtle 베트남큰머리거북 159
Vietnamese box turtle 베트남상자거북 265
Vietnamese pond turtle 베트남연못거북 256

W

Wallacean box turtle 월라스상자거북 269
Wattle-necked softshell turtle 사마귀자라 173
Weissingeri's tortoise 펠로폰네소스마지네이트육지거북 045
West African black turtle 서아프리카검은거북 075
West African mud turtle 서아프리카진흙거북 067, 068, 074
West Indonesian box turtle 서인도네시아상자거북 269
Western black-bridged leaf turtle 서부검은가교나뭇잎거북 275, 277, 278, 279
Western box turtle 서부상자거북 192, 195
Western chicken turtle 서부닭거북 197
Western Cuban slider 웨스턴 쿠바 슬라이더 212
Western Hermann's tortoise 서헤르만육지거북 046
Western hinge-back tortoise 서벨스경첩육지거북 039
Western leopard tortoise 서레오파드육지거북 031
Western painted turtle 웨스턴페인티드거북 198
Western Turkey pond turtle 아드리아연못거북 187
White-lipped mud turtle 흰입진흙거북 141, 143
White-throated mud turtle 흰목진흙거북 143
Williams' mud turtle 윌리엄스진흙거북 076
Williams' side-necked turtle 윌리엄스옆목거북 095
Wood turtle 나무거북 191
Worrelli's turtle 워렐 터틀 120

Y

Yellow mud turtle 노란진흙거북 129, 130
Yellow pond turtle 노란연못거북 019, 123, 256, 257
Yellow-bellied mud turtle 노란배진흙거북 068
Yellow-bellied slider 노란배거북 208
Yellow-bellied tent turtle 노란배텐트거북 245
Yellow-blotched map turtle 노란혹지도거북 221, 231, 232
Yellow-footed tortoise 노란다리거북 028, 029
Yellow-headed box turtle 노란머리상자거북 263, 271
Yellow-headed temple turtle 노란머리사원거북 282, 285
Yellow-margined box turtle 옐로마진드상자거북 017, 123, 262, 263
Yellow-spotted Amazon river turtle 아마존노랑점거북 078, 081
Yucatán box turtle 유카탄상자거북 194

Z

Zagros mountain tortoise 자그로스그리스육지거북 049
Zambezi flapshell turtle 잠베지뚜껑자라 162
Zhou's box turtle 주상자거북 274

마치면서

이 거북 도감을 집필하면서 필자는 다소 부담을 느꼈다. 그러나 다행히도 야스카와 유이치로씨가 클리퍼사의 파충류·양서류 정보지 「클리퍼」에서 거북류의 '각 속과 자연사'를 연재 중이었고, 본인의 허락을 얻어 글의 인용이나 참고로 얼마든지 이용할 수 있게 해주신 덕분에, 주로 여기의 분류를 따르게 됐다. 또한 필자가 1971년에 다카다 파충류 연구소에 들어간 후, 고 故 다카다 에이치 선생님께서 각종 파충류를 독자적인 루트를 통해 해외에서 직접 수입해 오신 것을 직원인 우리에게 아낌없이 맡겨주셔서, 그 사육을 선생님이나 선배들에게서 지도받으며 경험을 쌓았다. 그러면서 필자는 미숙하지만 나름의 시행착오를 거치며 각양각색의 파충류 및 양서류의 사육과 번식을 경험했고, 그래서 이번에 책을 집필하면서 이 종도 길러봤는데, 저것도 본 적이 있다는 기억이 점점 되살아났다. 다만 다카다 파충류 연구소에서 당시 사용했던 명칭과 다른 종이 많았고 분류학의 발전으로 분류도 크게 변했을 뿐만 아니라 종이나 아종이 세분화되어서, 과거에 다뤘던 종이 어떤 거였는지 헷갈려 당황할 때도 있었다. 그러나 형태나 사육법 등 잊고 있었던 기억이 되살아나면서 참고가 될 만한 내용은 최대한 이 책에 반영하고자 했다.

다카다 에이치 씨의 타계 후, 연구소의 정리를 도우면서 다카다 파충류 연구소 소유의 많은 유품을 유족분들로부터 양도받았는데, 아쉽게도 그 대부분의 동물 사진은 낡아서 사용할 수가 없었다. 그래서 이 책의 사진을 게재할 때 가와조에 노부히로 씨가 상당한 부분을 흔쾌히 제공해 주셔서, 그 도움이 없었더라면 이 도감은 출간할 수 없었을 것이다. 이 자리를 빌려 깊은 감사를 드린다. 그 외에 현재 다카다 파충류 연구소가 주최하는 '오키나와 파충류 친구의 모임'의 회원이 소유하는 거북류 등을 과거에 촬영한 자료나 개인적으로 알고 지내는 파충류 연구가나 애호가의 사진 등을 예전에 허락을 받아 빌렸던 사진도 일부 사용하였기에, 다시금 이들께도 감사 인사를 드린다.

오타니 쓰토무

저자◎오타니 쓰토무

2013년 11월, 다카다 파충류 연구소를 계승. 2000년부터 시작한 류큐잎거북 조사를 계속 이어가는 중이다. 얀바루 투어 등도 정력적으로 개최 중이다. 전문지 『클리퍼』(클리퍼사)에서 연재하는 것 이외에도, 저서로는 『파충류 · 양서류 초보자 가이드 爬虫·両生類ビギナーズガイド』 시리즈를 비롯하여, 『파충류 · 양서류 사육 가이드 뱀 爬虫·両生類飼育ガイド へビ』, 『일본의 파충류 · 양서류 사육 도감 日本の爬虫類·両生類飼育図鑑』(세이분도신코샤 誠文堂新光社), 『일본의 파충양서류 157 日本の爬虫両生類 157』(분이치쇼고슛판 文一総合出版), 『원색 파충류 · 양서류 검색 도감 原色爬虫類·両生類検索図鑑』(호쿠류칸 北隆館) 등이 있다.

편집 · 사진◎가와조에 노부히로

1972년생. 와세다대학 졸업 후, 출판사 근무 등을 거쳐 2001년에 독립. 파충류 · 양서류 전문지를 포함하여 『파충류 · 양서류 비주얼 대도감 1000종 爬虫類 · 両生類ビジュアル大図鑑 1000種』, 『파충류 · 양서류 포토 가이드 시리즈 爬虫類·両生類フォトガイドシリーズ』, 『일본의 파충류 · 양서류 현장 관찰 도감 日本の爬虫類·両生類フィールド観察図鑑』, 『부엉이 완전 사육 フクロウ完全飼育』(세이분도신코샤), 『파충류 · 양서류 1800종 도감 爬虫類 · 両生類 1800種図鑑』(산사이북스 三才ブックス) 등의 서적 및 잡지 등 다수를 작업했다.

http://www.ne.jp/asahi/nov/nov/nov/HOME.html

옮긴이의 말

1995년 서울로 대학을 와서 처음 청계천 동물거리를 구경하러 간 적이 있다. 네 발로 걸어다니는 거북이를 보고 피규어인 줄 알고 한참 동안 쳐다보았던 기억이 아직 생생하다. 황토색에 미끈한 등갑, 작은 체구가 아마 이집트 거북이었던거 같다. 그 이후 지금까지 파충류 중에서 유일하게 30년을 계속하여 다양한 거북이와 같이 생활하고 있다.

수많은 종의 거북을 기르면서 언젠가는 도감을 만들어 보고 싶다는 생각이 간절했다. 시간이 흐르는 동안 더 이상 보이지 않는 종이나 수입이 어려워지는 종이 늘어나면서 '실제로 한 번이라도 봤으면' 하는 거북이들이 점점 많아지고 있어 가슴이 아프다.

이 책은 일본 거북이 도감 중에서 거의 전종을 포함하고 있다. 수출입 시 동정을 위한 교안으로도 쓰이는 책이고 그만큼 신뢰할 수 있다.

번역 원칙은 원문에 충실하기 위해 노력했다. 간혹 그간 길러본 경험이나 알고 있었던 지식과 조금 맞지 않는 점이 있었지만, 이런 부분도 독자들의 참고를 위해 변형하지 않았다. 살아있는 생물이라 생태나 습성이 완전 동일하지는 않아서 그런 걸로 보인다.

우리나라의 파충류 시장도 이제 세계로 수출할 만큼 크게 성장했고 누적 데이터도 많아졌기 때문에 관련 서적이 많이 나오기를 기대해 본다.

이 다음 거북이 도감은 우리나라에서 우리 매니아들이 직접 찍은 사진과 정보로 된 도감이 발행되기를 바라면서.

2025년 12월

박성준

옮긴이◎박성준

2000년대부터 한국애완파충류 1세대로 활동을 시작했다. 사이테스라는 필명으로 '사이테스의 거북이의 모든 것(www.turtle.kr)'을 운영했다. 희귀동물 브리더이자 출판기획자로 다수의 책을 집필했다. 고려대 법학과를 졸업했고 한국양서파충류협회 창립멤버이자 이사로 활동하고 있다. 협회를 통해 사육 문화 발전, 관련 법령 개정, 국제양서파충류박람회 개최 등 양서파충류업계의 권익 향상에 기여하고 있다.

| 저서 |

- 낮은 시선 느린 발걸음 거북 (씨밀레북스)
- 양서파충류사육기초 (도서출판 세종, 교과서)
- 양서파충류사육학 (박영사)
- 양서류&파충류 톡톡북(TOK TOK BOOK) Vol.1-4 (박영스토리)

| 번역 |

- 다정한 턱수염 친구 비어디드 드래곤 (씨밀레북스)
- 금의 홍수 (레디셋고)
- 아빠가 읽어 주는 신기한 이야기 (레디셋고)
- 없어진 포크의 비밀 (레디셋고) 등

옮긴이◎문대승

PC통신 천리안 시절부터 파충류 마니아로 활동해온 한국애완파충류 1세대이다. 동물을 진정으로 사랑하고 아끼는 마니아라는 명성이 자자했던 '바닐라펫'을 운영했다. 한국양서파충류협회 창립멤버이자 이사로 활동하고 있고, 다수의 책을 집필했다. 반려동물산업학 박사학위를 취득하고 칼빈대학교 애완동물학부 교수로 후학양성에 매진하고 있다.

| 저서 |

- 낯선 원시의 아름다움 도마뱀 (씨밀레북스)
- 특수동물학 (형설출판사)
- 양서파충류사육기초 (도서출판 세종, 교과서)
- 양서파충류사육학 (박영사)
- 양서류 & 파충류 톡톡북(TOK TOK BOOK) Vol.1-4 (박영스토리)

번역 도움◎김진아

서울여자대학교에서 경영학과 영어영문학을 전공하고, 현재 일본어 전문 번역가이자 프리랜서 편집자로 활동 중이다.

| 저서 |

『스크린 일본어 회화: 어그레시브 레츠코』 표현 해설

| 저서 |

『과거로 돌아가는 역』, 『좋은 부모는 한 끗이 다르다』, 『사이토 히토리의 즐기는 사람만이 성공한다』, 『철학자들의 토론회』, 『착한 아이가 자라 서툰 어른이 되었습니다』, 『생물은 왜 죽는가』, 『한밤의 미스터리 키친』, 『코로나와 잠수복』, 『가모가와 식당』, 『BEATLESS』, 『터부』 등

SEKAI NO KAMERUI

written by Tsutomu Otani, photographed and edited by Nobuhiro Kawazoe

Text copyright © 2018 Tsutomu Otani

Photographs copyright © 2018 Nobuhiro Kawazoe

All rights reserved.

Original Japanese edition published by Bun-ichi Sogo Shuppan, Tokyo.

This Korean edition is published by arrangement with Bun-ichi Sogo Shuppan, Tokyo in care of Tuttle-Mori Agency, Inc., Tokyo, through Amo Agency, Korea.

이 책의 한국어판 저작권은 AMO에이전시를 통해 저작권자와 독점 계약한 피와이메이트에 있습니다.

저작권법에 의해 한국 내에서 보호를 받는 저작물이므로 무단 전재와 무단 복제를 금합니다.

세계의 거북

초판발행 2026년 1월 30일

지은이 오타니 쓰토무
편집·사진 가와조에 노부히로
옮긴이 박성준·문대승
펴낸이 노 현

편 집 김보라
기획/마케팅 차익주·양운철
표지디자인 BEN STORY
제 작 고철민·김원표

펴낸곳 ㈜피와이메이트
서울특별시 금천구 가산디지털2로 53, 210호(가산동, 한라시그마밸리)
등록 2014.2.12. 제2018-000080호
전 화 02)733-6771
f a x 02)736-4818
e-mail pys@pybook.co.kr
homepage www.pybook.co.kr
ISBN 979-11-7279-008-0 13490

*파본은 구입하신 곳에서 교환해 드립니다. 본서의 무단복제행위를 금합니다.

정 가 25,000원